国家社会科学基金项目（项目号：13BGL157）
中国物流专家专著系列 · 2017

物流产业生态系统视角下缓解城市雾霾理论与实证研究

张　诚　张志坚　陈志建　郭军华　吴锦顺　黄雅婷　著

中国财富出版社

图书在版编目（CIP）数据

物流产业生态系统视角下缓解城市雾霾理论与实证研究／张诚等著.
—北京：中国财富出版社，2017.5
（中国物流专家专著系列）
ISBN 978－7－5047－6355－6

Ⅰ.①物…　Ⅱ.①张…　Ⅲ.①城市空气污染—污染防治—研究—中国
Ⅳ.①X51

中国版本图书馆 CIP 数据核字（2017）第 083045 号

策划编辑　寇俊玲　　**责任编辑**　赵　翠
责任印制　方朋远　　**责任校对**　孙丽丽　　**责任发行**　王新业

出版发行　中国财富出版社
社　　址　北京市丰台区南四环西路 188 号 5 区 20 楼　　**邮政编码**　100070
电　　话　010－52227588 转 2048/2028（发行部）　010－52227588 转 307（总编室）
010－68589540（读者服务部）　010－52227588 转 305（质检部）
网　　址　http：//www.cfpress.com.cn
经　　销　新华书店
印　　刷　北京九州迅驰传媒文化有限公司
书　　号　ISBN 978－7－5047－6355－6/X·0017
开　　本　710mm×1000mm　1/16　　**版　　次**　2017 年 6 月第 1 版
印　　张　14.5　　**印　　次**　2017 年 6 月第 1 次印刷
字　　数　253 千字　　**定　　价**　58.00 元

课题成员： 张　诚　郭军华　张志坚　张　年　于兆宇
谢　衍　陈志建　吴锦顺　王志平　黄雅婷

序

雾霾会直接导致空气质量下降，影响生态环境，给人体健康带来较大危害，对公路、铁路、航空、水路、供电系统、农作物生长等均产生破坏性的影响。我国雾霾天气近年多发的原因复杂，但主要原因还是污染物排放量的增大。其中处在粗放发展期的物流业所产生的燃油消耗和尾气排放是值得关注的污染排放源。因此，对物流产业影响生态系统的问题进行理论和实践的研究，有助于帮助和规范物流业减少污染排放，从物流环节上缓解城市雾霾压力，意义重大而深远。

华东交通大学张诚教授在国家社会科学基金项目支持下，围绕特定的物流产业相关问题进行探讨，出色地完成了《物流产业生态系统视角下缓解城市雾霾理论与实证研究》。我非常高兴这部著作就要付梓出版，她这几年付出的心血肯定也会得到精神上的补偿。

本书的研究重点归属于产业生态学理论与物流理论相结合而形成的物流产业生态系统理论。以物流产业生态系统实证研究和缓解城市雾霾压力为主线，构建城市雾霾现状—物流产业活动对城市雾霾影响现状—物流产业系统生态化缓解城市雾霾压力的分析框架。对于物流业与环境的关联，尤其与城市雾霾问题的种种关联进行了深入探讨与研究，最后提出保障实现物流产业生态化发展的同时缓解城市雾霾压力可行性措施的观点。

本书对物流产业生态系统的结构、特征等方面进行了理论诠释，在于探究物流产业生态系统的能源消耗效率对城市雾霾影响机理。从理论上，它对于丰富和发展物流经济、产业生态学等方面的理论具有实际意义；从实践上，它从政府监管、物流园区、企业运营三个角度，提出了具有可操作性的措施。本书的研究成果势必有利于促进物流产业生态系统健康发展，有利于缓解城市雾霾的进一步加重，有助于保障物流产业生态系统的良性循环。

本书的出版对中国物流研究具有举足轻重的作用，体现了张诚教授及其研究团队在物流科学研究中对物流及交叉学科的深入探索和认真严谨的研究精神，值得城市管理、物流管理、环境科学等相关领域的同人阅读。

何黎明

2016 年 10 月

前　言

本书将产业生态学导入物流领域，形成物流产业生态系统理论，并提出缓解城市雾霾压力的物流产业生态化措施，具有一定的理论价值和现实意义。

本书大致从以下几个方面展开。

首先，以产业生态学相关理论为基础，对物流产业生态系统进行概述，特别是对物流产业生态系统的结构和特征进行了分析；在产业生态视角下从宏、中、微观三个层面上对容易造成城市雾霾的物流活动进行细分；然后从政府物流产业生态规划日臻完善、物流产业生态化技术创新、物流企业运营顺应环保大趋势三个方面，分析了物流产业生态缓解城市雾霾的机理，从物流产业—城市—环境三者复合系统的协调发展观点出发，分析了三者之间的相互作用关系和发展趋势。

其次，以物流产业生态系统理论为基础，重点采用空间探索性数据分析（ESDA）和空间面板计量等模型方法对城市雾霾的空间格局演变过程进行实证，从而揭示中国城市雾霾强度、时空格局演变特征及其空间集聚现象；在低碳视角下对物流产业生态系统的雾霾成因进行分析，基于碳足迹理论对物流产业生态系统自身的效率进行测算，对不同省份的碳足迹进行分析和动态预测；在低碳视角下对物流产业的雾霾成因进行测算，提出低碳下的物流约束性指标，得到如何实现物流产业低碳化启示；建立面板数据模型针对物流产业雾霾成因和经济增长之间的关系进行检验，对物流产业自身的能源效率和结构进行测算，对以碳排放为重点的物流产业能源消耗进行分析；通过对物流产业生态系统与城市雾霾之间的相关性定量分析，建立了物流产业生态影响雾霾的面板数据模型。

再次，对物流产业生态化的实施路径进行分析，紧贴产业生态学理论，对应宏、中、微观在政府监管、物流园区、企业运营三个层面提出相应措施。分析了政府监管在城市雾霾改善中的积极作用，对引入政府角色参与雾霾改善进行了博弈论分析；提出了提高物流园区规划水平、借鉴先进经验、落实保障措施三个方面的路径；从基于责任分担、公平关切两个新视角提出了逆向物流定价策略，对再制造逆向物流的回收模型进行了选择分析。

最后，提出了缓解城市雾霾压力的政策措施。从加强政府监管，制定物流产业减少雾霾行动规划；转变物流产业粗放模式，加快物流产业生态化进程；提高物流企业自身治理水平，减少环境污染三个方面提出了具有较强针对性的建议。

张　诚

2016 年 12 月

目 录

1 引 言 …… 1
1.1 研究背景及意义 …… 1
1.2 文献综述 …… 2
1.2.1 城市雾霾成因的相关论述 …… 2
1.2.2 物流产业生态系统 …… 4
1.2.3 绿色物流的相关论述 …… 7
1.2.4 生态物流的相关论述 …… 11
1.2.5 文献述评 …… 12
1.3 研究方法 …… 13
1.4 研究框架 …… 14

2 物流产业生态系统与城市雾霾的相关理论 …… 16
2.1 物流产业生态系统概述 …… 16
2.1.1 物流产业生态系统结构 …… 16
2.1.2 物流产业生态系统特征 …… 17
2.2 产业生态视角下的物流活动细分 …… 19
2.2.1 宏观层面 …… 20
2.2.2 中观层面 …… 21
2.2.3 微观层面 …… 22
2.3 物流产业生态化缓解城市雾霾的机理及影响因素分析 …… 25
2.3.1 物流产业生态系统影响城市雾霾的机理 …… 25
2.3.2 物流产业生态化影响城市雾霾的因素分析 …… 26

2.4 城市与雾霾环境系统的协调分析 …… 37
2.4.1 城市与雾霾环境系统协调发展分析 …… 37
2.4.2 城市和环境复合系统发展趋势分析 …… 50
2.4.3 研究结论 …… 52
2.5 本章小结 …… 52

3 中国城市雾霾的空间格局演变 …… 54
3.1 城市雾霾空间演变概述 …… 55
3.1.1 城市雾霾空间演变的基础数据 …… 55
3.1.2 城市雾霾空间演变的理论模型 …… 55
3.2 城市雾霾空间格局演变过程和俱乐部收敛 …… 56
3.2.1 城市雾霾区域空间格局演变过程 …… 56
3.2.2 城市雾霾空间俱乐部收敛 …… 60
3.2.3 研究结论 …… 64
3.3 本章小结 …… 65

4 低碳视角下物流产业系统的雾霾效应分析 …… 67
4.1 物流产业碳足迹演变评价 …… 67
4.1.1 物流产业碳足迹计算 …… 69
4.1.2 省际物流产业碳足迹分析与预测 …… 71
4.1.3 实证结论 …… 75
4.2 低碳视角下的物流产业的雾霾效应分析 …… 76
4.2.1 低碳物流约束性指标构建 …… 77
4.2.2 物流产业能源使用量的雾霾效应灰色预测 …… 78
4.2.3 研究结论 …… 83
4.3 低碳视角下经济增长与物流产业雾霾动态关系 …… 84
4.3.1 经济增长与物流产业雾霾效应的面板数据模型 …… 89
4.3.2 经济增长和物流产业雾霾效应的关系检验 …… 95
4.3.3 研究结论 …… 106
4.4 本章小结 …… 107

5 物流产业活动对城市雾霾的影响分析 …… 109
5.1 物流产业活动与城市雾霾的相关性分析 …… 110
5.1.1 物流产业活动影响雾霾的面板数据测算 …… 110
5.1.2 研究结论 …… 114
5.2 工业固体废弃物处理与城市雾霾相关性的实证分析 …… 116
5.2.1 工业固体废弃物处理影响城市雾霾的多元线性模型测算 …… 117
5.2.2 研究结论 …… 123
5.3 能源效率视角下的物流产业雾霾效应与结构调整 …… 124
5.3.1 物流产业能源效率测算 …… 125
5.3.2 物流业能源结构调整分析 …… 130
5.3.3 研究结论 …… 138
5.4 本章小结 …… 139

6 物流产业生态系统优化路径分析 …… 141
6.1 加强物流产业生态化的政府监管 …… 141
6.1.1 政府监管在城市雾霾改善中的角色 …… 141
6.1.2 政府监管对城市雾霾改善的博弈论分析 …… 143
6.2 督促企业逆向物流运营生态化 …… 147
6.2.1 基于公平关切的逆向物流定价策略 …… 147
6.2.2 再制造逆向物流的回收模式选择 …… 158
6.3 本章小结 …… 167

7 缓解城市雾霾压力的物流产业生态系统政策措施 …… 168
7.1 加强政府监管，制定物流产业减少雾霾行动规划 …… 168
7.1.1 进一步健全和完善物流网络体系 …… 168
7.1.2 完善物流产业的环境监管，减缓高雾霾效应 …… 169
7.1.3 推进物流行业低碳化发展约束准则 …… 170
7.2 转变物流产业粗放模式，加快物流产业生态化进程 …… 171
7.2.1 治理物流活动中的雾霾主要污染物 …… 171

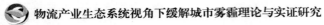

7.2.2 促进物流相关产业转型升级 …… 172
7.2.3 提升物流产业能源效率 …… 172
7.2.4 构建逆向物流延伸责任分担机制 …… 172
7.3 提高物流企业自身治理水平，减少环境污染 …… 174
7.3.1 物流企业推广清洁能源、技术 …… 174
7.3.2 推动物流企业废弃物综合利用技术创新 …… 176
7.4 提升物流园区运营科学水平 …… 177
7.4.1 加强物流园区科学规划 …… 177
7.4.2 落实物流园区发展规划保障措施 …… 178
7.5 本章小结 …… 179

8 总结及展望 …… 180
8.1 总 结 …… 180
8.2 展 望 …… 184

参考文献 …… 186

附录一 …… 208

附录二 …… 213

附录三 …… 215

后 记 …… 217

1 引言

1.1 研究背景及意义

2013 年 1 月 29 日上午，北京、天津、石家庄、西安、南京等城市地区遭遇严重雾霾天气，雾霾面积约 130 万平方千米。2016 年 10 月 18 日，北京发布霾黄色预警信号，称大部分地区为中度霾，某些地方为重度霾，雾霾有加重的趋向。雾霾是一种灾害性天气，直接导致空气质量下降，影响生态环境，给人体健康带来较大危害，对公路、铁路、航空、水路、供电系统、农作物生长等均产生破坏性的影响。我国雾霾天气近年多发的原因复杂，但是污染物排放量增大是主要原因。其中处在粗放发展期的物流业所产生的燃油消耗和尾气排放，是值得关注的污染排放源。因此，对物流产业生态系统理论及实践进行研究，有助于减少物流业的污染排放，进而从物流环节上缓解城市雾霾压力。产业生态学重点是研究如何有效促进产业系统与自然生态系统的协调发展，为产业系统与自然生态系统的冲突问题提供了一个解决方法。将产业生态学导入国家十大振兴产业之一的物流领域，研究物流产业生态系统理论是有待拓展的方向。

目前，产业生态学理论和方法不断融入其他学科的研究中，包括在工业工程领域提出的面向环境的设计等概念，管理学领域提出的绿色供应链管理等思想，经济学领域提出的生态经济学等分支学科，产生和丰富了新的系统理论。本课题试图将产业生态学理论与物流理论相结合，形成物流产业生态系统理论，以探讨物流业可持续发展方式和探求缓解城市空气污染问题，特别是解决城市雾霾问题的方法。中外不少专家学者对城市雾霾、物流产业生态系统及相关问题上进行的研究成果，对本课题研究具有重要的借鉴意义和参考价值，但多数是从绿色物流、低碳经济、循环经济的各自角度去提出解决方案，存在一定局限性。本课题力求从物流业——产业生态系统——城市雾霾的复合角度进行系统性分析，从而对物流业与城市环境问题，尤其是城市雾霾问题存在的关联，进行深入探讨研究。

李克强总理曾于2013年1月15日强调："我们的生产、建设、消费都不能以破坏生态为代价，落后的生产能力要坚决淘汰，过度的消费方式要坚决摒弃。"目前我国城市雾霾现象已经成为了重要的民生问题，本课题遵照李总理讲话精神，从物流产业生态系统视角出发，通过分析物流活动对城市雾霾问题的影响并进行评价，将城市雾霾纳入到物流产业生态系统，研究物流产业生态系统的协调发展，实现物流业维护生态资源和环境，扩大先进生产能力的愿望，最终实现物流业可持续发展和缓解城市雾霾压力的双重目标。主要研究意义表现为：

（1）将物流业与产业生态系统相结合，提出物流产业生态系统理论，为物流业缓解城市雾霾压力的研究提供科学依据，丰富物流学、环境管理学的理论体系。

（2）构建物流产业生态系统的评价指标体系和评价模型，并测定和分析物流产业生态系统对城市雾霾的影响，从实践上得出物流业导致城市雾霾的问题根源。

（3）提出优化物流产业生态系统的政策建议和相关措施，在物流过程中通过抑制物流对环境造成的危害，实现对物流环境的净化，使物流资源得到最充分利用的同时，也能够将物流业对城市雾霾天气的影响降至最低。

1.2 文献综述

1.2.1 城市雾霾成因的相关论述

近两年来，城市雾霾天气频繁出现，持续影响了人们的日常生活，越来越多的人聚焦于城市雾霾，分析城市雾霾产生的原因，不同的学者持有的观点也各有差异。

冯少荣、冯康巍（2013）基于非参数统计结合多元回归的方法以及多元统计分析中的因子分析和对应分析方法，对雾霾现象产生的原因进行了相关性实证分析，指出城市面积、第二产业占比与雾霾污染程度呈正相关关系，单位面积机动车数量与雾霾污染程度呈负相关关系，并指出机动车数量是雾霾污染的决定性因素。

张丽亚、彭文英（2014）在分析首都圈雾霾天气成因时，指出城市间的大气环流和城市内的城乡环流，工业排放的废气、汽车排放的尾气和煤燃烧排放的气体，包括地理位置、经济生产方式与生活方式都是雾霾天气的成因。

刘晓红、隗斌贤（2014）将雾霾产生的原因归纳为四个方面：化石能源的大量消耗、机动车保有量的快速增长、城市规模的持续扩大和跨区域的污染传输。

肖宏伟（2014）则认为，工业化进程是产生雾霾的主要原因，煤炭为主的能源消费结构是产生雾霾的根源，城市机动车排放的尾气是造成雾霾天气的重要因素，透支环境容量造成了一些大中城市雾霾不断发生，环境污染监控不到位是形成持续性雾霾天气的根本原因。

张小红等（2014）通过对长沙地区1970—2012年气象观测资料及环境检测数据的分析，指出在一次持续性雾霾天气过程中，相对湿度、PM2.5质量浓度与能见度呈现显著负相关关系，两者是雾霾天气形成的首要影响因子。

关于雾霾天气的治理，许多学者也提出了不同的对策建议，刘德军（2014）通过对雾霾天气形成的原因与路径进行分析后提出，加大治理力度，完善防治法规，设立政府预案，建立联防联控机制，完善财税手段，打造低碳生态社会，以及创新理念，营造人人环保氛围等对策建议。

郝江北（2014）认为应该通过大力调整经济结构，加快优化能源结构，控制煤炭消费，加快技术进步，全面加强节能减排管理等措施来治理雾霾天气。

蓝庆新、侯姗（2015）指出要采取以经济手段为主、多种手段并用的市场化治理措施，加强雾霾治理的制度建设，建立地区间的联防联控机制，从而提升雾霾治理的有效性。

1.2.2 物流产业生态系统

物流产业生态系统旨在将生态系统概念引入物流产业，描述物流产业与环境构成的整体系统。为此，学者们给出两者之间的概念模型。

刘财渊（1994）认为中国经济正处于高速发展中，面临应该采取什么样的发展模式，实现产业生态化是经济可持续发展的一项战略选择；建立可持续发展试验区，是达到产业生态化目标的一项重要战略举措。

此外，有些学者们认为产业生态系统是循环经济与可持续发展的重要手段。李云燕（2008）觉得建立产业生态系统是循环经济最终得以实现的关键，认为产业生态系统构建的关键，在于建立起使物质和能量高效循环利用的生态产业链和生态产业共生网络，建立起一种新兴的产业生态系统管理体系，实现产业生态系统与自然生态系统的协调可持续发展。

王育民（2000）提出高科技产业生态化是一种新潮流，要提高竞争力，就必须提高企业的整体素质，充分重视科技，提高科技对林业产业的贡献率，构建良性的林业产业生态系统。

刘力（2001）认为产业生态概念影响范围是有限的，他从产业生态的基本思想入手，分析了产业生态开发的目标与战略研究方向，以区域为载体，对其构造与管理模式进行剖析，对其功能进行评价。

樊海林（2004）提出了对“资源生产率”与企业竞争力的关系，并进行了多角度的梳理，对就业生态观与企业竞争行为的互动进行了理论上的探索。

郭莉（2004）认为产业生态化在沿着两个不同的路径发展：一是生态工业园；二是区域范围的副产品交换。通过对路径的形成规律进行分析，揭示了产业生态网络将是产业生态化发展的路径选择。

李宝林（2005）提出环保与绿色产业的概念，绿色产业突出区域性和包容性，生态产业突出循环性和节约性，环保产业突出服务性特征。

郭莉等（2005）认为中国产业生态系统的研究是一项探索工作，用组织理论的哈肯模型建立演化方程，增强了主要依靠技术创新理论的可信度和说服力。

武春友等（2005）认为产业生态系统作为可持续发展的重要工具，通过生态系统的稳定性内涵的研究，探讨 IES 稳定性的相关概念。确认这其中影响我国当前产业生态系统稳定发展的因素。

产业生态系统的内涵也是学界关注的焦点。李晓华（2013）提出了产业生态化系统的概念，产业生态系统具有相互依赖，复杂连接，自我修复等特征，培育和发展战略性新兴产业不仅能支持产业的某一个方面，而且要促进其所处生态系统的完善与协调。

伍琴（2006）运用循环经济理论和供应链管理理论深入研究循环经济与产业生态系统演进的规律，总结循环经济发展模式与生态系统之间的内在关系，并提出发展的有效途径。

陈先锋（2006）认为对物流产业与其他产业关联作用鲜有研究，尝试使用投入产出方法进行研究，以及制定合理的产业政策发展物流企业。

何小洲等（2007）研究了重庆市的物流发展，区域综合经济实力的推动作用证实物流与区域经济互相依存，互相促进，进而说明发展物流行业的重要。

叶焕民等（2008）对山东半岛城市群的生态现状给予客观分析，并提出可行路径和政策依据。

杨春河（2008）认为我国现代物流产业仍存在很多问题，物流市场供需结构突出，物流服务社会化程度低，物流市场不规范，物流发展过于盲目，针对北京市的问题构建产业集群导向的物流发展政策体系构架。

李屹（2009）认为产业结构升级对于社会和环境的发展是一种希望，通过问卷调查和实地考察，构建了白马湖产业生态链并与当地居民建立和谐共生的关系，建立了“白马湖模式”。

李慧明等（2009）提出环境代价过大是我国生态文明建设要解决的突出问题，势必围绕我国产业生态化实施路径选择，统筹整体与局部，现在与未来的产业生态化发展。

王珍珍（2009）认为政策的出台对企业发展的地位和作用具有重要意义，面对效率低，成本高的问题应建立现代化信息系统，从而实现制造业与物流业双赢。

王珍珍（2009）认为当前制造业与物流业发展中存在效率低成本高的问题，企业应建立现代物流信息系统，从而实现双赢。

黄欣荣（2010）提出可以把产业看作一个人工生态系统，借助自然生态系统的理论和方法构建产业生态理论。

耿涌（2010）觉得在人类社会发展的过程中，城市扮演着极为重要的角色，提出了基于灰色层次分析的城市复合产业生态系统综合效率评价法，从而实现经济、环境、社会发展的三赢。

张金环（2010）认为基于循环经济的产业效用化建设需要从企业内部，企业之间和社会整体三个层次进行，贯彻减量化原则和再循环原则。

施晓清（2010）提出产业资源生态管理是产业可持续发展的重要保障，论述了产业资源生态管理应遵循的原则，系统阐述了产业资源流动的生态网络构架，为循环经济的实现提供了一条资源可持续管理的新途径。

在物流产业生态系统的发展模式及路径方面，张文龙（2010）认为传统经济发展模式在创造财富的同时带来了资源等问题，可持续发展的客观需要迫使经济发展模式的转型，包括推行清洁生产，发展生态企业等。

丁超勋（2010）认为物流产业在推动经济发展的同时也存在一些生态环境问题，降低物流资源的消耗，提高能源利用效率是现代物流发展的趋势。运用生态学理论正确处理生态系统与产业系统的关系。

楚岩枫（2010）提出物流作为一个复杂的系统，应结合物流业的行业特点和实际存在的问题，采用定量定性等方法进行研究。

容和平等（2010）提出因为产业融合发展趋势，物流业生态位的发展应充分利用生态位选择与区域产业结构调整的物流发展模式。

肖勇（2011）认为稀土是现代工业的重要战略资源，应用最新数据和信息客观分析江西稀土产业的现状，提出了建立江西稀土生态工业园的构想。

产业生态系统的正确评价能有效改进产业生态系统的运营。王晶（2012）利用 BCC –DEA 和 CCR –DEA 模型，对经济区的产业效率进行评估分析，建议从产业结构，节能减排等方面推进产业生态化水平提高的政策。

李虹（2011）认为可再生能源是转型的重要力量，针对绿色就业的内涵分析以生态效率理论为基础，构建了结合产业链分析与环境价值核算的发展绿色就业价值的分析方法。

盛龙等（2012）认为应该构建产业生态化水平评价指标体系，对我国的产业生态化水平进行静态与动态分析；区域之间差距的不断拉大，为我国产业生态化发展提供了理论依据和实证支持。

当前关于产业生态理论和其他产业进行融合的研究比较多，也为物流产业生态系统的研究提供了广阔的文献基础。叶焕明等（2008）认为随着经济发展与工业进程加快，国际竞争的基本单位为区域，以区域为单位的产业生态化被提上日程，从而为山东半岛城市群提供可行的路径和政策依据。

陈立等（2012）提出区域物流的发展和区域经济主体存在深刻的内在联系，实现产业有效聚集空间布局合理，基于相关模型实现鄱阳湖经济物流经济的协调发展。

周江等（2013）认为生态园发展存在弹性和稳定性不足的问题，生态工业园与区域副产品交换形成一种新的空间架构区域产业生态系统，应建立相应的信息平台等以支持。

仇方道（2014）在江苏省应用完全分解模型探讨了产业生态化发展调控方向与路径。结果表明资源减量化效果优于末端治理减排效果。研究认为构建清洁生产与末端治理并重，是江苏省生态化转型的主要措施。

赵晓云（2014）提出随着现代物流经济不断发展，技术设备市场需求大幅增长，暴露了一些不可忽略的问题，围绕如何构建物流专业产业链和生态圈展开深入研究。

刘岩（2014）认为作为第三产业的关键要素直接影响物流产业的效率和作用以及实现物流产业生态化，基于生态理论进行研究是产业健康发展与环境共生的迫切需要。

丁超勋（2015）认为由于低碳理念的深入，产业生态化发展成为趋势，使用生态学价值观的方法，讨论产业生态化整合的路径，对整合进行相应管理。

1.2.3 绿色物流的相关论述

国内“绿色物流”一词最早由赵艳于1999年在其论文中提出，指出物流活动会对环境造成压力，需引入“绿色”理念，通过绿色物流法规框架、企业环保计划等措施减少物流活动对环境造成的危害，但文中对于绿色物流的具体定义和内涵没有做系统阐述。

“发展首都绿色流通事业的对策研究”课题组于2000年首次对绿色物流的概念进行了明确的定义：绿色物流属于绿色流通范畴，是与节约资源及保护环境相联系的物流活动的统称，主要由绿色运输、绿色包装以及绿色流通加工三个子范畴组成。

自2000年开始，越来越多的专家学者投身于绿色物流领域的相关研究中，其研究内容主要可以分为绿色物流的内涵、特征及发展策略研究和绿色物流体系的构建研究和绿色物流的定量分析几大块。

1. 绿色物流的内涵、特征及发展策略研究

绿色物流内涵和特征奠定绿色物流理论基础。陈达（2001）探讨了现代绿色物流管理的可持续发展、生态经济学和生态伦理学理论基础，分析了现代物流管理中影响环境的非绿色因素，从政府、企业和消费者三个角度提出了现代绿色物流管理的策略，并指出了21世纪绿色物流管理的特征。

曾国平等（2001）着重分析了传统物流的各个环节包括公路汽车运输、配送、装卸、储存、包装对环境的负面影响，指出物流业对环境最大的影响是公路运输所造成的废气排放、噪声和交通阻塞，提出了实施绿色物流的措施。

王长琼（2004）对绿色物流的内涵、特征进行了深入分析，并从社会价值和经济价值两个层面讨论了绿色物流管理的战略价值。

马燕（2005）从供应链角度研究绿色物流发展策略，讨论了供应链绿色物流管理的内容。

张沈青（2006）从绿色物流的内涵出发，针对我国绿色物流发展中存在的问题，从观念、政府、企业、循环经济等几个方面提出了我国进一步发展绿色物流的对策。

除此之外，还有部分学者从农业、制造业等不同具体产业角度分类探讨其绿色物流发展问题，如陆凌云（2007）分析了我国农产品绿色物流发展的现状和落后的原因，提出了发展农产品绿色物流的相应策略；郑颖（2007）也对我国当前推行农产品绿色物流存在的问题进行了对策分析。

佟芳庭等（2007）论述了制造业绿色物流的发展战略，从企业、政府及消费者角度分析了制造业实施绿色物流管理的策略；徐学朝（2007）对我国汽车物流可持续发展现状进行了分析，提出使用清洁燃料、提高汽车物流效率、发展汽车逆向物流和绿色物流是我国汽车物流与环境可持续发展必由之路。

韩松（2009）以河南为例，应用SWOT理论分析大宗农产品绿色物流与供应链发展现状，并以此为基础提出河南省发展大宗农产品绿色物流与供应链的战略价值与实践内容，以及相应政策措施。

刘玲玲（2012）提出了低碳经济时代下的我国农产品绿色物流发展特点及策略；孙曦等（2014）在环境保护和可持续发展的理论基础上，分析农产品物流活动对环境的负面影响，并从农产品绿色运输与配送、绿色仓储、绿色装卸与搬运、绿色包装、绿色流通加工 5 个方面提出农产品绿色物流体系的实现途径。

刘丽英（2013）运用 SWOT 分析方法，分析大型企业实施绿色物流自身优势、劣势以及面对的机遇和挑战，并从观念、供应链、逆向物流等几个方面提出战略对策。

刘畅（2015）分析了我国发展绿色物流的意义，探讨了我国发展绿色物流的对策和路径。

2. 绿色物流体系的构建研究

绿色物流体系的构建能有效帮助物流系统绿色运营。赵有广等（2003）提出应从社会化物流体系、企业实施绿色流通战略、政府发挥主导作用、利用电子商务、提高基础设施绿化水平五个方面着眼，建立绿色物流系统。

官绪明等（2004）分析了构建绿色物流体系的意义，并正向绿色物流体系的构架（主要包括选择合适的绿色供应商、实现产品的绿色包装、构建绿色运输体系、实施绿色流通加工）和逆向绿色物流体系的构架（主要包括旧产品的回收、旧产品运输、回收产品的检查与处置、回收产品的加工、再循环产品的销售）两个方面提出企业整合绿色物流体系的方案。

刘春宇（2005）从环境角度出发研究了绿色物流体系的构建，具体措施包括：①强调政府的引导作用，营造良好的外部环境；②强调物流企业构建一种自律型的绿色物流管理体系和流程：一是选择绿色运输策略；二是提倡绿色包装；三是开展绿色流通加工；四是加快绿色物流的科学技术改造。

郑承志（2007）指出绿色物流体系必须包括绿色供应、生产物流绿化、绿色运输、销售物流绿化、绿色包装、绿色流通加工和废弃物回收等。

上官绪明（2009）从循环经济理论的角度出发，在探讨构建绿色物流系统的意义及绿色物流系统的特征基础上，提出了在循环经济下绿色物流系统架构的模式，以及构建绿色物流系统的相关对策。

冯淑贞等（2013）提出了绿色物流园区的内涵和特征，并从物流园区规划、建设、运营、管理四个环节出发，构建物流园区绿色物流体系。

3. 绿色物流的定量分析

绿色物流的定量分析辅助绿色物流的运营决策，周启蕾等（2007）认为在物流绿色化的进程中，围绕外部成本内部化之后的利益分配，物流系统内外的各主体之间存在着一系列的博弈，包括企业与企业之间、政府与企业之间，以及客户层面等方面的博弈；在绿色物流主体间的博弈分析的基础上，提出了物流绿色化进程中的政府策略。

赵丽君（2008）运用层次分析法（AHP）和模糊综合评价法的理论，将绿色物流综合效益分为经济效益、社会效益和生态效益，在此基础上提出和建构绿色物流综合效益评价模型，对绿色物流的综合效益进行量化，以证实绿色物流具有良好的综合效益。

于成学（2009）借鉴生物学上的 logistic 模型来说明企业物流活动与环境之间的关系，构建了企业绿色物流管理的 logistic 模型，并通过对 logistic 模型的稳定性分析，证明企业内部绿色物流的网络系统集成可以解决物流与生态环境之间的矛盾问题。

肖丁丁等（2010）从企业、政府和环境三个方面系统地分析绿色物流发展过程中存在的影响因素及各因素间的影响关系，借助 DEMATEL 方法，定量地揭示了影响因素之间的综合影响程度，找出了影响绿色物流发展的关键因素。

严双（2010）在构建了企业绿色物流绩效评价指标体系的基础上，运用灰色系统理论构建绩效评价模型。

邓良等（2011）建立了信息对称情况下绿色物流产业供需双方的合作创新博弈模型和信息不对称情况下绿色物流产业供需双方的合作创新博弈模型，并对模型进行了检验与分析。

王浩澂（2012）结合灰色评价与层次分析法对企业绿色物流实施效果进行了评价。

何波（2012）提出了绿色物流网络设计步骤和模型，将环境质量和物流成本作为优化的目标，利用多目标优化方法获得物流成本和环境质量之间的效率边界，通过分析效率边界的性质，指出了效率边界的作用。

郭毓东等（2013）从国家物流政策及配套、绿色物流的经济性、资源节约性以及友好性四个方面构建绿色物流发展水平评价指标体系，提出一种基于 AHP 和熵值法相结合的指标权重确定方法，并以长株潭两型社会城市群为例，验证该方法的科学性和有效性。

孙玮珊等（2014）以物流总成本和二氧化碳排放量最小化为目标，建立双目标绿色物流网络设计模型；结合模糊数学规划理论，运用三角模糊数描述需求、单位运输成本及单位碳排放量等不确定性参数，利用模糊统计方法计算模糊参数的隶属度，把模糊机会约束清晰化，从而将模糊规划模型转化为确定性规划模型进行求解；其研究表明：当物流成本目标的权重在0.15～0.8时，物流成本与二氧化碳排放量处于相对稳定的状态，二氧化碳排放量上限对物流成本的影响较大，将二氧化碳排放量控制在280000以下，能够有效平衡经济因素和环境因素两者之间的关系。

张岐山等（2015）研究了考虑能耗的绿色物流优化，建立了基于能耗2L－CVRP的绿色物流优化模型并给出求解算法。

综合以上文献可以看出，目前对于绿色物流的研究主要集中在物流活动的环境影响分析方面以及对绿色物流系统的一些构想上，在定量分析上大多数把物流中的环境影响问题抽象成纯数学问题来进行研究，结合某个地区、某个城市或某个企业的研究则较少。

1.2.4 生态物流的相关论述

相对绿色物流来说生态物流更加强调物流系统共生、开放、自适与演进等生态特征，其内涵的广度与深度均超过绿色物流，是一种全新的物流管理理念，是对常规物流的一种改进、完善和优化，但由于生态物流这一概念引入中国时间不长，我国学者也是近十年左右才逐渐开始对其进行研究，其外延与内涵仍在继续发展和完善，至今尚无统一的定义。目前对于生态物流的研究主要是定性分析较多，定量研究较少，研究内容上也比较分散。

在生态物流的概念方面，许志焱等（2005）率先提出生态物流的概念，指出物流系统的生态性表现在相互依存、层次性、开放性、演化发展这四个方面，以上海为例分析了生态物流对城市发展的影响，指出我国生态物流系统发展存在的问题，并给出改进建议。杨建辉等（2006）指出生态物流是现代物流发展的较高阶段，并对生态物流所带来的经济效益、社会效益和生态效益进行了深入分析。

在物流与生态环境的相互影响方面。李怀政（2008）深入分析了物流与生态环境的相互影响和作用机理，指出物流对生态环境的负面影响主要来源于物流过程直接产生的污染与危害、物流战略与决策导致的环境污染与危害、物流末端污染这三大方面，而生态的失衡、环境承载力下降和资源的浪费会引起消费者环保偏好增强、物流市场准入条件提高、政府环境监管加强、企业环境标准竞争加剧和国际物流绿色壁垒增强，最终将导致物流规模缩减、物流服务质量下降、物流成本上升、物流竞争力削弱和物流效益降低。

张平等（2009）分别从宏观层面和微观层面分析了我国发展生态物流的困境，并对我国发展生态物流提出了相关制度改进措施与建议。李建丽等（2010）通过对生态物流定量的随机前沿模型加以数学描述，建立“投入－产出”航运生态效用模型，通过该模型分析了航运企业内部及航运企业与其他节点发生联系时的生态效用及其影响因素。

陈大勇等（2010）结合区域生态物流的特征，从生态物流发展的经济效益、技术水平、外部环境、内部流程以及生态环境五个方面设置五个一级指标，18 个二级指标以及 47 个三级指标，组成区域生态物流评价指标体系，根据指标设置的层次关系进行分析。

谢天慧（2014）阐述了旅游景区物流活动的内容及其对旅游业的推动作用，分析了生态物流的概念及内涵，对旅游景区生态物流发展现存的挑战进行了分析，提出了有针对性的旅游景区生态物流发展的策略。

在生态物流系统的构建方面，王汉新（2014）指出物流网络原理、协同共生原理是城市生态物流系统的两大基本原理，并指出城市复合生态物流配送体系的构建需从三个方面入手：一是建立城市轴－辐式的配送网络体系，以提高车辆装载率，减少运输里程，实现规模配送效益；二是通过配送车辆的标准化以及新能源车辆的运营，达到降低能源消耗、减少车辆尾气排放的目的；三是采用共同配送的组织模式，整合配送各参与主体的资源，提高配送效率与效益，减少配送的外部不经济性。

1.2.5　文献述评

上述这些文献对本课题的研究提供了许多有益的佐证。在城市雾霾成因方面，众多文献指出机动车、汽车排放、机动车保有量等物流因素都是城市雾霾的重要影响因素，论证了物流产业与城市雾霾之间的关联性。物流产业生态系统方面的研究给出了产业生态系统的内涵及构建产业生态系统的关键因素，给出产业生态化水平评价的指标体系，指出物流生态的发展模式。这些研究为产业生态系统在物流产业领域的拓展奠定了理论基础。同时，绿色物流和生态物流的研究指出了物流系统共生、开放、自适与演进等生态特征，通过定性及定量分析的手段，指出物流产业与生态环境的相互影响和作用机理，成为物流产业生态系统的重要理论支撑。

梳理现有文献可以发现，虽然城市雾霾的成因得到了有效分析，然而由于我国地域经济发展水平、技术条件和能源结构的不平衡，各省市雾霾治理能力和现实诉求存在差异。那么，异质性区域是否存在城市雾霾的收敛以及治理策略的制定呢？为此，亟须将时空结合起来，系统展开我国城市雾霾空间格局演变和俱乐部收敛的实证研究，制定科学合理的区域雾霾治理政策。

物流产业作为传统的高耗能、高污染行业，是由其行业性质决定的。物流的各个环节都需要能源的支持才能完成，比如在车辆运输和配送环节主要是以石化燃料为主，产生的碳排放是城市雾霾产生的关键因素。那么，物流产业的碳足迹如何？其雾霾效应又是怎样的？物流产业活动中铁路及公路运输建设对城市雾霾的影响程度如何？我们认为应该根据测算结果来制定物流产业节能减排措施，保证城市雾霾治理政策的科学性与合理性。

物流产业生态系统的实施主体为物流企业，通过物流企业实施逆向物流对废弃物进行回收利用，以此降低物流产业对城市雾霾的影响，是值得多方位探讨的课题。为保证逆向物流的有效实施，必须确保逆向物流的获利性。那么，从政府监管，逆向物流定价，逆向物流回收模式等角度来看，物流产业生态系统的微观实施路径是什么？从宏观、中观、微观角度出发，来缓解城市雾霾压力，政府应当制定怎样的政策，物流产业应当如何转型，物流企业应当如何运营，都是我们研究的目的和内容。

1.3 研究方法

（1）交叉学科研究和系统科学研究相结合的方法。本课题综合运用物流学、产业生态学、环境管理学等学科的基本原理和研究方法，建立物流产业生态系统理论；并运用系统科学理论设计和优化物流产业生态系统。

（2）理论分析和实践分析相结合的方法。本课题以物流产业生态系统理论研究为基础，以各国治理城市雾霾的相关实践经验为参考，将物流产业生态系统理论与城市雾霾的实践结合起来进行研究，并得出物流业可持续发展及缓解城市雾霾压力的对策与措施。

（3）定性分析与定量分析相结合的方法。本课题以物流业对城市雾霾影响机理的研究为基础，运用了文献资料法、问卷调查法、访谈法等多种定性分析方法。

在物流产业生态系统的理论基础上，重点采用空间探索性数据分析（ESDA）和空间面板计量等模型方法对城市雾霾的空间格局演变过程进行实证研究，揭示城市雾霾强度时空格局演变特征及其空间集聚现象；在低碳视角下对物流产业生态系统的雾霾效应分析上，运用碳足迹理论对物流产业生态系统自身的效率进行了测算；在低碳视角下对物流产业的雾霾效应上，运用统计方法进行测算，提出了低碳下的物流约束性指标；并运用面板数据模型针对物流产业雾霾效应和经济增长之间的关系进行了检验，对物流产业自身的能源效率和结构进行了测算；在对物流产业生态系统与城市雾霾之间的相关性分析上，建立了物流产业生态影响雾霾的面板数据模型，以进行分析。在物流产业生态化的实施路径进行分析上，紧贴产业生态学理论，对应宏、中、微观在政府监管、物流园区、企业运营三个层面提出了相应措施；并运用博弈论方法分析了政府监管在城市雾霾改善中的积极作用，基于责任分担、公平关切两个新视角提出了逆向物流定价策略，对再制造逆向物流的回收模型进行了比较分析。

1.4 研究框架

本课题定性为剖析物流产业生态系统，缓解城市雾霾压力的机理，分析城市雾霾问题与物流产业生态系统存在的联系，从而建立相关研究理论基础，包括对物流产业生态系统的概念、要素和特征进行概述，对物流产业生态系统进行综合评价，进而定量分析物流产业生态系统对城市雾霾压力的影响程度并进行优化，最后根据实证研究结果给出相应的对策和措施，如图 1－1 所示。

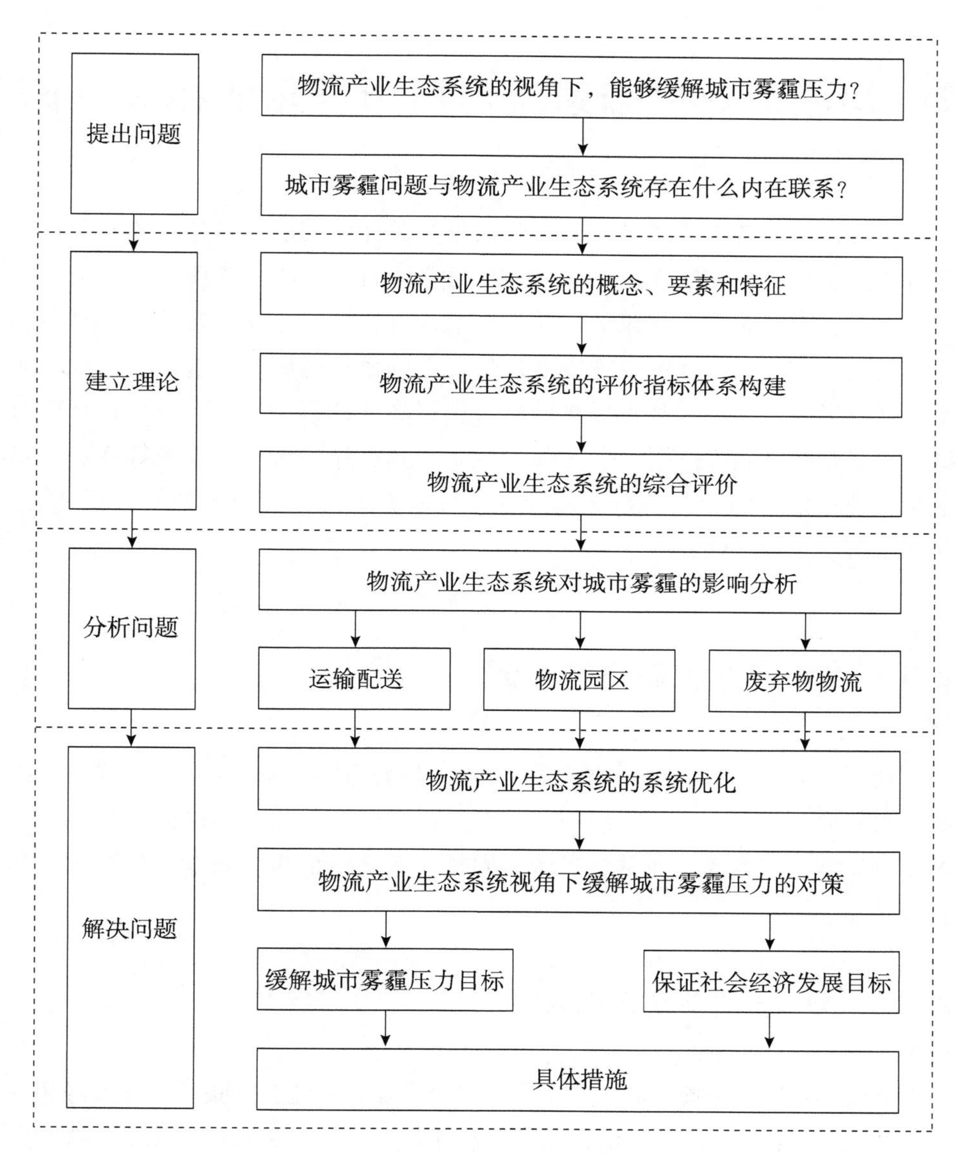
提出问题
物流产业生态系统的视角下，能够缓解城市雾霾压力？
城市雾霾问题与物流产业生态系统存在什么内在联系？
建立理论
物流产业生态系统的概念、要素和特征
物流产业生态系统的评价指标体系构建
物流产业生态系统的综合评价
分析问题
物流产业生态系统对城市雾霾的影响分析
运输配送
物流园区
废弃物物流
解决问题
物流产业生态系统的系统优化
物流产业生态系统视角下缓解城市雾霾压力的对策
缓解城市雾霾压力目标
保证社会经济发展目标
具体措施

图 1－1　本书的研究框架

2　物流产业生态系统与城市雾霾的相关理论

雾霾对居民健康的影响已成为公众极为关注的问题，引起了政府及社会各界的广泛讨论及高度关注，如柴静有关雾霾的纪录片《穹顶之下》引发的热议。雾霾天气对居民健康的影响主要表现在：呼吸系统的影响，容易引起支气管炎、肺炎、肺气肿等呼吸道疾病；心脑血管的影响，增加了原有心血管疾病患者发生急性呼吸道感染的机会；眼鼻喉的影响，吸入悬浮物颗粒对眼、鼻、咽喉有刺激作用，会使眼产生干、涩、痒、流泪、畏光等症状，发生结膜炎；情绪的影响，在雾霾天，终日雾霾缭绕，会使人处于抑郁状态，情绪低沉，很容易感到疲惫。

2.1　物流产业生态系统概述

物流产业生态系统是以物流为纽带，以物流产业集群为主要形式，围绕物流提供商、需求方、行为组织、政府、社会公众等建立起来的，与生态环境有物质能量交换的产业共生系统，同样注重物流的生态效益、经济效益和社会效益。

2.1.1　物流产业生态系统结构

物流产业生态系统是由生产企业、消费企业、物流企业集群、政府等相关机构和相互嵌套的生态物流链，在物流和能量的交换下，共同组成的物流产业共生网络。该网络在现代信息系统的支持下，实现相互之间物流、资金流、信息流等快速而有效的传递，企业间的资源相互利用和循环，从而提升了整个系统的物流运作效率，同时减少了物资和能量的浪费，其结构如图 2－1 所示。

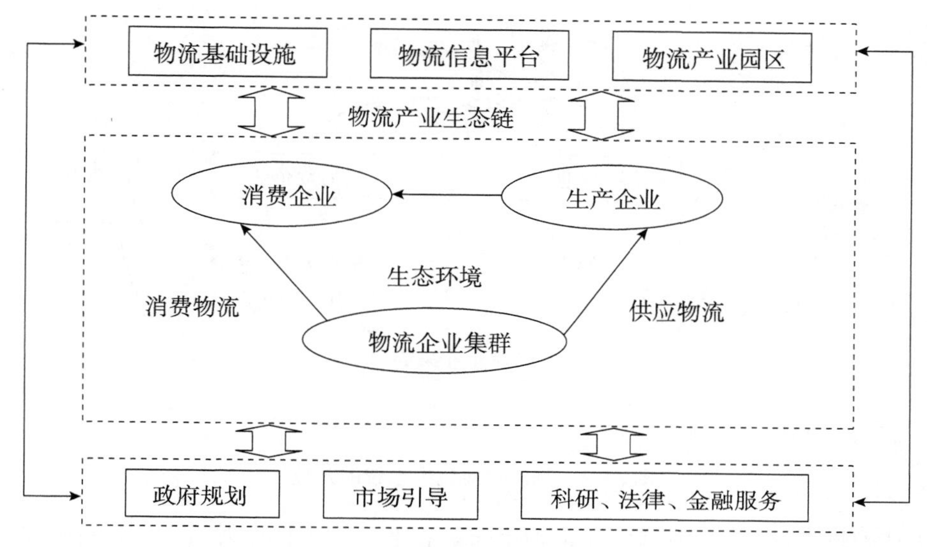

图 2－1　物流产业生态系统结构示意

2.1.2　物流产业生态系统特征

物流产业生态系统具有开放性、循环性、层次性、本土性、经济性、演进性、调节性等特征。

1. 开放性

开放性是指物流产业生态系统是参与自然界物质循环的一个特殊有机体，通过能量流、物质流等的出入与周围环境相互联系，如生产需要从外部输入物质、能量，产品需要消费市场，生产物流、消费物流和物流企业集群等产生的废弃物需要内部处理或运送到系统外，利用自然生态系统的净化吸收能力消除其不良影响，如图 2－2 所示。

2. 循环性

循环性是指在物流产业生态系统内，组成该系统的物质、能量、信息及其资金流动方向。一般来说都不是单一和简单的直线型，系统内的循环也不是单一材料或产品的一维循环，而是有多种物料和能量参加的多方位的循环模式。

3. 层次性

物流产业生态系统有三个层面的物流循环，即小循环（微观层面上企业

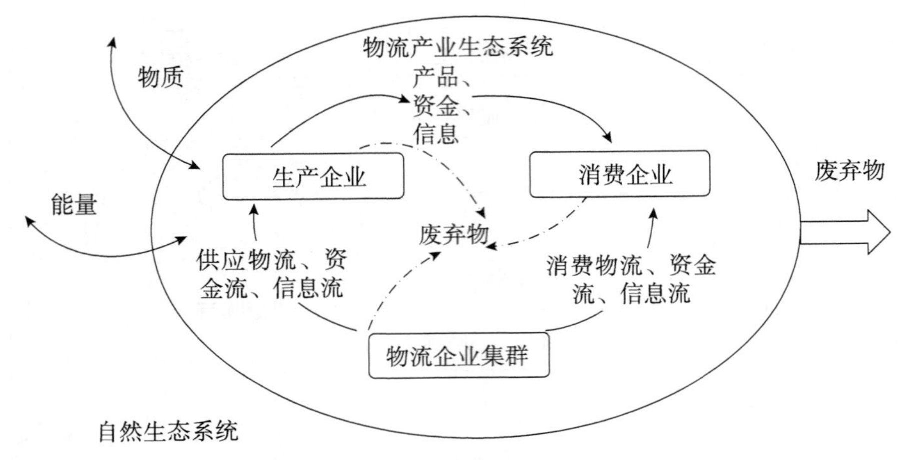

图 2-2 物流产业生态系统的开放性

内部的物流循环）、中循环（中观层面上企业之间的物流循环）、大循环（宏观层面上整个社会的物流循环），这三个层面的循环便构成了物流产业生态系统的三个基本类型，即生态物流企业、生态物流产业园区、物流产业生态系统。

4. **本土性**

所谓本土性，是指物流产业生态系统在区域上必须与其所处的自然环境条件相协调，具有区域耦合性，即通过对一定地域空间内不同企业间，以及企业、居民和自然生态系统之间的物质、能源的输入与输出进行优化，从而在该地域内对物质与能量进行综合平衡，形成内部资源、能源高效利用，外部废弃物最小化排放的可持续的地域综合体。

5. **经济性**

物流产业生态系统发展的目标，首先是为了实现物流产业系统与自然生态系统的协调发展，从而进一步促进自然—社会经济系统物质的循环利用和能量的高效、有序流动，并在此基础上来实现产业的社会经济目的。这就决定了物流产业生态系统在具有自然生态系统的生态特性的同时，另外还具有人类经济系统的特性——经济性，即在降低环境压力的同时追求最佳的经济效益，注重物流产业经济效益和生态效益的双赢。

6. **演进性**

由物流产业生态系统的层次性可以看出，物流产业生态系统是物流产业发展的高级阶段，是一个逐步推动演进的过程，它意味着整个社会物流系统在更高的层次上满足不断增长的社会需求，产业结构不断升级，在这个阶段中，物质在系统内实现完全闭路循环（闭环供应链管理）。

7. 调节性

调节性是指随着物流产业生态系统的不断优化升级，最终也会如同自然生态系统一样，具有自我组织、自我设计、自我调节的重要特性，对潜在的外部干扰有足够的自我调节能力或缓冲能力，从无序的组织与治理到有序的预防和资源循环，使其结构与功能维持相对稳定性和持续性。

2.2 产业生态视角下的物流活动细分

产业生态学的起源可以追溯至20世纪60年代末，美国学者艾尔斯着力于研究系统性的材料物质流动，并首创“产业新陈代谢”的概念。而在1972年艾尔斯更划时代地提出了“产业生态学”的概念。作为20世纪90年代刚刚兴起的一门综合性、跨学科的应用科学，产业生态学是研究各种产业活动及其产品与环境之间相互关系的跨学科科学。产业生态学是研究可持续能力的科学，作为一门研究产业活动与自然生态环境相互关系的科学，产业生态研究依据自然生态有机循环机理，在自然系统承载能力内，对特定地域空间内产业系统、自然系统与社会系统之间进行组合优化，达到充分利用资源，消除环境破坏，协调自然、社会与经济的可持续发展的目标。

当前的研究动向和发达国家的经济转型表明，产业生态能够使物质和能量在经济、社会系统内不断循环，是解决资源与环境问题的有效途径。这就需要对目前的产业和社会消费进行重新组合再造以减少物质和能量流的浪费，把人类活动对自然系统的生态影响降低到可维持的水平。而物流活动是人类活动中的重要组成部分，其对自然系统的影响也是十分明显的。

产业生态学是迄今为止研究范围最为广泛，涉及学科众多的一门交叉科学，是人类各种科学技术的综合性研究，涉及原材料、设计、制造、消费、处理等过程，是关于人类生产、消费活动与自然、经济、社会、环境关系的科学；也是关于物质、能量在时间、空间、数量、结构和序列层次上的可持续发展的系统研究，它根源于各种自然科学和社会科学。因此，在产业生态学的视角下分析对物流活动进行的细分，可以更加科学地分析物流活动对城市雾霾的影响。

2.2.1 宏观层面

人类赖以生存的水圈、气圈和岩石圈与生物圈构成了一个有机整体。各层相互渗透、交织和相互作用于人类的繁衍、生存与发展。产业生态学研究的最难层次是人与自然的关系，即自然生物新陈代谢与产业经济新陈代谢的对立统一，全球变暖促使人们意识到人类活动不可持续发展的严重性，也促使产业生态学发展成为一门在多层尺度上对地球进行管理的科学。在宏观层面上，全球的物流产业活动更为频繁，其对环境造成的影响更是范围广泛。

1. 货物运输对环境的影响

运输是物流活动中最主要、最基本的活动，运输车辆的燃油消耗和燃油污染是物流作业造成环境污染的主要原因。物流管理活动的变革，如集中库存和即时配送，也对运输和环境造成了影响。

不合理的货运网点及配送中心布局，导致货物迂回运输，增加了车辆燃油消耗，加剧了废气污染和噪音污染；过多的在途车辆增加了对城市道路面积的需求，加剧了城市交通的堵塞。集中库存虽然能有效地降低企业的物流费用，但较多的一次运输会增加燃料消耗和对道路面积的需求。即时配送（Just in Time，JIT）强调无库存经营，从环境角度看，JIT 配送适合于近距离企业间的输送。如果供应商与生产商之间距离较远，要实施 JIT 就必须大量利用公路网，使货运从铁路转到公路，这样又增加了燃油消耗，带来空气污染、噪声污染等，从而破坏环境。

2. 流通中包装对环境的影响

包装具有保持商品品质、美化产品、提高商品价值的作用。当今大部分商品的包装材料和包装方式，不仅造成资源的极大浪费，而且严重污染环境。目前市场上流行的塑料袋、玻璃瓶、易拉罐等包装品种，使用后会给自然界留下长久的污染物。相当一部分工业品特别是消费品的包装都是一次性使用，且越来越复杂。这些包装材料不仅消耗了有限的自然资源，废弃的包装材料还成为城市垃圾的重要组成部分。不少包装材料是不可降解的，它们长期留在自然界中，会对自然环境造成严重影响，处理这些废弃物要花费大量人力、财力。

3. 流通加工的影响

流通加工是指为完善使用价值和降低物流成本，对流通领域的商品进行的简单加工。流通加工具有较强的生产性，会造成一定的物流停滞，增加管理费用，不合理的流通加工方式会对环境造成负面影响。由于消费者分散进行的流通加工，资源利用率低下，浪费能源，如餐饮服务企业对食品的分散加工，既浪费资源，又污染空气。分散流通加工产生的边角废料，难以集中和有效再利用，造成废弃物污染。流通加工中心选址不合理，也会造成费用增加和有效资源的浪费，还会因运输量的增加而产生新的污染。

2.2.2 中观层面

产业生态学研究的大部分突破性进展是从中观层面开始的，这样，产业生态学的研究就从减少原材料投入、清洁生产及其生态效益，转移到了分析地方性及整体性环境污染。因此，根据产业生态学的相关理论基础，我们从中观层面上分物流产业园和区域物流产业两个方面分析物流产业活动对雾霾的影响。

1. 物流产业园

近年来，物流生态工业园建设逐渐成为世界发展潮流，也是地方工业可持续发展的重要标志。一个企业如果脱离了相关企业，无论其技术多么先进，在生产有形产品的同时，其生产过程都会产生自己不需要的“废弃物”或副产品；当企业在某一区域集聚，形成资源共享和副产品交换的网络关系时，就产生了“产业共生”现象。这种产业共生网络一旦形成，就会产生巨大的经济效益和环境收益，使总的资源消耗量不增加或减少而使总的产品收益增加。同时，企业之间形成的合作氛围和企业文化氛围，又促使产业进一步发展和竞争力的提高，这是近年来世界许多国家非常重视发展这种基于产品交换和资源共享的共生网络的根本原因。经过数十年的演变，中华人民共和国国家标准（GB/T 18354—2006）《物流术语》对物流园区做了如下定义：为了实现物流设施集约化和物流运作共同化，或者出于城市物流设施空间布局合理化的目的而在城市周边等各区域，集中建设的物流设施与众多物流业者在地域上的物理集结地。物流园区作为物流业发展到一定阶段的必然产物，在日本、德国等物流业较为发达的国家和地区相继出现。日本称物流园区为物流团地（Distribution Park），在德国称为货运村（Freight Village）。物流园区是按照规模化、专业化的原则组织运输、仓储、配送和流通加工等物流活动，物流园区内不同业务经营主体可以通过共享相关物流基础设施和相应的配套服务设施，从而发挥物流园区的整体优势和互补优势，实现物流集聚的集约化、规模化效应，并可以促进载体城市可持续发展。

在物流园区建设中普遍存在一种现象：以“物流园区”之名，行“圈占土地”之实。目前，在一些县、市物流园区建设项目审批后却并不投资建设，而是等待土地升值另作他用，或者物流园区建成以后却没有投入使用，出现空置等诸多现象。因此物流园区的主要污染源为烟（粉）尘、SO_2、扬尘污染，这些污染物对环境的影响也是十分明显的。

2. 区域物流产业

区域物流产业是指区域内人类经济活动、社会（城镇变化）和自然生态系统的协调关系，通过分析土地利用变化、经济发展、城镇变化和资源承载力的研究，揭示其社会变迁的内在联系和空间关系，探索区域产业生态发展模式，为实现区域经济可持续发展提供决策依据。

现代3S技术（卫星遥感技术、地理信息系统、全球定位系统）为实现区域产业生态提供了技术基础：运用各种尺度的卫星遥感图像，分析区域范围的土地利用结构与城镇发展的空间演变，从时间维度变化上，利用地理信息系统软件进行土地利用结构动态变化数据处理和研究。

因此，分析区域物流产业活动对城市雾霾的影响主要是通过空间计量经济学、卫星遥感技术等实现对区域范围内物流产业活动对城市雾霾影响的关联度、影响范围等进行重点分析和提出措施。

2.2.3 微观层面

1. 第一个层次是物流材料

物流活动依靠大量的车辆、包装材料等物资的使用顺利进行的同时，也给环境造成了极大的危害。

我国物流活动中排放的NO_X（氮氧化物）以及有机烃而形成的有机气溶胶和其不完全燃烧产生的黑碳迅速地增加，是我国近年来造成PM2.5污染加重和大气雾霾频发的主要原因。交通排放对于全国性雾霾的比重超过了工业排放。汽车排放主要成分是碳氢化合物和不完全燃烧有机物产生的多环芳烃（PAHS）含有致癌物质苯并芘，机动车排放主要包括有机烃、氮氧化物、一氧化碳和以黑碳为主的颗粒物（主要是PM2.5）。有机烃会进一步形成组成PM2.5的有机气溶胶，氮氧化物会进一步形成组成PM2.5的硝酸盐气溶胶。有机气溶胶、硫酸盐、硝酸盐和黑碳是能见度降低的直接影响因子。

由于价格低廉，过多使用传统的塑料包装已成为物流运输中的必备品，但是由于塑料回收机制没有形成，燃烧和扔弃行为对空气污染产生巨大影响。我国现代物流业发展得到了政府部门的重视。2009年国务院将物流业列入调整振兴规划产业的范畴，指出要发挥物流业的基础性作用，作为落实宏观经济政策的重要手段。2011年，国务院召开专门会议研究物流发展政策，落实《物流业调整和振兴规划》，发布了促进现代物流业发展的“国九条”新政，极大地促进了物流业的发展，同时为物流包装的发展奠定了一定的基础。此外，政府推出与绿色物流包装相关的优惠政策，进一步加大了对绿色物流包装的扶持力度。《包装行业高新技术研发资金管理办法》明确支持包装行业积极开发新产品和采用新技术，促进循环经济和绿色环保包装行业发展。符合环境保护要求的新型环保包装材料项目，包装减量化和节能化项目、包装废弃物处理和利用项目等符合国家宏观政策的项目，将有机会获得最高500万元的研发资金的支持。目前我国现代物流业仍存在许多问题，如各种运输方式之间装备标准不统一，物流器具标准不配套，物流包装标准和物流设施标准两者缺乏有效衔接，未形成必要的行业规范和标准等。物流包装废弃物数量直线上升，是物流包装废弃物产生的主要原因之一。物流包装的需求量增长迅速，消耗了大量的自然资源，包括可再生的森林资源和不可再生的矿产等，使用后则形成大量的废弃物。目前，我国暂无完善的物流包装回收体系，未经处理的包装废弃物对环境造成了严重的破坏。我国包装行业呈现粗放型、非可持续性的发展特征，这使得物流包装行业对资源的消耗与保护生态环境之间的矛盾越来越突出。

2. 第二个层次是在生产过程中的有害物质

物流活动本身不生产商品，但是商品在生产过程中的企业内部物流活动也会产生有害物质。物流生产活动中使用的材料耗费、汽车尾气排放等方面都会对空气产生巨大危害。在运输过程中使用大量的运输车辆，没有达到国家尾气排放标准的车辆，成为雾霾形成的重要因素之一；在物流企业的仓储活动中，使用过度的货物外包装，且不进行回收和处理，而是简单的扔弃或燃烧对雾霾的形成也具有重要影响。

3. 第三个层次是物流活动的职能开展

产品生产出厂，需要包装、运输、储藏，最后销售给消费者使用。资料显示，30%左右的城市固体废弃物来源于包装材料。对不含异物材料、可再生循环、可回收、再使用、减物质化等包装物的研究显得日益重要。根据不同的包装设计对环境影响进行评估，比较其对水土大气等环境的影响，对使用再生材料、可再循环包装材料的可能性等因素进行分析。

物流活动会产生各种固体、液体和气体废弃物，产生能耗和材料耗散，如打卡机色带、墨盒、胶卷、汽车尾气、锗炉废气、洗衣机废水；消耗电能、汽油、煤、柴油等能耗。另外，一些材料或产品在使用过程中发生渗漏转移而耗散，如塑料添加剂中的稀土、铅、锌、锡等重金属化学物，油漆表层的有机溶剂甲苯，清洗剂、润滑剂等，这些物质随产品使用最终流入到自然界和水土气中，但很难回收。因此，对耗散性产品或材料的环境影响研究与评价，寻找替代材料就变得至关重要。

运输活动的完成离不开大量交通工具的使用。交通工具在大大提高运输效率，提高全社会流通速度的同时，也成为环境污染的主要来源。交通工具对环境的污染突出表现在大气污染和噪声污染两个方面，突出地表现在大气污染上。交通工具对大气的污染主要来源于汽车等运输工具排放的尾气，其中含有许多有害成分，如一氧化碳（CO）、未完全燃烧的碳氢化合物、NO_X 氮氧化物、铅氧化物和浮游性尘埃等，它们是大气污染的主要来源。

有关部门曾对机动车保有量的大气污染物浓度变化进行了相关性统计。结果表明，城区大气中氮氧化合物浓度与机动车保有量呈明显的正相关关系（系数达到0.973）。这说明机动车的尾气排放直接导致了城市中大气污染物浓度的增加，尤其在人口密集的大城市，汽车尾气污染正呈加剧之势，它将成为城市的首要污染物。例如北京市每年大气污染中39.1%的一氧化碳、74.8%的碳氢化合物和46.2%的氮氧化合物都来源于运输工具的尾气。

4. 第四个层次是面向再循环的影响

理论上物流周期越短，产品循环路径越短。产品使用后进行再利用要好于回收处理后再销售给用户，更要好于回收中心通过产品再生、制造商、销售商再销售，或者零部件拆卸再循环，以及填埋、焚烧处置等路径。因为前者只需更少的物理化学处理，只需使用更少的能源，只会产生更少的环境影响。在面向回收的设计（Design for Recycling，DFR）中，尽量减少材料使用的多样性，减少有害物质的使用并方便材料分离，优先采取闭路循环（将回收材料再用回同类产品生产），再使用垂直循环（将再生材料用于其他产品生产，如办公纸用于牛皮纸生产，使用到物流包装中，塑料或纸质箱进行重复利用等）。

2.3 物流产业生态化缓解城市雾霾的机理及影响因素分析

2.3.1 物流产业生态系统影响城市雾霾的机理

从物流产业生态系统的内涵可以看出物流产业生态系统是一个开放式的双向循环系统。一方面，该系统在与外界进行物质、能量交换的同时，还会对外排放废水、废气、城市和工业垃圾等各种废弃物质，对物流产业生态系统所处环境造成严重压力，其中就包括引发和加重城市雾霾问题；另一方面，城市雾霾问题也会反作用于物流产业生态系统。因此，对于这样一个开放式的双向循环系统，物流产业生态系统的优化对城市雾霾改善机理是什么，这正是本章节将要重点讨论的内容。

城市雾霾给物流产业生态系统所带来的直接影响主要表现在物流的运输方面，对公路物流和航空物流的影响尤其严重，其次是海运和铁路物流。2013 年中国遭遇史上最严重雾霾天气，雾霾发生频率之高、波及面之广、污染程度之严重前所未有。根据环境保护部卫星中心遥感监测，2013 年 1 月 29 日，雾霾主要分布在北京、天津、河北、河南、山东、江苏、安徽、湖北、湖南等地区，雾霾面积为 143 万平方千米，多个城市 PM2.5 指数“爆表”，白天能见度不足几十米，河北、辽宁、江苏、安徽、山东、河南 6 省有 20 余条高速公路局部路段通行受阻，城市交通受到严重影响。作为雾霾重灾之地的北京，持续多日六级严重污染，雾霾不散，能见度差，京哈、京沪、京津等高速部分路段出现封停。影响航空能见度的天气现象非常多，如雷暴、雷雨、大雨、冻雨、顺风超标、结冰、大雪、低云、低能见、大雾等，其中雾对能见度的影响最大。自重度雾霾天气席卷中国以来，中国航空公司遭遇了不同于往年的影响。一方面，雾霾天气造成的大面积能见度恶化，严重影响航空器起飞降落，从而导致航班的大量延误和返航；另一方面，据台湾民航学者许耿睿研究，雾霾的颗粒对航空发动机的影响非常大，会严重影响发动机寿命。雾霾引起的能见度问题还影响海运，据上海海事局新闻发言人晨晓光介绍，上海港2014年一年因能见度不良造成大型船舶停航或滞航的时间超过50天，一旦能见度不足1000米，就必须通过各种渠道向船舶发布停航通知，以免发生水上事故，而整个停航复航过程也对港口物流造成严重影响。此外，在雾霾天气，虽然铁路运行较为稳定，但由于霾里面有很多带电离子、烟尘微粒，在高压的情况下，绝缘子容易被击穿，导致“雾闪”发生，使线路无法向动车或高铁供电。尽管铁路部门已采取众多措施应对雾霾所引起的“雾闪”问题，如更改列车车顶高压绝缘子以减少动车及高铁故障，但无疑雾霾对于高速铁路的正常运行已经造成威胁，降低了铁路物流的运行效率。

雾霾天气虽然不会直接影响整个物流产业生态系统物流总供应量，但商品流通需要的是安全、及时、可靠地从产地到达销地。城市雾霾所引起的物流运输环节的不畅，必然引起整个物流产业生态系统的“水土不服”，即物流产业生态系统在区域上无法与其所处的自然环境条件相协调，系统内企业间以及企业、居民和自然生态系统之间的物质、能源的输入与输出得不到优化，从而导致系统内物质与能量的失衡，使得整个系统内部资源、能源无法得到高效利用，进而影响到整个物流产业生态系统的经济性，失衡的物流产业生态系统必然又会造成雾霾问题的进一步恶化，从而形成一种恶性循环模式。因此，城市雾霾的改善必须从源头（前向）抓起，即通过物流产业生态系统的优化与升级实现整个物流产业生态系统的物流通畅，加速其自我组织、自我设计、自我调节功能的形成，实现物流产业生态系统的可持续发展，从而达到缓解雾霾问题的目的。

2.3.2 物流产业生态化影响城市雾霾的因素分析

鉴于物流产业生态系统是由生产企业、消费企业、物流企业集群、政府等相关机构共同组成的物流产业共生网络，本章节将从政府规划、技术和企业运营这三个层面着重探讨物流产业生态系统对城市雾霾改善的影响。

1. 政府监管因素

物流产业生态系统要得到良性健康的发展，不可能完全依靠市场的引导，在一个社会系统或经济体系中，要实现城市雾霾的改善也不能主要依靠企业力量，首要的任务应该是国家宏观层面的设计和政策规划与调整。从20世纪50年代开始，西方国家也曾经饱受雾霾困扰，在治理"雾霾"方面采取了许多应对措施，积累了值得借鉴的经验，但由于国情不同，社会文化、生活方式、风俗习惯、法制观念和工业化进程等一系列环境因素和社会因素不一致，所以政府对于雾霾的治理并不是简单的"拿来主义"就可以迅速解决，其治理过程应该是一个不断通过实践进行探索、优化和调整的过程。

目前，政府针对物流产业生态系统所带来的环境问题，已经相继出台了相关政策和措施，主要的法规和政策有《可再生能源法》《清洁生产促进法》《循环经济促进法》《节约能源法》《环境空气质量标准》《重点区域大气污染防治"十二五"规划》等，其中2013年9月国务院颁布的《重点区域大气污染防治"十二五"规划》提出了二氧化硫治理、氮氧化物治理、工业烟粉尘治理、工业挥发性有机物治理、油气回收、黄标车淘汰、扬尘综合整治、能力建设八大减排工程1.3万个减排项目，标志着我国大气污染防治工作进入了由"以总量控制为目标导向"向"以环境质量改善为目标导向"的历史性转变。

此外，推广新能源汽车的应用也成为国家和地方政府用以治理机动车尾气、缓解雾霾问题的重要手段。2014年，国家密集出台了一系列利好新能源车政策，主要包括：《政府机关及公共机构购买新能源汽车实施方案》《关于加快新能源汽车推广应用的指导意见》《关于电动汽车用电价格政策有关问题的通知》以及《关于免征新能源汽车车辆购置税的公告》。据不完全统计，截至2014年年底，全国40个省市出台了新能源汽车推广方案并明确补贴标准，而北京、上海、天津、重庆、青岛、广东、广州、佛山南海区、惠州、江苏、南京、扬州、常州、苏州、西安、武汉、湖南、海口、南昌、芜湖、泸州21个省市出台了新能源汽车补贴细则。在40个省市的补贴政策里，按国家和地方财政1∶1比例补贴的城市有：北京、青岛、山东、潍坊、武汉、襄阳、天津、广州、惠州、西安、福建、龙岩、厦门、湖南、株洲、长沙、宁波、深圳、泸州、赣州，其中青岛、广州、惠州、深圳四城市实行不退坡机制；上海、太原、运城、广东、大连、南昌、芜湖、昆明等城市按各自不同的补贴方式给予补贴；各省市新能源汽车补贴细则如表 2－1 所示。

表 2－1　　　　国内 40 省市新能源汽车补贴政策一览表

城市	补贴政策
上海	纯电动汽车补贴 4 万元；插电式（含增程式）混合动力补贴 3 万元。 闵行区：拥有闵行户籍，或者在该区企业单位工作、交满 2 年以上社保的消费者可以享受 2 万元的闵行区政府补贴。 嘉定区：个人购买，补贴 1.5 万元/辆，还明确指出支持数量上不封顶。 浦东区：在浦东新区工作交满 2 年以上社保，或者有浦东户籍者，可以再享受中央、上海以外的浦东新区政府补贴 2 万元/辆
北京	国家和北京市 1∶1 比例补助。国家和北京市财政补助总额最高不超过车辆销售价格的 60%
武汉	国家和武汉 1∶1 比例补贴，国家和地方财政补助总额最高不超过车辆销售价格的 60%
襄阳	国家和武汉 1∶1 比例补贴，国家和地方财政补助总额最高不超过车辆销售价格的 60%
天津	按照中央财政和地方财政 1∶1 的比例对新能源汽车给予补贴
西安	生产企业需在市工业和信息化委员会备案才能申请补贴 国家补贴标准 1∶1 的比例给予地方配套补贴，国家和地方补贴总额最高不超过车辆销售价格的 60% 对个人购买新能源汽车的，首次机动车交通事故责任强制保险费用给予全额财政补贴。对个人购买新能源汽车给予 10000 元/辆财政补贴，用于自用充电设施安装和充电费用。对于直接或组织员工一次性购买新能源汽车超过 10 辆的法人单位，给予 2000 元/辆的财政补贴，专项用于单位自用充电设施建设。对报废“黄标车”“老旧车”的单位和个人，更新购买新能源汽车的，在原享受报废财政补贴（按不同车型 2000 ~ 6000 元/辆不等）的基础上，再给予 3000 元/辆的财政补贴
福建	2014—2015 年，省、市（平潭综合实验区）按照国家同期补贴标准 1∶1 对新能源汽车推广应用予以配套补助。新能源非公交汽车在福州、漳州、泉州市辖区上牌的，配套补助资金由设区市承担 40%；在三明、莆田、南平、龙岩、宁德市和平潭综合实验区辖区上牌的，配套补助资金由设区市（平潭综合实验区）承担 30%

续 表

城市	补贴政策
龙岩	2014—2015 年，省、市按国家同期补贴标准 1∶1 对新能源汽车推广应用予以配套补助，新能源非公交汽车在龙岩市内上牌的，配套补助资金由龙岩市各级受益财政承担 30%
厦门	2014—2015 年对在厦门市销售并上牌的新能源汽车，按照国家同期补贴标准1∶1 对新能源汽车推广应用予以配套补助
湖南	省内补贴按照国家补助标准 1∶1 给予补贴（公务车除外），其中省本级承担补贴金额的 30%，市州承担补贴金额的 70%。公务车实行同级采购同级财政补贴的政策，具体补贴标准由各级人民政府确定，其中省本级公务车按照国家补助标准 1∶1 给予补贴，中央财政和省市财政补贴总额不超过车辆销售价格的 60%。混合动力公交客车由省财政按每辆 5 万元给予补贴。补贴范围为湖南省 14 个市州
株洲	按照湖南省补贴标准补贴
长沙	按照湖南省补贴标准补贴
广东	广东省将按照国家购车补助标准的一定比例和实际推广应用数量对各市分类给予购车综合补助。购车综合补贴按照新能源汽车推广应用城市人均财政收入水平将全省分四类地区：广州市为一类地区；珠海、佛山、惠州、东莞、中山市为二类地区；江门、肇庆市为三类地区；粤东西北城市为四类地区
广州	不实行退坡机制。广州市新能源汽车补贴不退坡，即按照 2013 年国家新能源补贴标准，对购买新能源汽车的消费者进行 1∶1 的配套补贴
惠州	财政补贴标准由省、市、县（区）三级财政按照中央财政 2013 年对新能源汽车推广应用补助标准 1∶1 进行配套，且不实行退坡机制。 补贴资金由省、市和县（区）财政三级负担，除省补助外，其余资金由市、县（区）级财政按比例分担，其中：惠城区、仲恺高新区由市、区按现行财政分享比仅分担，其他县（区）按市 30%、县（区）70% 比例分担
青岛	不实行退坡机制。纯电动乘用车、插电式混合动力（含增程式）乘用车，每辆按 2013 年国家补贴标准 1∶1 给予本市财政补助，且国家补贴和本市财政补助总额最高不超过车辆销售价格的 60%。除此之外，纯电动客车、插电式混合动力客车、纯电动专用车、燃料电池车都是按照中央财政补助标准的 20% 本市财政补助。本市财政补助实行属地管理原则，由市级和区级财政分级负担

续 表

城市	补贴政策
潍坊	按照国家和潍坊市1:1的原则，补助总额（国家、省、市补助之和）不超过车辆核定销售价格的最高比例（40%～60%）确定补助标准
临沂	私家车、出租车、商贸物流配送车、环卫车等，市财政按中央财政补贴额的30%予以补贴；城市公交车（约130万元/台），扣除中央财政补贴50万元/台后，其余价款由市财政承担；城乡公交车（约60万元/台），扣除中央财政补贴30万元/台后，由相关县（区）财政每辆补贴10万元，剩余价款由市交运公司承担；公务用车扣除中央财政补贴3.5万元/台后，其余价款由同级财政承担
山西	对山西省列入国家《车辆生产企业与产品》公告目录的电动汽车、甲醇汽车、燃气汽车的生产企业，根据产品实现销售量情况，给予营销补助，降低消费者购车成本。 补助标准为：2015年，电动客车50000元/辆，电动轿车20000元/辆，电动专用车10000元/辆；甲醇客车10000元/辆，甲醇重卡10000元/辆，甲醇轿车5000元/辆，甲醇多用途乘用车2000元/辆；燃气重卡10000元/辆，燃气轻（微）卡2000元/辆。2016—2017年，补助标准减半
太原	在国家和省补贴的基础上，市财政对各类纯电动车辆购置补贴标准为：纯电动乘用车采取“固定标准”补贴，每辆补助2万元；燃油车换购纯电动车的，再给予3000元奖励。纯电动客车按与国家补贴1:1执行，最高补贴额为每辆车50万元。邮政、物流等专用车辆按电池容量与国家补贴按1:1执行，每辆车补贴总额不超过15万元。政府机关及公共机构购置纯电动乘用车（含机要通信用车）采购价格扣除财政补贴后不得超过18万元。纯电动公交车、纯电动环卫车等公共领域用车按照“差价补贴”，在国家补贴基础上，超出传统燃油、燃气车购置成本以上部分由市级财政全额补贴
运城	按照山西省补贴标准执行
甘肃	在国家财政补贴基础上，由省财政厅牵头制定省、市、县财政补贴办法，对甘肃购买符合条件新能源汽车的消费者给予适当补贴。国家和省、市、县财政补贴总额最高不超过车辆销售价格的50%
江苏	10米以上纯电动客车补贴20万元/辆；6～10米纯电动客车按电池容量每千瓦时补贴1200元（最高不超过国家补贴标准的40%。对应用于城乡公交领域的6～8米纯电动客车补贴12万元/辆、8～10米纯电动客车补贴16万元/辆）。

续 表

城市	补贴政策
江苏	10 米以上插电式混合动力客车（含增程式）补贴 10 万元/辆；纯电动专用车按电池容量每千瓦时补贴 800 元（最高不超过 6 万元）；纯电动乘用车轴距大于 2.45 米每辆补贴 2.4 万元、轴距小于 2.45 米每辆补贴 1.8 万元、轴距小于 2.2 米每辆补贴 1 万元；插电式混合动力乘用车（含增程式）每辆补贴 1.4 万元；燃料电池乘用车（5 座及以下）补贴 7.2 万元/辆；燃料电池客车（9 座及以上）补贴 18 万元/辆；10 米以上超级电容、钛酸锂客车补贴 6 万元/辆。江苏省新能源汽车生产企业研发的新产品进入国家《节能与新能源汽车示范推广应用工程推荐车型目录》的，每款车型省财政给予 50 万 ~ 80 万元的一次性奖励
南通	按照中央财政补贴标准的 60% 对购置新能源汽车进行补贴
苏州	按照中央财政补贴标准的 60% 对购置新能源汽车进行补贴
常州	按照中央财政补贴标准的 60% 对购置新能源汽车进行补贴
南京	2013 年、2014 年南京纯电动乘用车补贴 3.5 万元/辆；纯电动客车补贴 30 万元/辆；插电式混合动力（含增程式）乘用车补贴 2 万元/辆；插电式混合动力（含增程式）客车补贴 15 万元/辆；超级电容、钛酸锂快充纯电动客车补贴 9 万元/辆；纯电动专用车按电池容量每千瓦时补贴 1200 元、最高补贴 9 万元/辆；燃料电池车乘用车补贴 12 万元/辆；燃料电池商用车补贴 30 万元/辆
大连	地方财政一次性按与中央财政 0.8∶1 的比例给予配套补贴
宁波	按中央财政补贴资金 1∶1 比例的额度给予补助。除老三区外，其他县（市）区示范推广新能源汽车补助，可参照实行，补助资金由属地财政承担
绍兴	加大对新能源公交车的补贴力度，对公交企业新购使用的新能源公交车，由当地财政按一定比例予以补贴
深圳	按照国家补贴标准，给予 1∶1 配套地方补贴，且不退坡 对个人、企业购买使用新能源乘用车，给予使用环节补贴，主要用于机动车交通事故责任强制保险费、路桥费、充电费、自用充电设施及安装费等补贴，标准如下：1. 纯电动乘用车：$R \geqslant 250$ 每辆补贴 2 万元；$150 \leqslant R < 250$ 每辆补贴 1.5 万元；$R < 150$ 每辆补贴 1 万元。2. 插电式混合动力（含增程式）乘用车：纯电 $R \geqslant 50$ 每辆补贴 1 万元 出租车运营企业购买使用纯电动出租车，除享受纯电动乘用车购车补贴和使用环节补贴外，对具有出租车营运牌照（或持授权书）的燃油出租车更新为纯电动出租车的，另外给予推广应用补贴 5.58 万元

续 表

城市	补贴政策
重庆	符合本市财政补贴政策的新能源汽车，市级财政给予前1000辆新能源客车补贴16万元/辆，其他新能源汽车按照国家补贴标准1∶1给予补贴，中央和本市财政补助总额最高不超过补贴前车辆销售价格的60%
海口	购买新能源汽车的本地消费者，按新能源汽车获得中央补贴资金的60%给予地方财政补贴，省市财政各补贴30%
南昌	私人、租赁、公务、通勤等纯电动乘用车：$R \geq 250$ 补贴4.4万元，$150 \leq R < 250$ 补贴3.6万元，$80 \leq R < 150$ 补贴2.5万元，插电式混合动力乘用车（含增程式，$R \geq 50$）补贴2.4万元。城市出租纯电动乘用车：$R \geq 250$ 补贴2万元，$150 \leq R < 250$ 补贴1万元，$80 \leq R < 150$ 补贴1万元，插电式混合动力乘用车（含增程式，$R \geq 50$）补贴1万元。公交、客运、公务、通勤等纯电动客车：$L \geq 10$ 补贴15万元，$8 \leq L < 10$ 补贴11万元，$6 \leq L < 8$ 补贴8.5万元，插电式混合动力客车（含增程式，$L \geq 10$）补贴8万元。纯电动专用车（按30KWH电池容量计算）补贴4.2万元
赣州	对在赣州市辖区内购买、注册登记并使用新能源汽车的单位和个人，以及验收合格的新能源汽车充电桩，市、县配套资金参照省财政补助资金标准按照1∶1给予配套补助，配套资金由市财政、推广应用新能源汽车的县（市、区）财政各承担50%
芜湖	纯电动乘用车：$R \geq 250$ 补贴1.5万元，$150 \leq R < 250$ 补贴1.5万元，$80 \leq R < 150$ 补贴1万元。插电式混合动力乘用车（含增程式，$R \geq 50$）补贴1万元。纯电动客车、插电式混合动力客车按国家标准1∶1补贴
合肥	合肥对单位和个人购买使用纯电续驶里程大于150千米的电动乘用车，按照国家补助标准1∶1的比例给予地方配套补贴（含省、市两级资金），总额不超过车辆销售价的60%。其他类型新能源汽车按国家补助标准的20%给予补贴
泸州	对符合条件的新能源汽车，市财政原则上按照中央财政补助标准给予1∶1配套的购车补助。中央财政按公示的补助标准足额补助后，加上本市补助的总额最高不超过车辆缴纳车辆购置税时计税价的60%
新乡	对购置纯电动轿车和纯电动专用车（指邮政、物流专用车）的企业和个人，市财政和车辆销售所在地财政分别按照不低于中央财政补贴标准的70%、30%进行补贴，中央和地方财政补助总额最高不超过车辆销售价格的60%。如补助总额高于车辆销售价格60%，市财政和车辆销售所在地财政在补助时直接按车辆销售价格的60%扣除中央、省财政补助后同比例调减补助额
昆明	对在昆明市辖区内购买、注册登记和使用新能源汽车的单位和个人，市财政补贴参照国家财政补助资金标准按照1∶0.5给予配套补助

政府在宏观上的引导和规划为改善城市雾霾问题打了一支“强心剂”，但是在实施过程中也发现一些不足之处：①针对雾霾污染，地方政府的公共服务、市场监管、社会管理、环境保护等部门职责不清，企业在内的各参与主体责任不明。特别是如何追责尚无明确细则。②治理雾霾问题，除了制定相关标准、明确各主体职责之外，政府在促进绿色技术创新与推广、加快传统产业改造等方面缺乏积极的政策引导。例如，对物流企业来说，将现有的物流用车（货运车辆）更换为新能源车，虽说有利于降低油耗、减少废气排放，但是车辆更新需要大量的资金投入，这对于运营成本居高不下的物流业来说是难以承受的，需要国家及地方政府给予更大的财政支持。虽然物流业应用推广新能源车也被写进了2013年10月国家出台的新一轮补贴新政，但就补贴力度来说远低于政府对于出租车、公交车、公务车、客车等的补贴力度。与此相类似的是，全国各省、自治区、直辖市都加大了对机动车的尾气排放限制的力度，并出台了一系列诸如限行限购的政策措施，但主要考虑的也是城市客车尾气排放对雾霾造成的影响，却忽略了物流货运车辆对雾霾的影响。据环保部发布的《2013年中国机动车污染防治年报》统计数据显示，机动车排放中，全国货运车排放的氮氧化物和PM颗粒物要明显高于客车，其中重型货车是主要贡献者；如果按燃料分类，全国柴油车排放的氮氧化物接近汽车排放总量的70%，PM超过90%。因此，随着政府在城市雾霾治理方案进程方面的推进，如何对物流货运车辆进行排放尾气限制和对更换了新能源车的物流企业给予相应的政策补贴或税收优惠，是在城市雾霾改善过程中需完善的问题。③各政府部门之间出于本位主义，各种信息缺乏有效共享。如对于雾霾治理，气象部门有气象部门的一套数据在支持研究，环保部门有环保部门的一套数据在支持研究，各自为政。但众所周知，雾霾，是雾和霾的组合词，同时雾和霾是两个不同的概念。雾是水汽凝结的产物，其出现不代表大气受到污染，雾的产生一般受天气或气候影响居多；霾则是空气中的灰尘、硫酸、硝酸、有机碳氢化合物等粒子，其出现与大气污染有关，燃煤、工业污染、机动车排放、建筑和道路扬尘是霾发生的主要原因。因此，随着城市雾霾治理的推动，未来相关政策的制定和出台要从企业和社会实践中提取有价值的数据，单从某一政府部门的研究数据中产生或简单将几个部门的意见和数据进行汇总是不够成熟的，而是需要企业、高校等相关科研机构、法律机构以及各政府部门的共同参与和信息共享。

综上所述，雾霾的形成有复杂的原因，其治理也是一个长期的过程，通过不断摸索与学习，政府在城市雾霾治理的规划上将有更为明确的方向，未来相关政策的制定和出台也将趋于完善和成熟，这必定为城市雾霾的改善提供了有效的政策手段和法律保障。

2. **物流产业技术创新因素**

科学技术是第一生产力，对于城市雾霾的改善将引起物流产业生态系统中一次绿色技术大革命和对传统产业带来冲击。靠现代科学技术手段实现产品创新和工艺创新，研究与开发对环境无害化、低污染的技术产品、生产工艺和操作技术，是提高物流产业生态系统环保生产率和加快物流产业生态系统演化进程的有效途径。早已有众多企业的技术研发部门或相关科研机构开始着手进行缓解雾霾相关领域的探索工作，通过长期研究，也取得了一定的技术成果，只是部分技术尚处于实验室研究阶段，投入实际应用较少，技术难以转化为产品，也难以产生成功的商业模式。随着政府更多相关引导激励措施和支持政策的出台，企业和相关科研机构也会将更多的新技术投入市场，引导更多的资金和资源投入雾霾治理。

当前，针对雾霾治理的主要绿色创新技术研发主要集中在大气污染控制技术和工业废弃物资源化利用技术两大方面。与雾霾相关的大气污染源头主要有两方面，一是工业燃煤污染，一是机动车尾气排放。针对工业燃煤污染，目前已有很多处理技术和环保设备防止灰尘和酸性气体向大气中排放，但我国工业企业目前的设备和技术主要偏向于减少酸性气体的排放（酸雨污染），而对 SO_3 和 PM2.5 的控制力度却不强，而 PM2.5 和 SO_3 排放恰是形成雾霾的关键因素。目前在西方国家普遍采用湿法静电除尘（WESP）作为烟气排放至烟囱前的最后一级装置，但这种技术不仅一次投入高，运行成本也很高，还存在材料腐蚀、污染物易残留在电极上造成设备除尘性能下降、排放浓度增加等技术问题；我国专家通过对比认为加拿大沃森环保科技公司研发设计的 WEV 洗涤系统可以有效除去细微颗粒 PM2.5 甚至更细的微粒，同时可以除掉 SO_3 和重金属（Hg^{2+}），其应用推广可以大大降低形成雾霾的 PM2.5 和 SO_3 浓度。针对机动车尾气排放所带来的雾霾污染，目前实践证明有效的创新技术有：汽油固定床超深度催化吸附脱硫组合技术，可以提高油品质量；油氧共混技术，可以提高内燃机燃烧效率，减少因不完全燃烧产生的雾霾污染；汽油清洁化工艺 GARDE（催化裂化汽油加氢改质）技术，可降低汽车尾气中的污染物含量，减少因汽车尾气排放产生的污染；A9 纳米润滑油技术，有助于提高发动机活塞的压缩，促进助燃与燃料的完整燃烧，机动车尾气污染物 PM2.5、碳氢化合物、CO、NO_x可减少 20% ~75%；新能源汽车技术，如燃料电池汽车、氢动力汽车、燃气汽车、纯电动车和插电式混合动力车等。

此外，还有专家提出通过“吸附”方法去除和减少造成雾霾的扬尘等颗粒物，即在城市中构造生态吸附墙，利用“吸附—固定—转化—利用”的设计理念，通过利用工业和城市废弃物构建低碳有机的景观构筑物，降低城市扬尘，减少城市雾霾的危害。

据《中国环境统计年鉴》统计，2000 年我国工业固体废弃物产生量为 8.2 亿吨，2012 年增至 32.8 亿吨，平均年增长 4.45%。高速发展中的中国正在遭遇“垃圾围城”之痛，每年有大量工业固体废弃物因不能及时被综合利用或者处理而被贮存堆积。截至 2012 年，中国工业固体废弃物堆存总量达 100 亿吨，这一数据还在不断增长。大量堆存的工业固体废弃物不仅占用土地资源，同时造成严重的环境污染，如工业固体废弃物中细粒、粉末在风力或风化等自然过程中会形成气溶胶状态污染物，长期堆放的易燃性工业固体废弃物如煤矸石会发生自燃并产生大量的二氧化硫和氮氧化物等气体，这些都是雾霾颗粒物的主要来源。这里所说的工业废气物资源化利用技术，主要是指对工业固体废弃物进行综合利用处理，即从工业固体废弃物中提取或者使其转化为可以利用的资源、能源和其他原材料，对固体废弃物进行资源化处理，以达到改善雾霾问题的目的。

近年来，我国在利用工业固体废弃物制备新型功能材料等高值利用技术方面有了较大发展，但多未能产业化或尚未形成规模，其中典型的高值利用技术有：利用粉煤灰制备白炭黑、沸石和用于稀有金属回收；利用粉煤灰制造玻璃材料、废水废油固定剂、尾气吸附材料、固氮微生物和磷细菌的载体；利用尾矿制取微晶玻璃、玻化砖、墙地砖、无机染料；将尾矿用作土壤改良剂和微量元素肥料，以及回填和复垦植被；利用炉渣制备水处理材料、烟气脱硫剂、微晶玻璃、陶瓷、矿渣棉和岩棉、筑路用保水材料、多彩铺路料；利用低能耗磷石膏制硫酸联产水泥、生产硫酸钾，利用低质磷石膏生产矿井充填专用胶凝材料、利用工业副产石膏改良土壤；利用赤泥提取铁等有价金属，利用赤泥生产水泥、建筑用砖、矿山胶结充填胶凝材料、路基固结材料和高性能混凝土掺和料、化学结合陶瓷复合材料、保温耐火材料、环保材料等；利用煤矸石制备高性能混凝土、新型耐火材料、新型功能材料；将煤矸石作为掺和配料制作高性能的水泥产品；用热蚀变活化的煤矸石与高炉矿渣、脱硫石膏等固体废弃物为主要原料，制备新型胶凝材料；以煤矸石为主要原料合成复相耐火材料；利用煤矸石为主要原料，加入发泡剂和其他添加剂，采用凝胶注模成型工艺，制备出高频吸声性能优越的多孔吸声材料；用硅质煤矸石烧制硅酸锌结晶釉，利用高铝质煤矸石制备高品质氢氧化铝粉末和絮凝剂等。

3. **物流企业运营因素**

从企业角度来说，追逐利益最大化是其运营的天然动机和发展目标，包括国外发达国家在内，多数企业在发展初期是以牺牲环境来赢得其快速发展，对于生态环境的保护多是受政策法规及市场供求关系的驱使，被动地接受环保职责与任务。雾霾问题所带来的物流产业生态系统的物流不畅，其最终结果将由其连锁反应引起整个物流产业生态系统的信息流、资金流不畅，从而影响的是整个物流产业生态系统的经济效益，即系统内企业的经济利益会受到其“对环境过度消费”行为的反噬。当然，企业为公益事业投入巨大成本是不现实的，需要机制的杠杆作用，包括相应的价格、税收和法规、政策等几方面措施出台，使企业的被动性行为变为非被动或主动性行为，以促进企业在追逐自身利益的过程中，实现环境保护的社会效益，这也是上文所说的城市雾霾的改善需要有相关法律和政策的配合。

作为物流产业生态系统中的企业，如要适应将来因城市雾霾治理所带来的政策和市场环境变化，就必须尽早参与改善雾霾问题的探索和实践，而“顺其自然”“坐以待毙”这些方式最终都将会把企业引入绝境以至被系统淘汰。对于企业如何从运营层面来实现物流产业生态系统的优化进而改善雾霾问题，可以从宏观和微观两个方面来进行探索和实践。宏观层面主要包括系统内企业要做好物流基础设施的规划以及实现物流产业生态系统产业结构的升级。

物流基础设施的规划需要做好以下几点：重视现有物流基础设施的利用和改造；加强新建物流基础设施的宏观协调和功能整合；加强物流节点、物流网络的建设；有效促进物流信息系统的发展和标准化体系的建设；加强各种运输方式的衔接，大力发展综合交通体系和多式联运。

物流产业生态系统产业结构升级需要做好以下几点：加快系统内运输、仓储、物资、商贸和货运代理企业向现代物流业转型；用信息化以及先进管理技术改造传统物流体系，转变增长方式实现集约发展；大力发展逆向物流、绿色物流、循环物流、第三方物流、冷链物流等。企业宏观层面规划的目的是避免物流产业生态系统内资源的重复购置、构建与浪费，以信息流带动物流，以社会化、科学化的物流体系代替企业单打独斗的物流模式，提高整个物流产业生态系统资源的利用效率，减少环境污染。

企业在微观层面的规划，一方面是要实现清洁生产，通过自主研发或者外购等方式积极推广先进生产工艺、技术、设备和材料在企业中的应用，从根本上减少雾霾来源；另一方面企业应在物流的各个环节降低对环境的压力，具体包括：合理布局和规划货运网点和配送中心、合理选择运输工具和运输路线、使用更为绿色环保的包装方式、建立包装回收制度、流通加工实行规模作业形式以集中处理废料、合理布局仓库资源和妥善保管高危物品、回收处理方面需要加强供应链合作、建立废弃物的回收再利用系统等。

综上所述，物流产业生态系统的优化具体可以从政府监管、技术创新、企业运营三个层面影响城市雾霾改善，三个层面间又相互交融、相互促进、相互影响，其结果最终将对系统内的传统产业进行重新洗牌。不符合政府政策标准、对环境带来沉重压力的企业将被淘汰出局，整个系统物流效率大幅度提高，在实现货畅其通、物尽其流的同时，系统的生态环境、投资环境都得到大幅度改善。一方面不但会减少物流产业生态系统对于环境的压力，提高整个物流产业生态系统的本土适应性和自我协调能力；另一方面还可以提高物流产业生态系统投入产出效率和降低物流产业生态系统的环保投入，最终无疑是提高了系统的经济效益，整个物流产业生态系统最终走出“迷雾”，进入一种良性循环状态。

2.4 城市与雾霾环境系统的协调分析

2.4.1 城市与雾霾环境系统协调发展分析

当前，城市群无疑将为长江经济带建设提供强有力的支撑，但若想发挥城市群之间的衔接作用，必须协调好物流系统、城市化发展与生态环境之间的关系。近年来，各种环境问题激烈化，导致生态环境遭到严重破坏，不可再生资源濒临枯竭。因此，伴随城市化发展潜在的环境问题不容忽视。城市集群各城市间的经济辐射和扩散效应取决于物流系统的发达和优化（王景敏，2011）。可见，城市集群的发展与物流系统的构建是密切相关的（隋博文，2011）。近年来成熟型城市群如长三角、珠三角、京津冀出现大范围雾霾天气表明，我国东部发达地区在城市群培育和发展过程中存在着严重的经济社会发展与资源环境不协调问题（卢伟，2014）。而整个城市化过程就是城市化的各个层面与生态环境的综合协调、交互的耦合发展过程（乔标，方创琳，2005）。对此，希望通过分析长江经济带城市化发展和环境系统的耦合程度，对优化物流系统提供前期研究基础，促进长江经济带城市化和生态环境走向更为良性、经济的可持续发展道路。

实际上，对于城市化与生态环境协调发展的问题早就引起了学者们的关注，这一直是区域管理和可持续发展研究的一个核心问题（宋建波等，2010）。城市化与生态环境系统要素之间的耦合是复杂的，主要表现在城市化对生态环境的胁迫作用和生态环境对城市化的约束作用两个方面（刘耀彬，李仁东，宋学峰，2005）。城市化与生态环境之间的关系就是在城市化的诸多方面与生态环境的众多因子的相互作用、相互耦合中形成的，这里更多体现城市化与生态环境耦合性特征（刘耀彬，宋学锋，2005）。

对此，应该正确认识城市化与生态环境交互的动态耦合规律和协调性（乔标，方创琳，2005），科学处理和协调快速发展的城市化与日益严峻的环境状况之间的关系，尽快采取措施促使城市化与环境系统向耦合协调方向发展（吴玉鸣，柏玲，2011），尤其是在对长江经济带区域特征明显的背景下，如何避免高生态能耗城市化发展模式，对于促进长江经济带物流业、城市化与生态环境的协调发展具有重大意义。

指标选取的正确性和合理性是系统分析与评价的基础，文章涉及城市化和环境两个系统，在遵循综合性、客观性、可比性及可选取性原则上，建立以下指标体系（池彭军等，2006），如表 2 -2 所示。

表 2－2 城市与生态环境系统的指标体系

（吴玉鸣，柏玲，2011；刘耀彬，等，2005）

子系统	功能团	指标	单位
城市系统	人口城市化	城市人口数	万人
		城市人口占总人口的比值	%
	经济城市化	人均 GDP	元/人
		第二产业占 GDP 比重	%
		第二产业增加值	亿元
		第三产业占 GDP 比重	%
	城市物流系统空间	人均拥有城镇道路面积	平方米/人
		社会消费品零售总额	亿元
		建成区面积	平方千米
雾霾环境	资源条件	人均公地绿地面积	平方米/人
	雾霾环境压力	工业废水排放量	万吨
		工业废气排放量	亿立方米
		工业固体废弃物产生量	万吨
		工业二氧化硫排放量	万吨
	雾霾环境保护	工业废水排放达标量	万吨
		工业固体废弃物处置量	万吨
		工业固体废弃物综合利用量	万吨

（1）城市与环境系统耦合度的理论模型。

经济发展与生态环境间的耦合协调观的形成，共经历了三个阶段，即传统的财富追求观、悲观的零增长论、乐观的经济发展论（杨玉珍，2013）。这里所讲的耦合观则是 20 世纪 80 年代初形成的辩证的耦合协调观，即认为经济发展与生态环境并不一定是矛盾的，它们之间的关系，通过正确合适的引导组合，是可以调和的，最终能够形成协调一致、共同合作、共同发展的一体结构。

首先，确定功效函数，将指标进行标准化处理。

设 E_i（$i=1$，2）是“城市物流—环境”系统序参量，体现子系统 i 对总系统的贡献，变量 X_{ij}（$i=1$，2；$j=1$，2，3，…，m）是耦合系统的子系统，X_{1j}是城市化子系统的第 j 个指标，X_{2j}是生态环境子系统的第 j 个指标，α_{ij}、β_{ij}

是系统稳定临界点上序参量的最大、最小值。从量上看，指标的单位不统一，导致各个指标具有的意义、作用不同，甚至单位相同的指标，它们所代表的实际意义也有可能不同。此外，从指标的属性上来看，各个指标也不是完全一致的，比如有些指标（即正指标）是数值越大越有利，对系统耦合度具有正向作用；有些（即负指标）则是数值越小越有利，具有反向作用（赵旭等，2007）。因此，为使各指标具有可比性，有必要对各个指标按照以下公式进行标准化处理：

$$W_{ij} = \begin{cases} (X_{ij} - \beta_{ij})/(\alpha_{ij} - \beta_{ij})(\ W_{ij} \text{ 具有正功效 }) \\ (\alpha_{ij} - X_{ij})/(\alpha_{ij} - \beta_{ij})(\ W_{ij} \text{ 具有负功效 }) \end{cases} \qquad (2-1)$$

W_{ij}反映了各指标对达到目标的满意度，0 为最不满意，1 为最满意，取值范围为［0，1］。

鉴于城市化与生态环境是两个不同却彼此影响、相互作用的子系统，我们采用加权集成的方法实现对系统内各个序参量有序程度的“总贡献”（李照星等，2013），反映系统内各指标间的协同作用。

$$E_i = \sum_{i=1}^{2} W_{ij} \times \lambda_{ij}\ , \qquad \sum_{j=1}^{m} \lambda_{ij} = 1 \qquad (2-2)$$

式（2-2）中：E_i为子系统对总系统的有序贡献程度，λ_{ij} 为各指标因子的权重，采用熵值法确定各指标权重。

其次，采用熵值法计算指标权重。

权重是指在整个指标体系中某一指标所占的比重及影响程度（何荣莉，2002），指标权重的赋值在多个系统综合评价体系的运用中是个很重要的内容。确定指标权重的方法主要有主观赋值法和客观赋值法，这里我们选用的是客观赋值法里的熵值法。计算步骤为：

①对指标做比重变换：$T_{ij} = \chi_{ij}/\sum_{i=1}^{n}\chi_{ij}$

②计算指标的熵值：$S_j = -\sum_{i=1}^{n} T_{ij}\ln T_{ij}$

③将熵值标准化：$K_j = \max(S_j)/S_j(j = 1,2,\cdots,n)$

④计算指标 X_i 的权重：$Z_j = K_j/\sum_{j=1}^{m} K_j$ (2-3)

式（2-3）中，X_{ij} 为第 i 个样本值（即各个年份）的第 j 个指标（$i=1$，2，3，…，n；$j=1$，2，3，…，m）。

最后，确认耦合度函数。

利用容量耦合概念和系数模型，我们可以写出城市化与生态环境之间的耦合度函数如下。

$$C = \sqrt{(E_1 \times E_2) \ / \ [\ (E_1 + E_2)\ (E_1 + E_2)]} \qquad (2-4)$$

式（2-4）中，C 为耦合系统耦合度值，$C \in [0, 1]$，E_1、E_2分别代表城市化子系统与环境子系统对总系统的贡献度，即城市化综合序参量和环境综合序参量。根据 C 值的大小，将城市化与环境系统耦合协调阶段的演变进行划分，如表 2-3 所示。

表 2-3　城市化与环境系统耦合度关系特征

（吴玉鸣，柏玲，2011；刘耀彬，等，2005）

C 取值区间	耦合度	城市化与环境系统之间的关系
0	耦合度为 0	系统之间无关联且无序发展
[0，0.3)	低水平耦合	生态环境破坏较小，可以承载低水平城镇化发展
[0.3，0.5)	颉颃阶段	环境承载力下降，环境无法消化快速城市化带来的资源、人口压力
[0.5，0.8)	磨合阶段	人们环保意识增强，经济发展资助环境修复维护，二者开始进入良性耦合阶段
[0.8，1)	高水平耦合	城市化和环境实现和谐互动
1	耦合度最大	二者达到良性耦合共振且趋向新的有序结构

（2）城市与环境系统协调度的理论模型。

一方面，城市化的发展必须以环境承载力为前提条件，否则就会出现恶性循环。生态环境恶化会通过很多方面（比如居住环境舒适度的降低会排斥人口，投资环境竞争力的降低会排斥企业资本，生态环境要素支撑能力的降低，经济发展速度降低及发生灾害性事件等）影响、放缓、阻碍城市化的发展（黄金川等，2003）；另一方面，环境承载力又随城市化的进程而动态变化发展，生态环境会受到人口城市化、经济城市化、社会城市化、城市交通发展的（陆晓毅，2011），同时，环境承载力也会因良性经济发展在某种程度上得以提高。耦合度是度量系统之间耦合协调状况好坏程度的定量模型，可用于定量描述城市化水平与环境承载力之间的耦合程度（许宏，周应恒，2011）。而协调度模型，与耦合度模型相比，在分析评价城市化与环境系统的交互耦合的协调程度上，更加成熟合适。算法为：

$$\begin{cases} Y = \sqrt{0.6E_1 + 0.4E_2} \\ D = \sqrt{C \times Y} \end{cases} \tag{2-5}$$

式（2－5）中，D 为协调度，C 为耦合度，Y 为反映城市化与环境的整体协同效应的城市化与环境的综合协调指数；E_1、E_2 分别为城市化综合序参量和环境综合序参量。协调度 $D \in [0,1]$ 也可划分为 5 个阶段，如表 2－4 所示。

表 2－4　　协调度等级划分

（吴玉鸣，柏玲，2011；刘耀彬，等，2005）

协调度	0～0.2	0.2～0.4	0.4～0.6	0.6～0.8	0.8～1
协调度等级	严重失调	中度失调	勉强协调	中度协调	高度协调

我们主要通过国家统计局、中国环境保护数据库以及长江经济带涉及的九省二市的各地方统计网站，查找、收集了 1995—2012 年的各统计年鉴里与表 1 相关的各指标数据，并进行计算、整理，得到符合条件的指标值。

通过熵值法，得出各省市各个指标的权重。在熵值法中，熵值越小表明该指标提供的有效信息量越大，无序化程度越小，从而该指标权重越大；反之则该指标的权重越小。

根据公式计算得出的各省市的城市化综合序参量、环境综合序参量、耦合度、协调度等测度值及评价结果，如图 2－3 至图 2－13 所示。

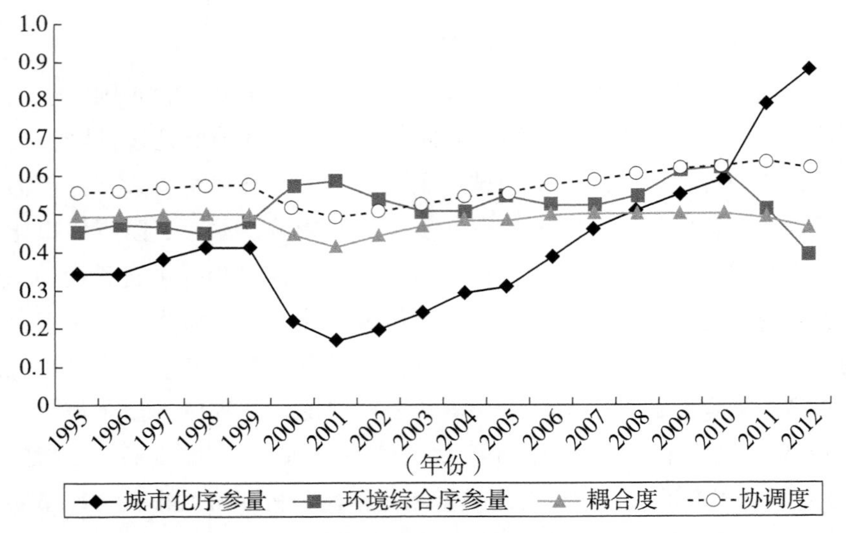

图 2－3　云南省城市与环境系统的耦合协调测度值及评价结果

图2－3显示：1995—2012年，云南省城市化与环境系统跨越了颉颃阶段、磨合阶段两个阶段，其中1998、2008、2010三年进入磨合阶段，其余年份皆为颉颃阶段，1995至1997年、2006至2007年以及1999、2009这七年的耦合度十分接近0.5，临近磨合阶段，耦合度值整体趋于稳定，变化不大。协调度均值大于0.56，2008年之前一直是勉强协调，之后便进入中度协调。21世纪初，即2000—2005年，耦合度和协调度值均有所下降，随后的5年又维持在一个较高水平。从综合序参量考察，1995—1999年，城市化与环境综合序参量整体均趋于上升，但环境序参量要高于城市化序参量，说明城市发展滞后于环境发展，城市化发展速度保持在生态环境承载力范围内，短时期内可以接受。2000—2005年，城市化序参量明显下降，而环境序参量却在上升，加大了差值，导致耦合度和协调值下降，从2001年开始，城市序参量逐年上升，并在2011—2012年超过环境序参量，两者之间的差值在2012年达到最大，城市化发展已明显快于环境发展，城市对环境的压力迅速加大，并有程度加剧的趋势。大致可以分为四个阶段：1995—1999年，城市—环境协调度相对稳定，城市与环境比较调和；1999—2005年，城市—环境耦合度下降，两者矛盾激化，城市化发展不足；2006—2010年，城市化发展加速，城市化与环境的耦合协调关系有所改善；2011—2012年，城市化发展相对环境发展速度过快，环境的吸收消化能力逐渐不能满足城市化发展的需要，如两者关系处理不当、不及时，矛盾可能会恶化。

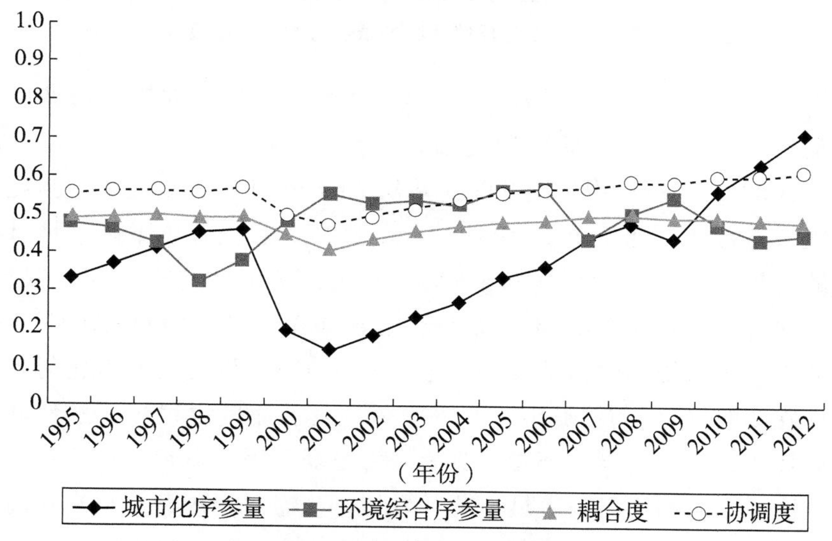

图2－4　贵州省城市与环境系统的耦合协调测度值及评价结果

图 2－4 显示：贵州省城市化与环境系统也是跨越了颉颃和磨合两个阶段，在 1997 及 2007—2008 三年进入磨合阶段。耦合度值均在 0.4～0.5，波动不大，处于中高强度水平。城市化序参量在 2000—2004 年迅速下降，城市化发展动力不足，而环境指数上升，两者协调度下降，尽管如此，这个时期的环境建设将利于以后的城市建设。2007—2010 年城市—环境发展差距缩小，基本同步，耦合协调度值也相对较大，几近磨合阶段。协调度初始值与均值都较大，自 2010 年，城市与环境系统达到中度协调。

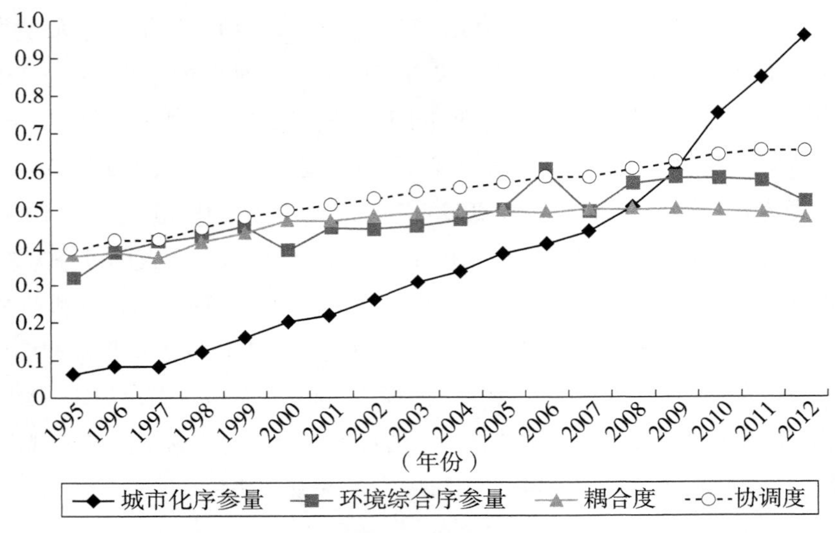

图 2－5　四川省城市与环境系统的耦合协调测度值及评价结果

图 2－5 显示：1995—2012 年，四川省城市—环境的耦合协调度值整体均呈上升趋势，尤其是协调度值，虽然在 1995 年是中度失调，但除 1997、2007 年之外，均是上升的，并从 2008 年开始，步入了中强度中协调阶段。但是耦合度在 2009 年达到一个最高值后便开始下降，且有加速下降的趋势。这源于四川省自 2009 年开始，城市化进程加速，四年间，城市化功效值增长了 35.2%，而环境指数却在下降。1995—2012 年，四川省城市化子系统功效值从 0.067 上升到 0.953，可见其城市化得到很大发展。在 2000 年以前，城市化水平很低，发展速度也很慢，虽然城市对环境破坏小，但与此同时环境自身承载力也弱，因此城市—环境系统的耦合协调度也不会高。而随着城市化的发展，生态环境承载力也在提高，但从 2010 年开始，城市化发展较于环境建设过于超前，城市对环境的压力

大大增加，虽然已处于中度协调阶段，但必须警惕，需加快环境建设，否则可能退回到失调阶段。

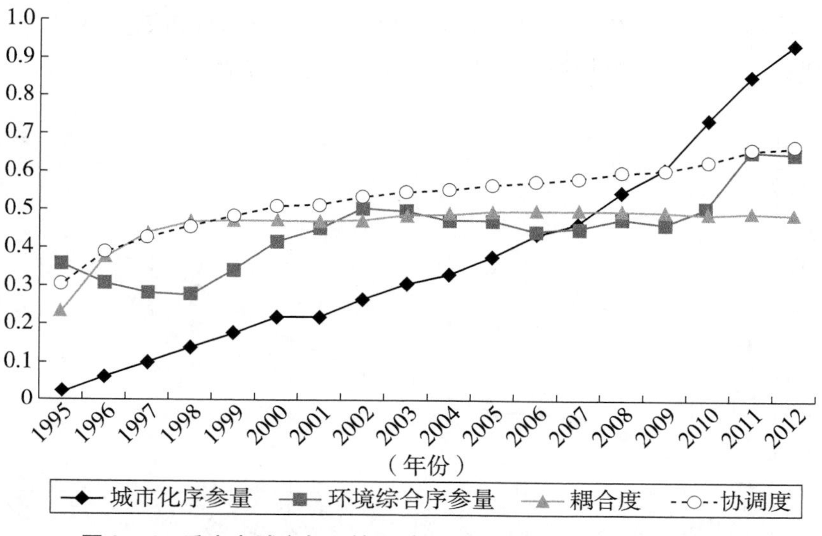

图 2－6　重庆市城市与环境系统的耦合协调测度值及评价结果

图 2－6 显示：重庆市城市—环境系统的耦合协调跨越了低水平耦合、颉颃阶段、磨合阶段三个阶段，总体呈“S”型变化发展：1995 年城市化与环境发展水平均很低，两者的耦合度、协调度值也很低，处于低强度中度失调、低水平耦合阶段；1996—2005 年稳定在颉颃阶段；2006—2007 年处于磨合阶段；2008 年开始又退回颉颃阶段。耦合度从 0. 232 上升到 0. 5，年增长率为 5. 1%，协调度值从 0. 303 上升到 0. 668，变化较大，且一直是上升态势。2003 年以前，城市化子系统功效值很低，导致城市与环境系统的协调度也低。自 2004 年以来，城市化进程加快，环境系统指数也在上升，并且有随城市化加速发展而加快上升的趋势，可见，重庆近九年来，在加快发展城市化与经济的同时，并没有忽略生态环境的保护与建设，因此才能在 2006、2007 两年，耦合强度达到高度耦合，在 2008 年达到中度协调，这与当地对环境的重视和投入是分不开的。

图 2－7 显示：1995—2012 年，江西省城市—环境系统的耦合协调从 1995 年的低水平耦合，到 1996 年进入颉颃阶段，变化发展较为单一。1995—1999 年，耦合度逐年上升，在 1999 年达到峰值之后有轻微下降，而后又逐步上升直到 2007 年接近 0. 5，然后又回落，呈螺旋式上升。协调度值除 2007 年外一

直是上升状态，从中度失调转入勉强协调，到2009年达到中度协调，耦合度、协调度整体呈上升趋势。城市子系统初始值很低，但自2004年后发展加速，年均增长率为6.01%，从2007年开始大于环境系统指数，城市逐渐快于环境建设。城市化发展加快，生态环境建设有了一定改善。

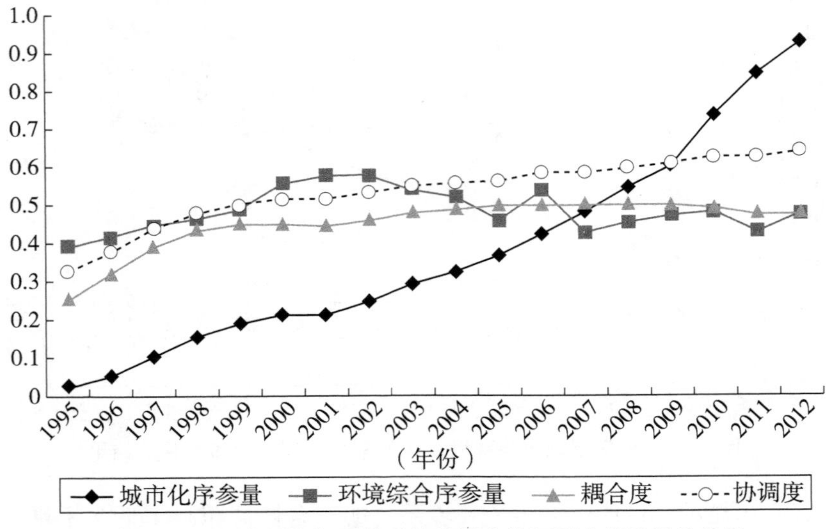

图2-7　江西省城市与环境系统的耦合协调测度值及评价结果

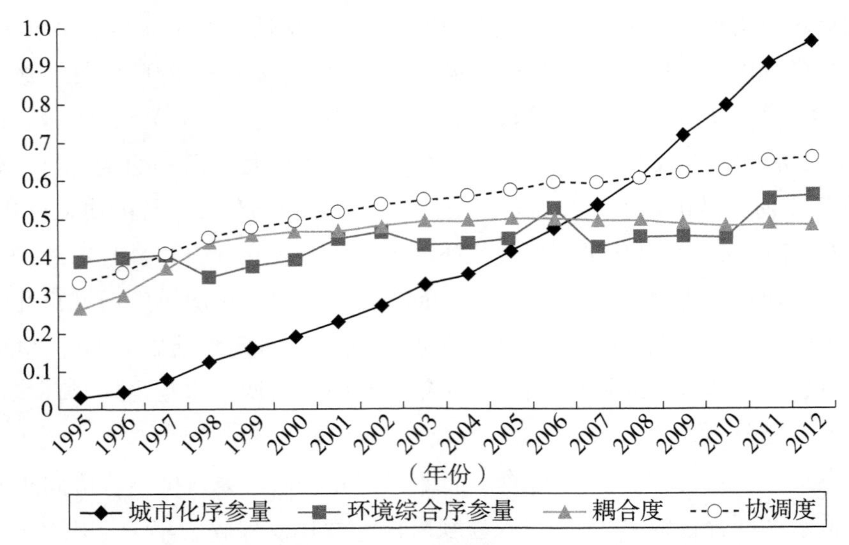

图2-8　湖南省城市与环境系统的耦合协调测度值及评价结果

图 2-8 显示：湖南省城市—环境系统的耦合阶段经历了低水平耦合（1995）、颉颃阶段（1996—2004）、磨合阶段（2005）再到颉颃阶段（2006—2012），呈倒“U”型发展，协调强度由中度协调上升到 1997—2008 年的勉强协调，2009 年之后又回到中度协调。城市子系统的功效值从明显低于环境系统功效值，到 2007 年开始高于后者，城市化发展速度加快，环境建设滞后，力度不足。

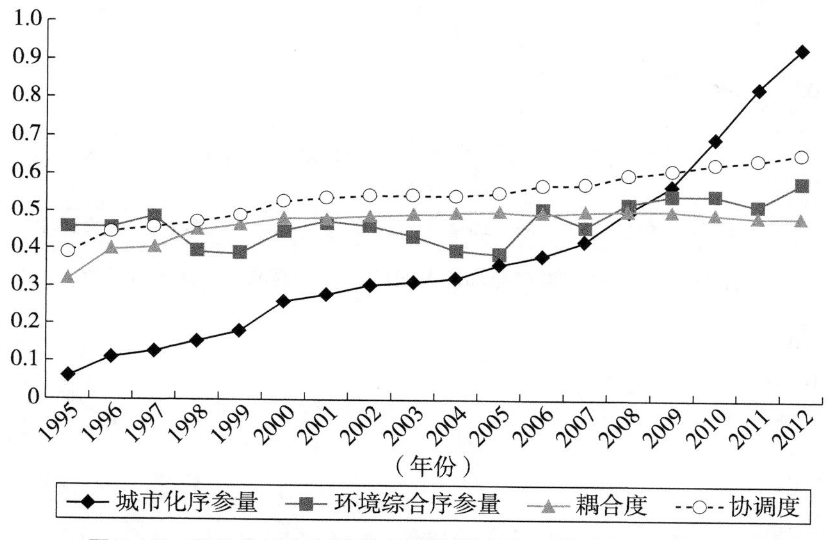

图 2-9 湖北省城市与环境系统的耦合协调测度值及评价结果

图 2-9 显示：湖北省城市化与环境系统的耦合协调跨越了颉颃阶段、磨合阶段，在 2009 年进入高强度中度协调类型，之后是中强度中度协调，耦合度在 2005 年达到最大，经过 2006 年的短暂下降，2007—2009 连续三年达到其最大值 0.5，进入良性耦合阶段，之后有所下降。协调度从 0.388 一直上升到 0.658，达到中度协调水平。城市子系统功效值始终处于上升状态，且进入十一个“五年计划”以来加速上升。2008 年，城市子系统与环境子系统的功效值差值达最小，之后环境建设也得到改善。

图 2-10 显示：安徽省城市与环境系统的耦合协调度呈倒“V”型变化：颉颃阶段（1995—2006）、磨合阶段（2007）、颉颃阶段（2008—2012），耦合度变化较小，协调度上升幅度较大，以中强度勉强协调为主，2009 年提高至中强度中协调。相较于城市化系统指数，环境系统指数增长不高，且波动变化，时增时降，说明环境保护政策和执行力度不稳定。

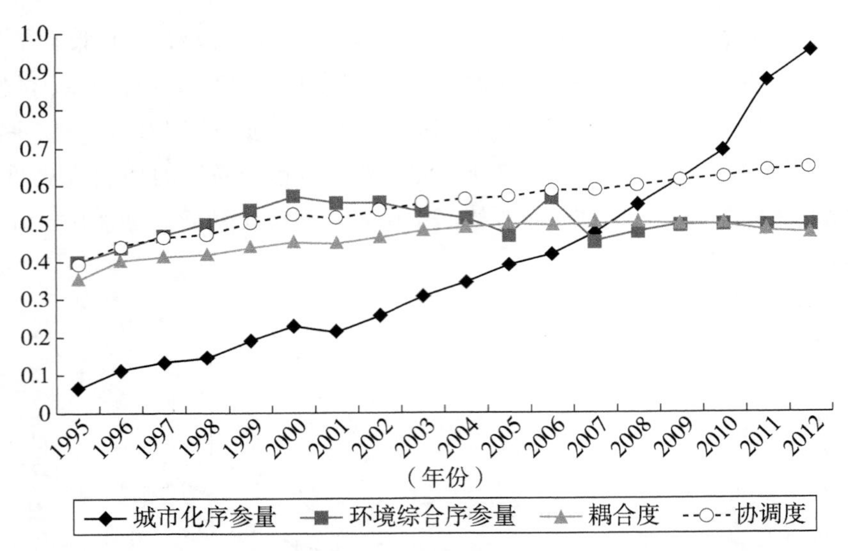

图 2－10　安徽省城市与环境系统的耦合协调测度值及评价结果

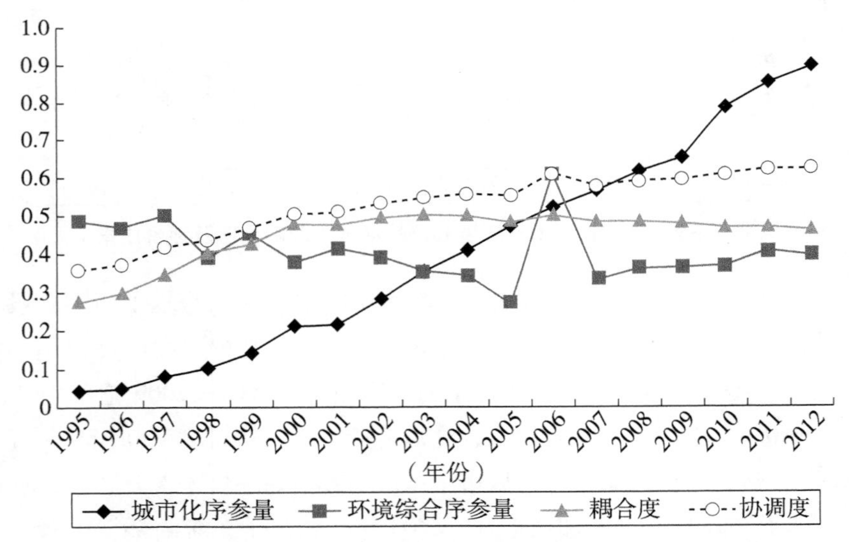

图 2－11　江苏省城市与环境系统的耦合协调测度值及评价结果

图 2－11 显示：江苏省城市—环境系统的耦合协调度经历四个阶段：低水平耦合阶段（1995—1996）、颉颃阶段（1997—2002）、磨合阶段（2003）、颉颃阶段（2004—2012）。2003 年，城市化系统指数与环境系统指数差值几乎为零，城市化发展与环境建设同步，因此二者耦合度达最大值，进入短暂的磨合阶段，关系有所改善。2006 年，城市化发展，生态环境系统功效值从

2005 年的最小值达最大，协调度也达到峰值 0.61，达到中度协调水平，只是后三年又下降，直至 2009 年重新进入中强度中度协调阶段。

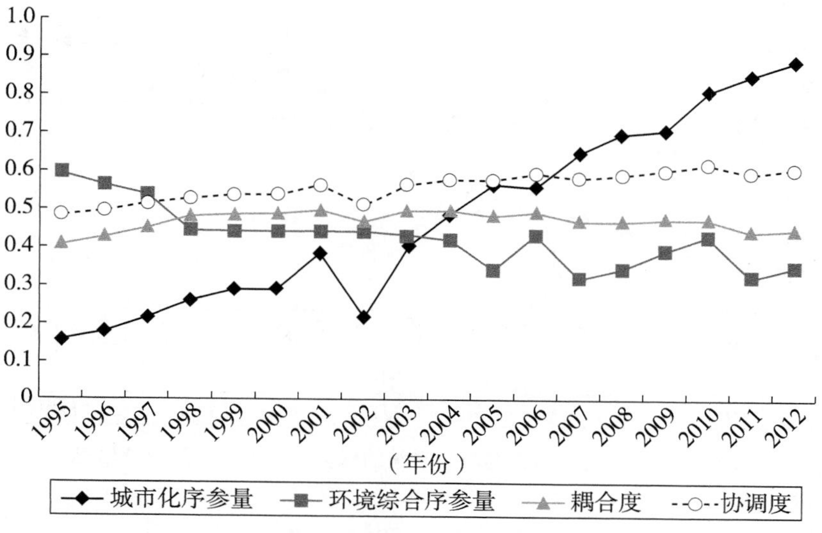

图 2－12 浙江省城市与环境系统的耦合协调测度值及评价结果

图 2－12 显示：浙江省城市—环境系统的耦合协调度除 2003 年进入磨合阶段外，其余年份始终处于颉颃阶段，耦合度维持在 0.408～0.5，波动很小，协调度从 2002 年开始时升时降，总体上升。城市化序参量上升速度相对较慢，环境指数则从 0.596 下降到 0.324，可见，浙江省在发展城市经济的同时，环境建设只是源于基础较好，没有得到明显改善，环境承受过大的资源、人口压力，这势必会对以后的城市发展造成不利影响。

图 2－13 显示：上海市城市—环境系统的耦合协调度从颉颃阶段进入到 2004 年的磨合阶段，而后又回到颉颃阶段，处于中强度勉强协调和中强度中度协调水平。环境系统功效值维持中等水平，变化很小，上海的城市化水平起点高，发展速度快，城市化发展较为成熟，有更多的资金可用于资助环境保护、修复与建设，城市与环境系统的耦合协调关系有所改善，从 2005 年开始便达到中度协调水平。但是由于这座一线城市人口密度大，城市化工业化水平高，交通拥堵，汽车尾气排放量大，工商业、住宅等建筑建设用地所占比例大，“三废”排放量大，导致城市对环境的压力很大，而环保投资占 GDP（国内生产总值）的比重并无提高，因此更需重视环境建设。

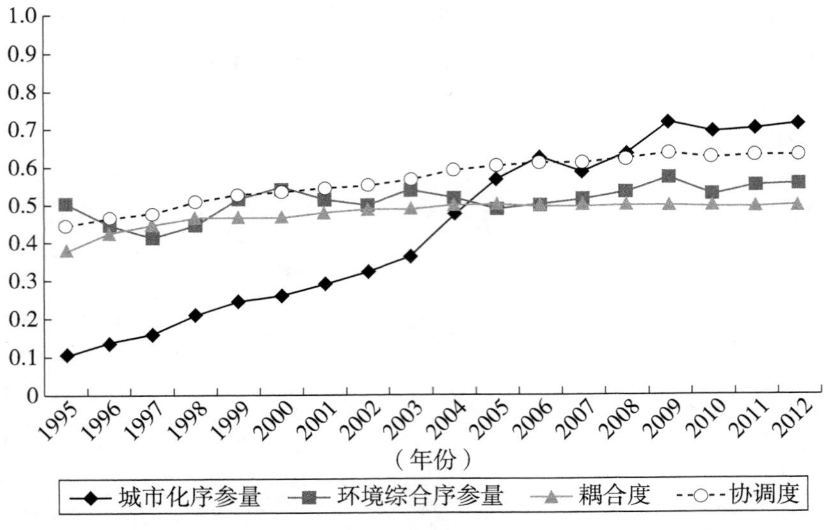

图 2－13　上海市城市与环境系统的耦合协调测度值及评价结果

2.4.2　城市和环境复合系统发展趋势分析

总体来看，整个长江经济带九省二市中，城市化综合序参量都得到明显提高，环境综合序参量变化较小，江苏省、浙江省二省甚至明显下降。耦合度大致呈“S”型上升，协调度则几乎呈直线型上升，协调度水平有明显改善，大部分省市在 2008 年先后达到中度协调水平，城市—环境系统的耦合协调关系随城市化经济发展有所改善。

从时间序列上看，1995—2012 年，长江经济带九省二市中，城市化与环境系统的耦合阶段跨越了低水平耦合、颉颃和磨合三个阶段的有 3 个省市：重庆市、湖南省、江苏省；跨越颉颃、磨合阶段的有 7 个省市：云南省、贵州省、四川省、湖北省、安徽省、浙江省、上海市；跨越低水平耦合、颉颃时期的有江西省，江西省是唯一没有进入磨合阶段的地区。18 年来，整个经济带整体上处于颉颃时期，1995、1996 这两年里，有部分省市还处于低水平耦合阶段，而后便是以漫长的颉颃阶段为主。1997—2012 年，除江西省外的其余 10 个省市的城市—环境系统的耦合阶段都曾进入到磨合阶段。时间上，除贵州省、云南省分别在 1997、1998 年最先进入之外，其余省市都是在 21 世纪之后，尤其是 2003—2010 这八年。长江经济带各个省市的城市化与环境系统的耦合协调强度以中强度勉强协调为主，1995—1996 年，有些省市还处于低强度中度失调水平；1997—2007 年，多数处于在中强度勉强协调水平，个别年份提高至高强度勉强协调和中强度中度协调；2008—2012 年，各省市均上升至中度协调水平。城市化与环境系统的耦合度是螺旋式上升，协调度除个别年份外，几乎是稳步上升。耦合阶段演化过程总体呈“S”型周期变化。

从空间上看，在这 11 个省市中，城市化与环境系统的耦合协调关系最好的是云南省和贵州省，耦合度和协调度的初始值都较高，同时也是最稳定、变化最小的两个省，耦合度均值均为 0. 48，协调度均值分别为 0. 56 和 0. 57；其次是上海市，耦合度均值为 0. 477，协调度为 0. 57，同时上海最早进入中强度中度协调水平；最差的是江苏省和江西省；变动幅度最大的是重庆市，协调度值从 0. 303 上升到 0. 668，并从 2008 年起达到中度协调水平，耦合度从 0. 232 上升到 0. 5，进入磨合阶段。云南省、贵州省、浙江省、上海市的耦合度、协调度初始值较高，都是从中强度勉强协调进入到中强度中度协调，只经历颉颃阶段和磨合阶段；而江苏、湖北、安徽、江西、湖南、四川、重庆都是从失调上升至中强度中度协调水平。

从更细致的城市化水平、经济发展水平及地域划分来看，也呈现出地域相似性。位于西部的云南、贵州、四川、重庆四省市中，云南省和贵州省的城市化与环境系统的耦合协调关系的发展和演变有很大相似之处，四川省和重庆市较为相像；长江中下游的中部四省江西省、安徽省、湖南省、湖北省的情况较为相似，其中又以湖北省发展较好，江西省较后，这跟各省的城市化经济发展有关；长江下游沿海浙江、江苏、上海省市中，上海市和浙江省比较相似，耦合度、协调度初始值和均值较大，而江苏省的城市化与环境系统的耦合协调关系发展较为滞后。可见，城市化与环境系统的耦合协调测度是一种综合评价，城市化程度越高、经济越发达的地区，其城市—环境系统的耦合协调度值未必越高。造成上述现象的原因有很多，从自然条件来看，西部的原始生态环境其实更为脆弱，但其城市化、工业化、经济发展程度较低，社会经济活动对环境的破坏还比较小，城市化发展或滞后于环境建设，或与环境建设同步，城市化发展尚在环境承载力范围之内，短期内可以接受。而东部二省一市，城市化发展程度高，人口聚集，交通压力大，三污排放量大，对环境造成的压力也大，虽然有更为充足的资金、更先进的技术和更完善的基础设施，但显然，相对其迅速的城市化、工业化发展，生态环境保护和建设力度不够，并未与其城市化发展步调相匹配，使得耦合度、协调度和城市化与环境系统的耦合协调关系无明显优势。

从城市化、环境系统的综合序参量上来考察，过去的18年，11个省市的城市化系统功效值上升幅度都很大，从低于0.1上升到0.96，且除个别年份外几乎是逐年上升，其中以湖南省、重庆市增长率最高，年均增长率分别为5.15%和5.1%，湖南省2012年达整个经济带最高值0.96。上海市由于起步高，城市化序参量年均增长率最低，为3.38%。但是，环境系统功效值却没得到多大提高，最大值为0.66，整体年均增长率最高为1.68%。在21世纪之前，城市化系统功效值低于环境系统功效值，大致在2006年之后赶超，2010年后，二者差值逐渐拉大，尤其是中部的江西省、湖南省、安徽省和东部的江苏省、浙江省。城市化发展与环境建设不同步，环境建设越来越滞后于城市化发展。一般说来，城市化系统和环境系统的功效值的差值越小，对城市化与环境系统的耦合协调关系越为有利。

2.4.3 研究结论

综合横向、纵向分析，1995—2012年，长江经济带11个省市的城市化与环境系统的耦合协调度以中强度勉强协调水平及颉颃阶段为主，还处在一个较低协调状态，城市化发展受到环境因素的制约，城市化与环境系统的耦合协调关系还有很大提升空间。本项目只是对城市化和环境两个子系统整体进行分析，对影响城市—环境系统耦合协调度的具体因素未做分析，这导致本项目在全面性、客观性方面的研究不足。在今后的研究中，将尽可能选取更客观、全面、更具代表性的指标，获取更多的数据，进行更客观、深入、细致的分析与评价。

2.5 本章小结

本章借鉴产业生态学的相关理论，对物流产业生态系统进行了概述，特别是对物流产业生态系统的结构和特征进行了分析；在产业生态视角下从宏、中、微观三个层面上对容易造成城市雾霾的物流活动进行了细分；随后从政府规划、技术创新、企业运营三个方面分析物流产业生态系统导致形成城市雾霾的机理进行分析，最后从城市—物流—环境三者复合系统的协调发展观点出发，分析了三者之间的相互作用关系和发展趋势，研究发现城市化与环境系统的耦合协调度以中强度勉强协调水平及颉颃阶段为主，还处在一个较低协调状态，城市化发展受到环境因素的制约，城市化与环境系统的耦合协调关系还有很大提升空间。

3 中国城市雾霾的空间格局演变[①]

城市雾霾天气治理不仅是环境问题，更是牵扯发展的大局问题。目前，我国面临新型工业化和城镇化全面推进之际，能源消耗量将急剧增加，对经济社会和环境的可持续发展构成了严重威胁，势必导致中国经济与环境协调前所未有的压力和挑战。解决环境污染问题已成为中国迫在眉睫的内需，是最直接的民生问题，不容忽视。

中国雾霾集聚区主要发生在京津冀、长三角以及与这两大经济体相连接的中部地区，非均衡性及空间分布的异质性特征凸显。为此，加强区域内联手共治将是促进城市雾霾治理的重要手段。这也就要求识别呈现出城市雾霾空间格局演变态势，探讨城市雾霾的空间分布，为区域之间联手共治提供现实可能性。污染排放趋同模型，是能有效识别出区域内是否存在趋同的一种理论视角。从当前文献来看，关于碳排放趋同性问题也逐渐引起了国内外学界和政策制定者的极大关注，这就为分析雾霾趋同构建了理论基础，从上述学者们认为不同条件收敛趋势决定了政府要采取不同的环境政策，也决定了政府这个有形之手有必要采取各种环境政策来保证收敛到其稳态。鉴于各省市经济发展水平、技术条件和能源结构差异影响，各省市雾霾治理能力和现实诉求也应存在差异。因此，在探讨存在异质性区域是否存在城市雾霾收敛及其治理策略的制定等方面，亟须将时空结合起来，系统展开我国城市雾霾空间格局演变和俱乐部收敛的实证研究，这将有助于制定科学、合理的区域雾霾治理政策。本章首先建立城市雾霾空间演变的理论模型，并结合中国30个省市地区的年度数据，分析城市雾霾的空间格局演变过程，并进行俱乐部收敛分析，最后根据分析结果提出相关政策建议。

---

① 此部分内容来自论文《中国区域人均碳排放的空间格局演变及俱乐部收敛分析》，已发表于《干旱区资源与环境》。

3.1 城市雾霾空间演变概述

3.1.1 城市雾霾空间演变的基础数据

应对气候变化与空气雾霾（污染物）治理问题同根、同源，即在过度消耗化石能源的同时，既排放了大量的二氧化碳，同时也排放出大量的雾霾（污染物）。针对雾霾数据缺失，本项目尝试用碳排放数据指标作为雾霾数据指标的代理变量。由于西藏、港澳台地区的数据缺失，因而本研究只考虑了中国30个省市地区的年度数据（不包括西藏和港澳台地区数据），样本区间为1995—2010年。本项目采用各个地区一次能源消耗量来估算碳排放总量 y_i。根据2007年IPCC（联合国政府间气候变化专门委员会）第四次评估报告，温室气体增加主要源自化石燃料燃烧，因此各地方政府（省域）碳排放量基于2007年IPCC研究报告的“方法1”来计算，碳排放系数也均来自IPCC研究报告。

3.1.2 城市雾霾空间演变的理论模型

城市雾霾收敛的空间面板模型的构建，借鉴Jobert等学者的碳排放收敛的理论模型，空间滞后面板绝对 β 收敛的计量经济模型（SLPDM）如下：

$$\ln\left(\frac{y_{it}}{y_{i,t-1}}\right) = \alpha_{it} + \beta\ln(y_{i,t-1}) + \rho W\ln\left(\frac{y_{it}}{y_{i,t-1}}\right) + \mu_{it} \qquad (3-1)$$

式（3-1）为SLPDM模型，β 为收敛的系数，W 为空间权重矩阵，ρ 为空间相关系数，用来衡量一个区域的碳排放对周边地区碳排放的空间溢出影响。

$$\ln\left(\frac{y_{it}}{y_{i,t-1}}\right) = \alpha_{it} + \beta\ln(y_{i,t-1}) + \mu_{it} \qquad (3-2)$$

$$\mu_{it} = \lambda W\mu_{it} + \varepsilon_{it} \qquad (3-3)$$

式（3-2）、式（3-3）为SEPDM模型，β 为收敛的系数，W 为空间权重矩阵，λ 参数衡量了样本观察值的误差项引起的一个区域间溢出成分。

研究空间俱乐部的收敛，首先需进行区域分组，因而需要计算和检验碳排放空间自相关性，通常采用 Moran's I 指数来衡量一个地区的碳排放行为在地理空间上有没有表现出空间自相关（依赖）性。故采用 Moran's I 系数进行内生区域分组。其中，定义如下：

$$\text{Moran's I} = \frac{\sum_{i=1}^{n}\sum_{j=1}^{n} W_{ij}(Y_i - \bar{Y})(Y_j - \bar{Y})}{S^2 \sum_{i=1}^{n}\sum_{j=1}^{n} W_{ij}} \tag{3-4}$$

其中，$S^2 = \frac{1}{n}\sum_{i=1}^{n}(Y_i - \bar{Y})^2$，$\bar{Y} = \frac{1}{n}\sum_{i=1}^{n} Y_i$，$i$ 表示第 Y_i 各地区的观测值（本项目是城市雾霾量 $y_{i,t}$），n 为地区总数（如省域或直辖市），W_{ij} 为二进制的邻近空间权值矩阵。

其中空间权重矩阵 W 定义为：

$$W_{ij} = \begin{cases} 1;\text{当区域 } i \text{ 和区域 } j \text{ 相邻} \\ 0;\text{当区域 } i \text{ 和区域 } j \text{ 不相邻} \end{cases} \tag{3-5}$$

式（3－5）中 $i = 1,2,\cdots,n$；$j = 1,2,\cdots,m$；$m = n$ 或 $m \neq n$。

3.2 城市雾霾空间格局演变过程和俱乐部收敛

3.2.1 城市雾霾区域空间格局演变过程

本项目首先对我国城市雾霾进行初步分类，其标准如下：第一类，低城市雾霾型，其城市雾霾规模为 0～1t/年；第二类，中度城市雾霾型，其城市雾霾规模为 1～3t/年；第三类，较高城市雾霾型，其城市雾霾规模为 3～5t/年；第四类，高城市雾霾型，其城市雾霾规模为 5～7t/年。据此标准，我们通过把各省份或直辖市划分为低城市雾霾地区、中度城市雾霾地区、较高城市雾霾地区及高城市雾霾地区 4 种类型，来研究不同时空尺度下各省份城市雾霾格局的演变过程，有利于把握城市雾霾空间格局。

（1）稳定阶段（1995—2000 年）。1995 年城市雾霾量如图 3－1 所示。此阶段最大的特点是江苏省、浙江省、安徽省、福建省、江西省、山东省、河

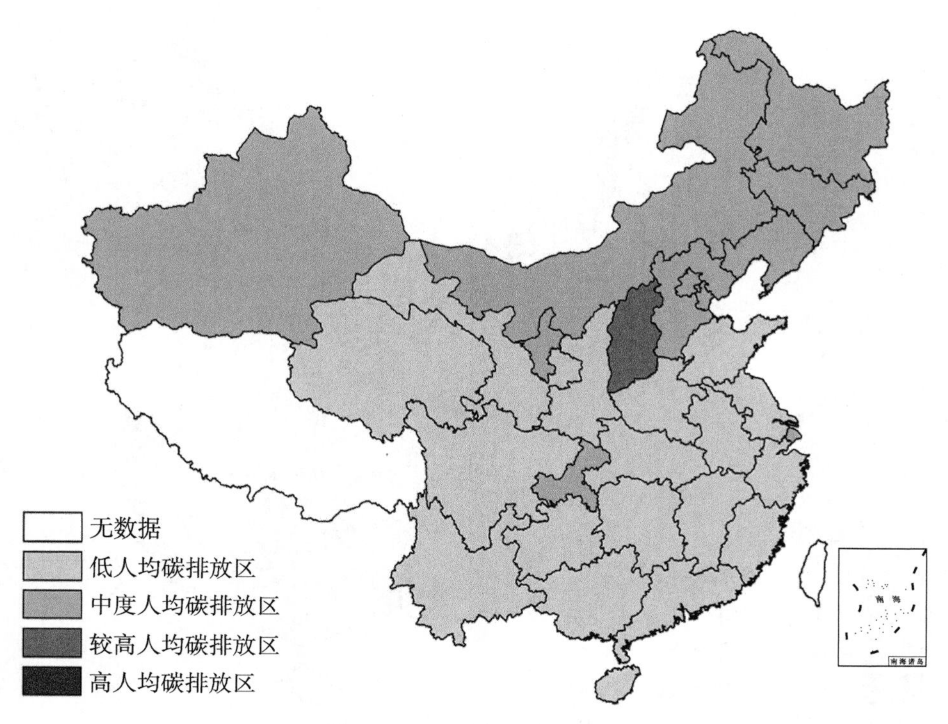

图 3－1　1995 年城市雾霾量

南省、湖北省、湖南省、广东省、广西壮族自治区、海南省、重庆市、四川省、贵州省、云南省、陕西省、甘肃省、青海省 19 个省市地区处于低城市雾霾型行列。其他 11 个省市地区，除了山西省在 1995 年个别年份为较高城市雾霾型之外，均处于中度城市雾霾型行列。

（2）初步空间分异阶段（2000—2005 年）。2000 年的城市雾霾量如图 3－2所示，天津市、山西省、内蒙古自治区、辽宁省、上海市、宁夏回族自治区已快速跳跃到较高的城市雾霾型行列。较高城市雾霾型地区已经从 0 个增至 7 个。江苏省、浙江省、福建省、山东省、河南省、湖北省、湖南省、广东省、贵州省、陕西省、甘肃省、青海省已经跳跃到中度城市雾霾型行列，换言之，中度城市雾霾型地区已经增至 23 个；安徽省、江西省、广西壮族自治区、海南省、重庆市、四川省、云南省仍处于低城市雾霾型行列，低碳排放型区域已减至 7 个。

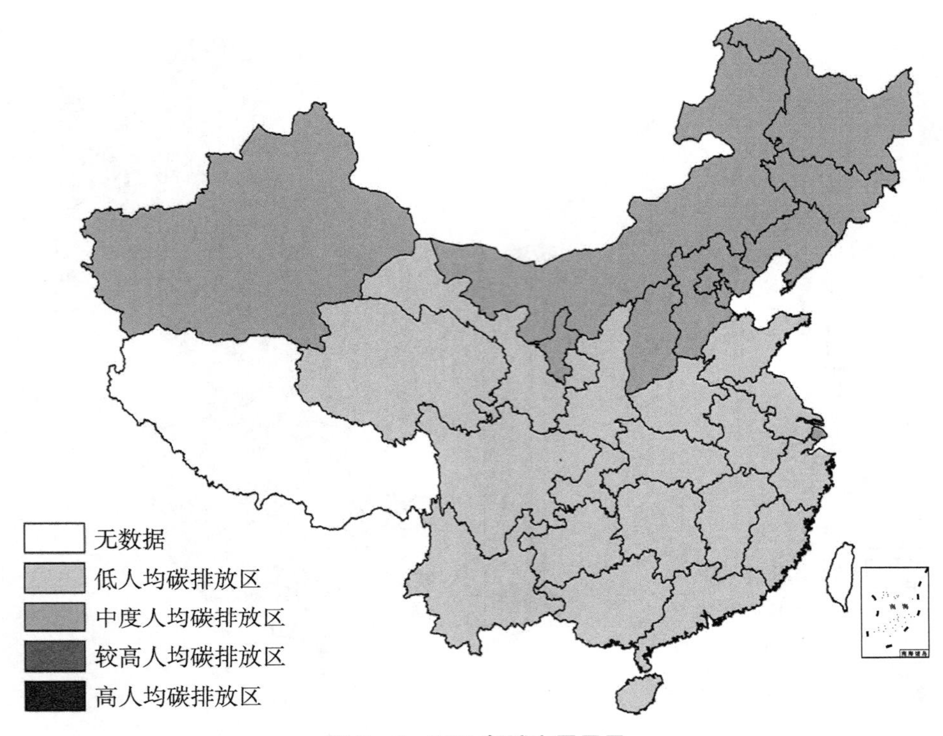

图 3-2　2000 年城市雾霾量

（3）快速空间分异阶段（2005—2010 年）。结果表明（见图 3-3，图 3-4）山西省、内蒙古自治区和宁夏回族自治区已从较高城市雾霾型跳跃到高城市雾霾型行列，即高城市雾霾型区域从 0 增加到 3 个。山东省、新疆维吾尔自治区、河北省跳跃到较高城市雾霾型行列；天津市、辽宁省、上海市、山东省、新疆维吾尔自治区、河北省处于较高城市雾霾型行列；安徽省、江西省、广西壮族自治区、海南省、重庆市、四川省、云南省已经从低城市雾霾区域跳跃到中度城市雾霾型行列。在这阶段，低城市雾霾型地区为 0 个，它们要么已进入中度城市雾霾型行列，要么进入较高城市雾霾行列。

综上可知，我国经济以粗放发展模式推进工业化和城镇化，这将形成我国经济发展对化石能源的刚性需求，势必引起经济高速发展伴随着高排放，这从上述城市雾霾空间格局特征已见端倪。与此同时，各地区经济地理差异进一步拉大，导致城市雾霾进入快速分异阶段，假若仍然延续以往经济发展模式，城市雾霾分异现象将越发凸显，这同时也反映了我国城市雾霾的空间格局特征与地区经济发展格局之间存在一定的关联性。

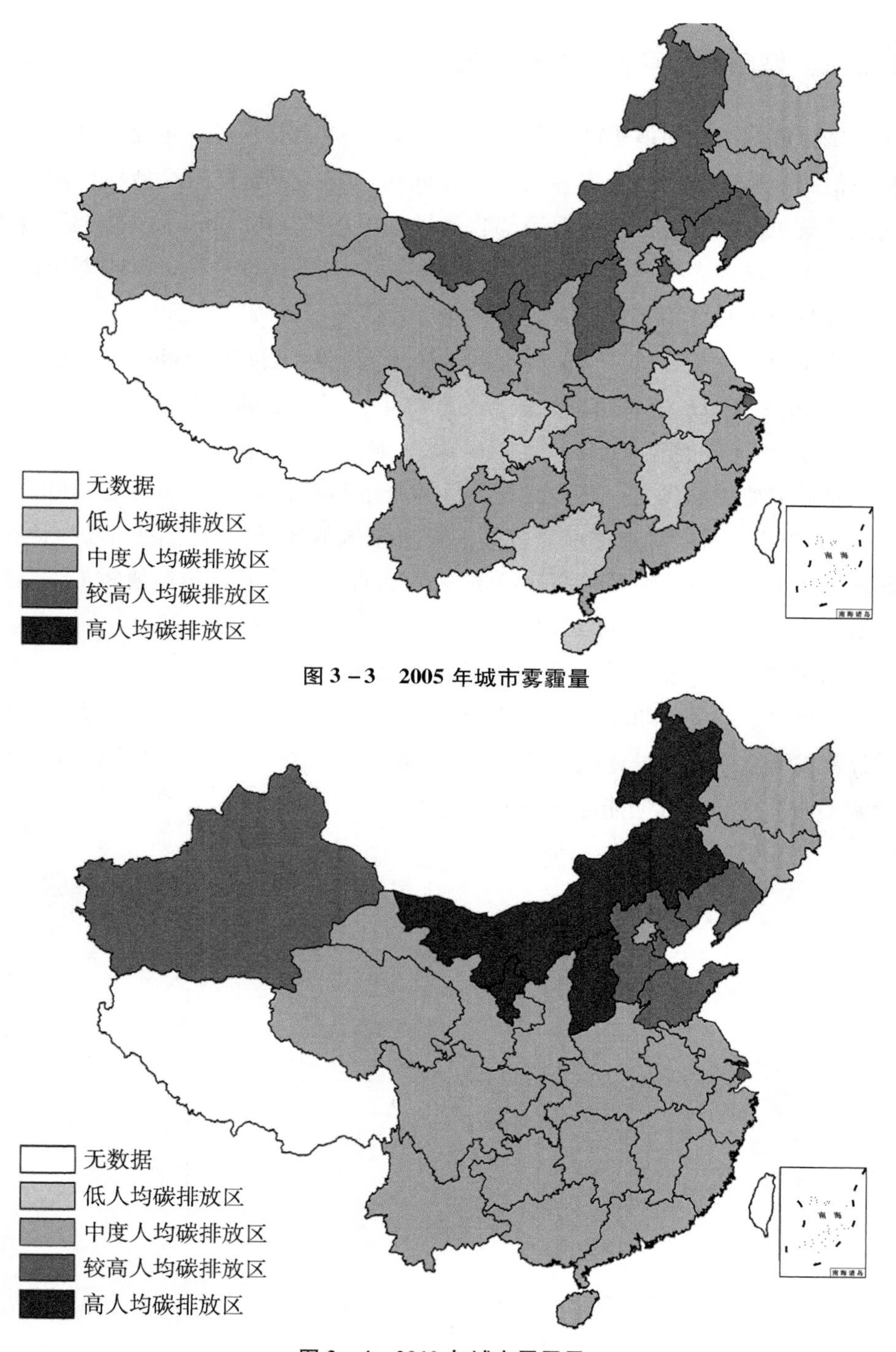

图 3-3 2005 年城市雾霾量

图 3-4 2010 年城市雾霾量

3.2.2 城市雾霾空间俱乐部收敛

城市雾霾的空间俱乐部收敛是城市雾霾的初始水平和空间经济结构特征相类似的一组区域的城市雾霾收敛于相同的稳态，那么这组区域就称之为空间趋同俱乐部。在研究空间俱乐部收敛过程中均采用 Moran's I 系数进行内生区域分组，结果表明 Moran's I 值为正（见图 3－5，图 3－7），意味着中国城市雾霾具有空间自相关性，并有加强的趋势。

为了更进一步分析城市雾霾空间集聚分布，本项目通过 Moran's I 散点图对我国 30 个省域、直辖市地区进行空间内生分组，坐标系把以点表征的区域划分为 4 个不同的组，即 HH 组、HL 组、LH 组和 LL 组。

在此需要说明的是，HH 组表示目标城市雾霾值较高，邻居区域值也较高；HL 组表示目标城市雾霾值较高，邻居区域值较低；LH 组表示目标城市雾霾值较低，邻居区域值较高；LL 组表示目标区域值城市雾霾值较低，邻居区域值也较低。1995 年和 2010 年空间集聚图（见图 3－6，图 3－8）显示，经济水平的高低并非与城市雾霾强度高低之间呈现一一对应的关系，如辽宁省、吉林省、内蒙古自治区城市雾霾强度居于 HH 地区，即高值集聚区，但其经济发展水平并未处于我国前列，可能原因是这些地区产业结构以重、化、能源工业为主导，致使能源消耗大幅增加。

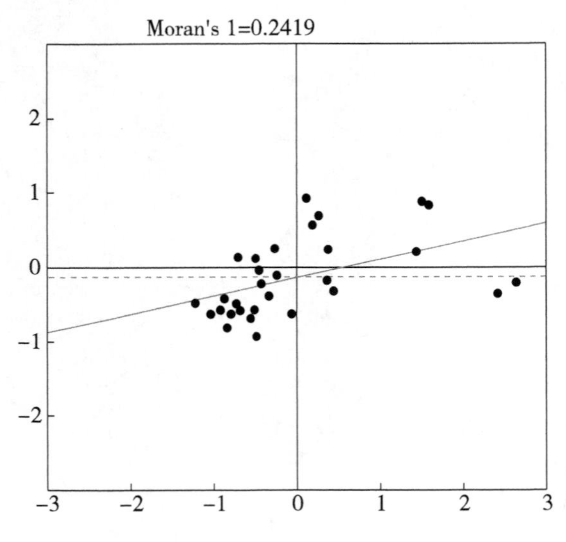

图 3－5　1995 年城市雾霾 Moran's I 散点图

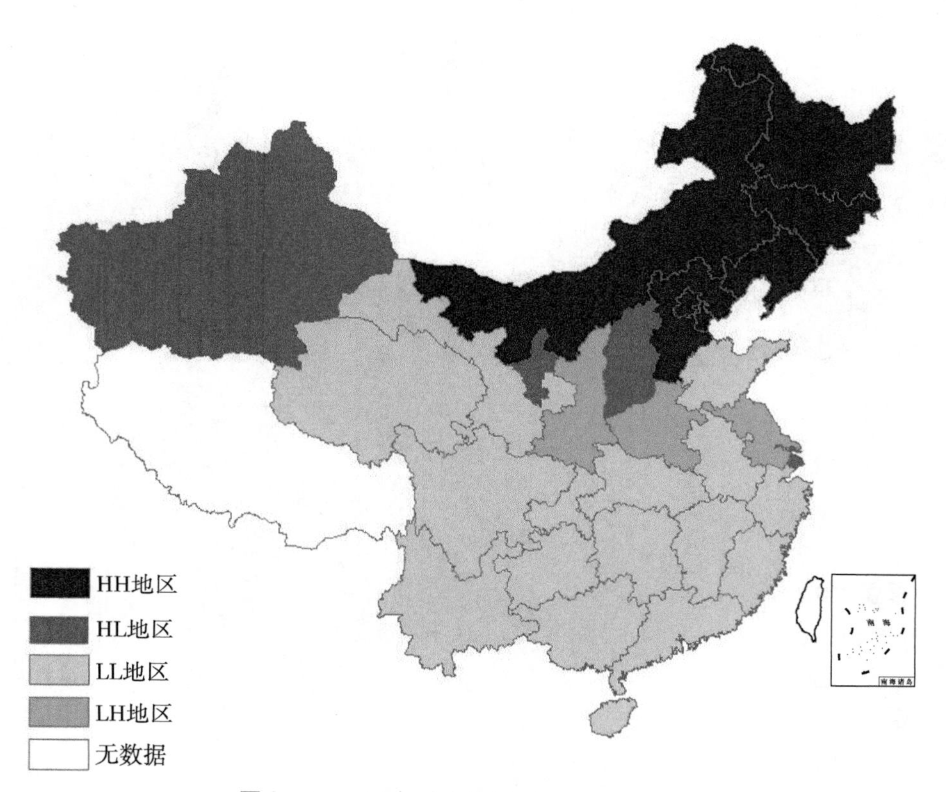

图 3－6　1995 年城市雾霾 LISA 空间集聚图

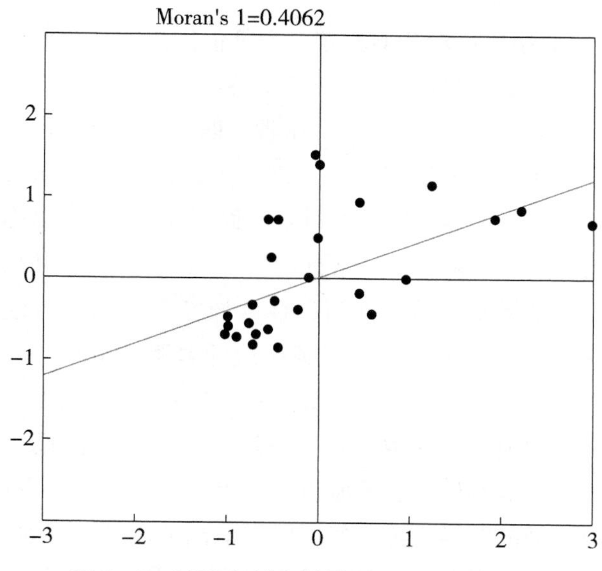

图 3－7　2010 年城市雾霾 Moran's I 散点图

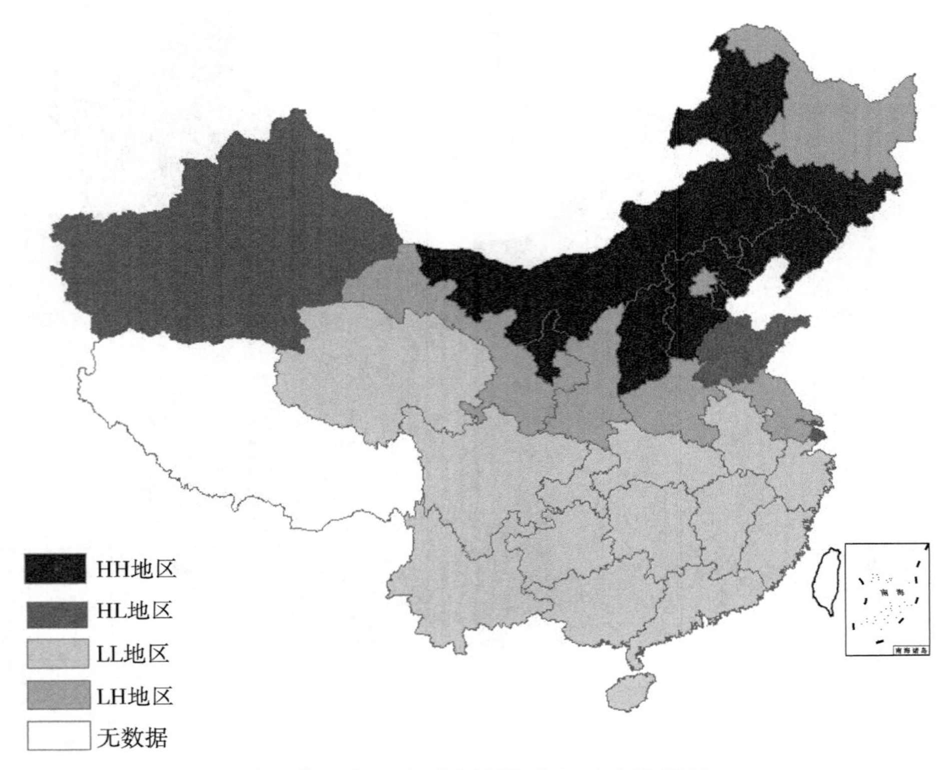

图 3-8　2010 年城市雾霾 LISA 空间集聚图

城市雾霾的 LL 组的区域相对稳定，即低值集聚区，主要分布在南部沿海地区（福建省、广东省、海南省）、长江中游地区（湖北省、湖南省、江西省和安徽省）、大西南地区（云南省、贵州省、四川省、重庆市和广西壮族自治区）；同时，LL 地区（低值集聚区）呈现出典型的空间俱乐部收敛趋势，为了验证结果的稳定性，本项目即将通过空间面板模型进一步检验。

对此，通过空间俱乐部收敛的估计结果显示（见表 3-1），HH 和 HL 地区 β 系数为正，但结果不显著，即当目标区域 β 值较高的时候，对邻居有负的溢出效应，这有可能加大区域之间碳排放的差距，不利于收敛。这也启示地方政府在提倡低碳经济发展中，区域的示范效用不容忽视。LL 地区 β 系数显著为负，存在空间俱乐部收敛，且不论是 λ 还是 ρ 值都显著为正，即LL地区城市雾霾的增长率对其他邻居的城市雾霾增长率存在正向影响；也就是说，当目标区域 β 值较低的时候，不论邻居区域值高或者低，通过空间相互作用，对邻居存在一定的示范效用，因而，会促进城市雾霾的收敛，这也进一步验证了上述空间集聚图结论，存在低值集聚区空间俱乐部收敛。为此，在一个区域俱乐部里，建立一个低碳经济示范区，将会对邻居产生良性的正示范效应，有利于缩小区域间城市雾霾差距，可见空间外溢现象正是区域之间交互过程中的一种形式。

表 3－1　　空间俱乐部收敛面板模型的估计结果

地区	模型	变量	系数	标准误差	t 统计量	P 值
HH 地区	*SEPDM*	α	0. 0411	0. 0242	1. 7005	0. 0890
		β	0. 0132	0. 0225	0. 5863	0. 5577
		λ	0. 4966	0. 0938	5. 2954	0. 0000
	SLPDM	α	0. 0152	0. 0185	0. 8213	0. 4115
		β	0. 0141	0. 0170	0. 8307	0. 4061
		ρ	0. 4860	0. 0941	5. 1628	0. 0000
HL 地区	*SEPDM*	α	0. 0353	0. 0344	1. 0269	0. 3045
		β	0. 0219	0. 0314	0. 6957	0. 4866
		λ	0. 2735	0. 1273	2. 1483	0. 0317
	SLPDM	α	0. 0259	0. 0319	0. 8119	0. 4168
		β	0. 0173	0. 0281	0. 6145	0. 5389
		ρ	0. 2498	0. 1271	1. 9658	0. 0493
LH 地区	*SEPDM*	α	0. 0673	0. 0182	3. 7009	0. 0002
		β	－0. 0031	0. 0325	－0. 0949	0. 9244
		λ	0. 5878	0. 0835	7. 0372	0. 0000
	SLPDM	α	0. 0279	0. 0084	3. 3263	0. 0009
		β	0. 0136	0. 0189	0. 7230	0. 4697
		ρ	0. 5717	0. 0819	6. 9806	0. 0000
LL 地区	*SEPDM*	α	0. 0504	0. 0180	2. 7925	0. 0052
		β	－0. 0579	0. 0191	－3. 0362	0. 0024
		λ	0. 5962	0. 0939	7. 9274	0. 0000
	SLPDM	α	0. 0240	0. 0081	2. 9561	0. 0031
		β	－0. 0231	0. 0150	－1. 5396	0. 1237
		ρ	0. 5410	0. 0881	6. 1396	0. 0000

（1）城市雾霾与区域禀赋特征有关，从研究的结果表明，碳排放的空间分异现象说明城市雾霾在空间上并不是一个统一的过程，既呈现空间城市雾霾的低值集聚的内部重组性特征，这主要表现在空间相邻和结构相似的区域更有利于形成俱乐部收敛的趋向。同时，城市雾霾格局分化为不同的俱乐部区域，这从LL（低值集聚区）和辽宁省、吉林省、内蒙古自治区城市雾霾强度居于高值集聚区可见端倪，并且它们之间则表现为分异或者差异进一步加快扩大的趋势。

（2）在应对全球气候变化和碳减排的目标框架下，我们充分考虑碳排放行为的空间异质性和区域局部的溢出效应，针对形成的城市雾霾不均衡空间分布情况，从区域分组角度出发，为避免人为区域分组的主观性干扰，本文采用ESDA方法对我国区域进行内生分组，使得评价结果更加符合客观实际。

区域之间普遍存在空间相互作用的现象，使得碳排放活动常常在某些特定区位上集聚，因此，仅从时间维度去检验城市雾霾收敛过程容易出现偏差或者错误。因此，为克服时间维度与空间维度分离的不足，本文采用空间面板模型来检验空间俱乐部收敛现象，这样就与我国城市雾霾空间分异的客观事实更为吻合。

（3）从研究结论来看，使用ESDA方法探索城市雾霾的空间演变格局，得出LL地区（低值集聚区）呈现出典型的空间俱乐部收敛趋势的结果，主要分布在福建省、广东省、海南省、湖北省、湖南省、江西省、安徽省、云南省、贵州省、四川省、重庆市和广西壮族自治区，因而不难发现，俱乐部区域常常是连片分布，这就意味着空间上近邻的区域更容易发生城市雾霾俱乐部收敛，这为建立俱乐部区域共同应对气候变化、区域性碳排放交易和减排合作机制提供了现实可能。

3.2.3 研究结论

以往研究俱乐部收敛，往往忽视区域之间的空间相互作用，基于此，采用时空效应来研究空间俱乐部收敛，实证结果如下。

（1）对城市雾霾空间格局进行分析发现，随着时间的推移，我国各地区具有城市雾霾的空间分异特征，低城市雾霾区域江苏省、浙江省、安徽省、福建省、江西省、山东省、河南省、湖北省、湖南省、广东省、广西壮族自治区、海南省、重庆市、四川省、贵州省、云南省、陕西省、甘肃省、青海省19个省份逐步跨入中度城市雾霾型或者较高城市雾霾型行列；低城市雾霾型区域降至为0个。内蒙古自治区、山西省及东北地区等能源生产大省或老工业基地均处于较高城市雾霾型地区或者高城市雾霾型地区。可见，从中国城市雾霾空间分异演变过程，不难发现，我国已有迈入全面高雾霾锁定的趋势。

（2）利用Moran's I指数计算1995—2010年中国省区城市雾霾的空间自相关性，结果发现中国城市雾霾具有较强的空间自相关性，并且空间依赖性逐渐加强，LL低值区呈现空间集聚现象。通过Moran's I散点图进行空间内生分组，将我国省域划分为HH、HL、LH和LL四组，空间俱乐部收敛的估计结果表明，HH和HL地区处于城市雾霾发散区，但发散趋势不显著；LH地区也存在城市雾霾收敛，但收敛趋势不明显；LL地区城市雾霾存在空间俱乐部收敛；当目标区域β值较低时，将对邻居存在正的示范效用，促进城市雾霾的收敛，因此，在一个区域内部建立一个低碳经济示范区，将有利于区域间城市雾霾差距缩小。

（3）针对当前我国城市雾霾差异明显的客观事实，我们考察了1995—2010年我国城市雾霾的空间格局演变过程，构建城市雾霾收敛模型，研究不同城市雾霾的收敛特征，结果表明：随着时间的推移，绝大多数低城市雾霾型区域已经跨入中度城市雾霾型地区；中度城市雾霾型地区也已跨入较高城市雾霾型地区或者高城市雾霾型地区。考虑时空效应，中国城市雾霾具有强化空间自相关性、且空间集聚存在连片分布的特征。通过Moran's I指数对我国区域进行内生分组，利用空间面板模型估计，结果发现LL地区城市雾霾存在空间俱乐部收敛；其他地区收敛趋势并不明显。结论启示我们：在一个区域俱乐部内部，建立一个低碳、绿色经济示范区，将对相邻地区产生良性的溢出效应。

3.3 本章小结

本章重点采用空间探索性数据分析（ESDA）和空间面板计量等模型方法对城市雾霾的空间格局演变过程进行可实证研究，揭示了中国省区城市雾霾强度时空格局演变特征及其空间集聚现象，这可为中央或地方政府制定差异化雾霾政策提供理论支撑和科学依据。通过中国城市雾霾空间分异演变过程，研究发现我国已有全面迈入高雾霾锁定的趋势；利用 Moran's I 指数计算 1995—2010 年中国省区城市雾霾的空间自相关性，结果发现中国城市雾霾具有较强的空间自相关性，并且空间依赖性逐渐加强，LL 低值区呈现空间集聚现象；通过 Moran's I 指数对我国区域进行内生分组，利用空间面板模型估计结果发现 LL 地区城市雾霾存在空间俱乐部收敛，其他地区收敛趋势并不明显；同时在城市雾霾收敛形成的内在机制、优化调控、减排应对策略等方面提出了一些建设性意见。

4 低碳视角下物流产业系统的雾霾效应分析

随着经济社会的持续发展，人们在从发展中获益的同时也面临着日益严重的环境污染、能源短缺和气候变化等问题，尤其以二氧化碳等温室气体引起的全球气候变暖问题成为国际社会目前面临的最严重挑战之一，同时，二氧化碳也是产生城市雾霾的重要影响因素，因而引起了各个国家和地区的广泛关注，采取实际行动参与温室气体的节能减排，我国也积极制定符合我国国情的低碳经济政策。物流业作为经济社会的支柱产业，是连接国民经济生产与消费的纽带，所以物流业也被形象称作经济社会的“输血管”。物流业在国民经济中占据重要地位，但它也是能源消耗、温室气体排放的主要来源之一。因此衡量并计算物流业的温室气体排放量，观察物流业的碳足迹动态演变轨迹、低碳视角下分析物流产业的雾霾效应，进一步分析物流产业雾霾效应对经济增长产生的影响，对减轻雾霾污染，发展低碳经济，实现物流业可持续健康发展具有积极意义。考虑到碳排放对城市雾霾的影响，本章首先分析物流产业碳足迹演变轨迹，对省际物流产业碳足迹进行分析与预测，得出物流产业对城市雾霾的可能演化路径；然后在低碳视角下分析物流产业的雾霾效应，对物流产业能源使用量的雾霾效应进行预测；最后基于面板数据模型分析物流产业雾霾效应对经济增长的影响；研究为后续低碳发展方面的政策建议提供理论依据。

4.1 物流产业碳足迹演变评价[①]

碳足迹是在生态足迹概念的基础上提出的研究热点，这是国内外学者达成的共识，但对于碳足迹的概念界定至今还未有统一的国际标准，目前应用

---

① 此部分内容来自论文《基于灰色预测模型的物流低碳效应分析》，已发表于《统计与决策》。

较普遍的是 Wiedmann T. 和 Minx J. （2007） 的定义：碳足迹是指由某项活动产生的直接或间接的 CO_2排放总量或某种产品生命周期内累积所产生的 CO_2排放总量的一种度量。这里的活动主体可以是个体、群体、政府、企业组织、行业等，产品可以是某种商品也可是某项服务。总之，不管是某项活动还是某种产品，它们在所有直接或者间接行为过程中产生的 CO_2都必须计算在内。

对碳足迹的测算可以有效反映温室气体排放情况，现有的文献研究中对碳足迹的测量方法主要有三类：适用于某一产品、服务等一些偏微观碳足迹估计的生命周期评估法（LAC）、适用于计算国家、城市、行业等较宏观碳足迹估计的投入产出法（IOA）、适用于数据难以获取且较复杂活动碳足迹估计的 IPCC 排放系数法。其中 IPCC 计算法一般不是单独测算碳足迹的，大多结合某一分析模型（比如投入产出模型、生命周期模型等）这样更能有效测算碳足迹，比如孙建卫等（2010）根据 IPCC 排放系数法通过借鉴中国的投入产出平衡表，针对中国商业、交通邮政业、建筑业、贸易等不同部门的 CO_2与 CH_4的排放进行核算和碳关联分析，研究发现中国 2002 年的碳排放足迹为 176528.10 万吨 CO_2当量，人均碳足迹为 1.37426 吨/人。袁宇杰等（2013）构建了旅游业终端能源消耗的投入产出模型图，把旅游业的能源碳足迹测算方向分为直接和间接能源消耗，运用 IPCC 排放系数法测算了山东省旅游业的碳足迹。

虽然国内外学者已经展开了不同领域的碳足迹研究，但是通过查阅文献发现物流业的碳足迹目前还处于尚待研究的阶段，尽管国内学者楚龙娟（2010）把物流分为原材料采购、运输、流通加工、仓储、包装、消费和回收阶段，提出根据产品生命周期理论采用温室气体排放量的统一标准方法（PAS2050）计算物流碳足迹的方法思路。但这仅是从理论上讨论了该方法估计物流碳足迹总量的可行性，实际上，物流业作为一个复杂的系统活动，物流各个环节的碳排放数据难以获取完全。本文将根据 Wiedmann T. 提出的碳足迹定义，借鉴上述文献的相关研究成果，从物流业能源消耗视角，采用 IPCC 排放系数法测算物流碳足迹的 CO_2排放当量，并根据测算结果研究其节能减排动态发展趋势，为国家和地区节能减排宏观调控，发展低碳物流提供较为可行的理论依据。

4.1.1　物流产业碳足迹计算

《2006 年 IPCC 国家温室气体清单指南》计算方法（简称 IPCC 排放系数法）是由联合国气候变化委员会编写的，其提供了较为详尽的计算温室气体排放方法，并成为国际上公认和通用的碳排放评估方法。在 IPCC 计算方法中，针对不同的部门，碳足迹的计算方法往往不完全相同，常用的方法是通过得到各品种能源的排放因子计算得到其 CO_2 的排放系数，进而与活动数据相乘得到总的 CO_2 排放量。由于生产工艺、地域分布和技术水平等的差异，各国各地区的排放因子往往不同，IPCC 给出了不同生产工艺和不同国家的各种缺省排放因子，在没有相关数据的情况下可以直接采用 IPCC 提供的缺省排放因子。这为计算国内物流业不同能源的排放系数提供了标准参数，并且为了研究的方便，关于碳排放系数，我们假定：在一个国家内部不存在地区性差异，即我国各个地区、各行业的能源碳排放系数将采取统一数值。

根据物流主要作业环节（见图 4－1），其在能源消耗过程中，直接排放主要在运输、搬运装卸、配送等环节的煤炭、石油、天然气等使用所产生的温室气体排放；间接排放主要是在仓储、流通加工、信息处理等环节的以热力、电力的使用导致的温室气体排放。由物流主要作业活动造成的直接（L_D）与间接（L_I）CO_2 排放之和构成了物流碳足迹（CF），无论是直接还是间接 CO_2 排放，其各品种能源的 CO_2 排放系数 = CO_2 排放因子 × 平均低位发热量；碳足迹的 CO_2 排放量 = 能源消耗量 × CO_2 排放系数。

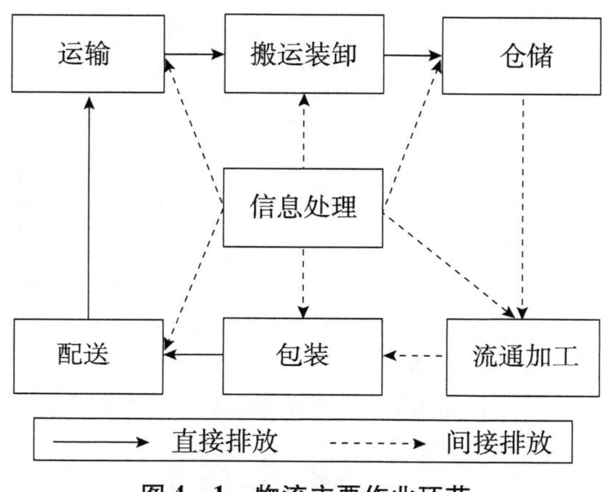

图 4－1　物流主要作业环节

其中CO_2排放因子数据来源于《2006年IPCC国家温室气体清单指南》卷二：能源部分；平均低位发热量数据来源于《中国能源统计年鉴2012》，具体的各品种能源CO_2排放系数如表4-1所示。

表4-1　CO_2排放系数 = CO_2排放因子×平均低位发热量、折标煤系数

能源名称	CO_2排放因子（kg CO_2/TJ）	平均低位发热量（kJ/kg）	CO_2排放系数（kg CO_2/kg）	折标煤系数（kgce/kg）
原煤	99975	20908	2.0903	0.7143
洗精煤	94600	26344	2.4921	0.9000
其他洗煤	94600	8363	0.7911	0.2857
型煤	97500	26344	2.5685	0.2857
焦炭	107000	28435	3.0425	0.9714
原油	73300	41816	3.0651	1.4286
汽油	69300	43070	2.9848	1.4714
煤油	71900	43070	3.0967	1.4714
柴油	74100	42652	3.1605	1.4571
燃料油	77400	41816	3.2366	1.4286
其他石油制品	73300	41816	3.0651	1.4286
液化石油气	64200	50179	3.2215	1.7143
炼厂干气	57600	45998	2.6495	1.5714
天然气	56100	38931	2.1840	1.3300
焦炉煤气	44400	17354	0.7705	0.5929
其他煤气	44400	18274	0.8114	0.6243
电力（火力发电）	—	—	—	0.1229kgce/kW·h
热力	—	—	—	0.03412kgce/MJ

注：CO_2排放因子数据选取：原煤选取泥煤、褐煤、烟煤、无烟煤的均值，洗精煤、其他洗煤的值均选用炼焦煤的数据；型煤选取煤球的数据；汽油选取车用汽油的数据；火力发电也选用泥煤、褐煤、烟煤、无烟煤的均值；其他煤气选取煤气公司气体值。

平均低位发热量数据选取：其他洗煤选用洗中煤的数据；型煤选取洗精煤的数据；焦炉煤气选取其范围内的中值；其他煤气选取其主要包含项的均值。

折标煤系数数据选取：其他石油制品选取的均是原油的数据。

结合《中国能源统计年鉴》数据，通过上述公式可以计算得出电力、热力2004—2012年的CO_2排放系数如表4-2所示。

表4-2　电力、热力的CO_2排放系数

年份	2004	2005	2006	2007	2008	2009	2010	2011	2012
电力（$kgCO_2/kW \cdot h$）	1.0910	1.0686	1.0522	0.9984	1.0092	1.0011	0.9807	0.9712	0.9726
热力（$kgCO_2/10^7kJ$）	1311.95	1284.65	1276.19	1276.72	1245.21	1219.30	1265.20	1172.68	1358.28

4.1.2　省际物流产业碳足迹分析与预测

通过对物流业终端能源消耗的计算得到省际物流业2004—2012年碳足迹排放量（见图4-2）。

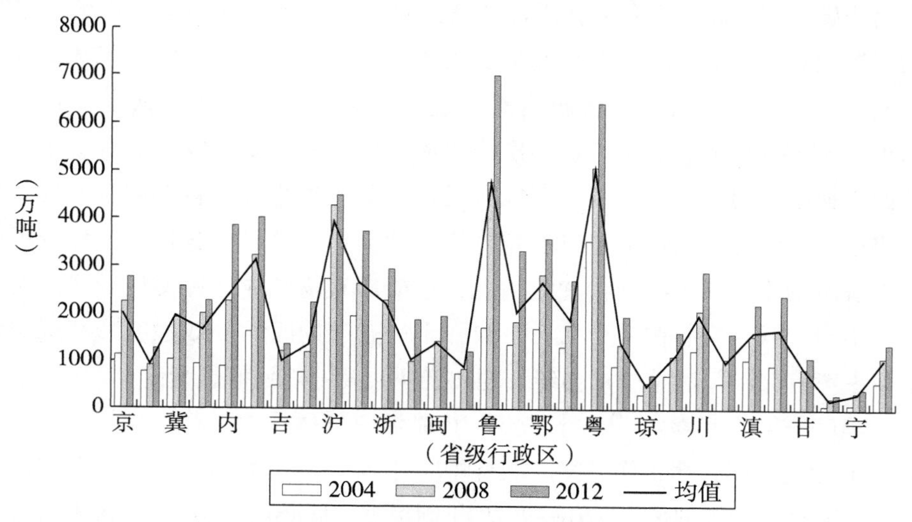

图4-2　2004—2012年省际物流碳足迹总量

1. 物流碳足迹分析

2004—2012年，我国物流碳足迹的排放总量一直呈现上升趋势，由2004年的32408.95万吨CO_2当量到2012年的76041万吨CO_2当量，涨幅达到134.63%，这说明现阶段我国物流业发展迅速的同时，能源消耗总量也在不

断扩大进而 CO_2 的排放也大幅增加。按省际划分涨幅最快的地区是宁夏回族自治区，涨幅为438%，其次为内蒙古自治区、青海省、山东省，都超过了300%，涨幅最缓慢的是上海市，为64%，最后为天津市、江西省、甘肃省、广东省、江苏省等地区，涨幅均未超过一倍。按各省份的碳足迹规模划分，目前可分为四个层次：第一层次为 CO_2 排放总量超过6000万吨的省份，以山东省、广东省为代表；第二层次为 CO_2 排放总量达到或超过4000万吨的省份，包括湖北省、上海市、内蒙古自治区以及辽宁省；第三层次为2000万吨以上，4000万吨以下的省份，主要以北京市、河南省、江苏省、浙江省、湖南省、河北省、山西省、四川省、云南省以及陕西省为代表；第四层次为2000万吨以下，主要包括吉林省、黑龙江省、天津市、安徽省、福建省、江西省、广西壮族自治区、重庆市、海南省、贵州省、甘肃省、青海省、宁夏回族自治区和新疆维吾尔自治区。

为配合我国低碳经济发展，减少雾霾污染，从能源消耗角度测算了2004—2012年省域物流业的碳足迹，根据测算结果并参考政府工作文件，提出物流碳足迹的碳强度和能耗强度节能减排指标，其中碳强度是指单位GDP的二氧化碳排放量。碳强度高低不表明效率高低，其主要受能源消耗结构的影响，石化能源的消费比例越高碳强度一般就比较大；能耗强度是指单位GDP所消耗的能源，它可以反映出能源使用效率的高低，但不能直观反映出能源消耗结构的变化。这两个指标所反映的节能减排含义各有侧重，故本项目将把它们作为物流碳足迹节能减排约束性指标进行研究分析，这样既可以反映省域物流业的能源结构优化情况，还能反映物流业能源使用效率。对于我国不同省域物流业在“十二五”和“十三五”期间的“双强度”目标规划值将参考有关部门对整个社会碳强度和能耗强度的规划值进行设定。

2011—2015年参考《“十二五”控制温室气体排放工作方案》《“十二五”节能减排综合性工作方案》文件中“十二五”全国各省市碳强度和能耗强度的减排目标规划值，2016—2020年则根据中国政府在2009年哥本哈根国际气候会议提出到2020年单位国内生产总值（GDP）二氧化碳排放比2005年下降40%～45%的目标以及中科院发布的《2009中国可持续发展战略报告》，报告提出：2020年我国单位国内生产总值（GDP）能源消耗要比2005年下降40%～60%。由于各省、自治区、直辖市还未对“十三五”期间做出详细减排目标规划值，在这里统一使用全国性节能减排降幅的最小值

（40%），即能耗强度与碳强度都比2005年减少40%。按2010年折算，2020年较2010年碳强度减少23%，能耗强度减少24%。通过引入灰色预测模型，对物流碳足迹在节能减排目标规划条件下进行动态预测分析。如表4-3所示。

表4-3　2015年、2020年物流碳强度、能耗强度的规划值与预测值

省级行政区（简称）	碳强度（吨二氧化碳/万元）						能耗强度（吨标准煤/万元）					
	2015			2020			2015			2020		
	降幅（%）	规划值	预测值	降幅（%）	规划值	预测值	降幅（%）	规划值	预测值	降幅（%）	规划值	预测值
京	18	2.78	3.68	23	2.61	3.78	17	1.11	1.37	24	1.02	1.34
津	19	1.51	1.39	23	1.44	0.99	18	0.62	0.53	24	0.57	0.36
冀	18	1.06	0.78	23	0.99	0.48	17	0.40	0.29	24	0.37	0.18
晋	17	2.60	3.08	23	2.41	3.20	16	1.04	1.32	24	0.94	1.52
蒙	16	2.92	2.73	23	2.68	2.24	15	1.26	1.16	24	1.12	0.95
辽	18	3.08	2.56	23	2.89	1.75	17	1.34	1.09	24	1.22	0.74
吉	17	2.78	2.91	23	2.58	2.61	16	1.14	1.28	24	1.03	1.26
黑	16	2.09	3.43	23	1.92	3.70	16	0.89	1.40	24	0.81	1.50
沪	19	4.38	5.22	23	4.17	4.90	18	1.92	2.24	24	1.78	2.08
苏	19	1.43	1.27	23	1.36	0.92	18	0.64	0.56	24	0.59	0.41
浙	19	1.94	1.94	23	1.84	1.52	18	0.85	0.83	24	0.79	0.64
皖	17	1.84	2.94	23	1.71	3.62	16	0.79	1.25	24	0.71	1.53
闽	17.5	1.65	1.88	23	1.54	1.82	16	0.72	0.82	24	0.66	0.81
赣	17	1.92	2.01	23	1.78	1.88	16	0.82	0.81	24	0.75	0.73
鲁	18	2.34	2.23	23	2.20	1.74	17	1.04	0.96	24	0.95	0.74
豫	17	2.15	3.58	23	2.00	4.82	16	0.87	1.42	24	0.79	1.93
鄂	17	3.29	3.22	23	3.05	2.45	16	1.41	1.32	24	1.27	0.97
湘	17	2.17	1.93	23	2.01	1.42	16	0.87	0.72	24	0.78	0.50
粤	19.5	2.63	2.46	23	2.51	1.97	18	1.18	1.07	24	1.10	0.85
桂	16	2.90	2.38	23	2.66	1.62	15	1.30	1.06	24	1.16	0.72

续 表

省级行政区（简称）	碳强度（吨二氧化碳/万元）						能耗强度（吨标准煤/万元）					
	2015			2020			2015			2020		
	降幅（%）	规划值	预测值	降幅（%）	规划值	预测值	降幅（%）	规划值	预测值	降幅（%）	规划值	预测值
琼	11	5.61	6.60	23	4.85	7.53	10	2.60	3.02	24	2.20	3.45
渝	17	2.70	2.95	23	2.51	2.71	16	1.20	1.34	24	1.09	1.27
川	17.5	3.28	4.19	23	3.06	4.54	16	1.48	1.85	24	1.34	2.03
黔	16	2.12	1.48	23	1.95	0.89	15	0.87	0.66	24	0.78	0.44
滇	16.5	8.33	9.74	23	7.68	10.39	15	3.72	4.34	24	3.32	4.73
陕	17	3.73	4.11	23	3.46	3.98	16	1.54	1.74	24	1.40	1.79
甘	16	3.58	3.24	23	3.28	2.73	15	1.24	1.09	24	1.11	0.89
青	10	3.73	5.43	23	3.19	6.97	10	1.63	2.28	24	1.37	2.88
宁	16	2.15	1.19	23	1.97	0.52	15	0.89	0.50	24	0.79	0.23
新	11	4.40	3.60	23	3.81	2.68	10	1.98	1.63	24	1.67	1.23
总	17	2.46	2.47	23	2.29	2.06	16	1.06	1.04	24	0.95	0.86

经过检验，各灰色预测模型均达到了可信的水平，预测结果能够较为客观反映未来物流业的各品种能源需求量。

2. 物流碳足迹动态预测分析

我们根据国家颁布的节能减排政策文件，制定了物流碳足迹2015年和2020年的碳强度、能耗强度规划值，通过GM（1，1）预测模型得到全国以及各地区物流业的碳强度和能耗强度值。就全国而言，2015年物流业的碳强度达到2.47吨二氧化碳/万元，根据“2015年碳强度比2010年降低17%”的目标规划，基本达到“十二五”碳强度的节能减排目标要求，仅相差0.01；能源强度方面，虽然同样未能实现“能耗强度比2010年降低16%”的既定目标，但能耗强度的预测值和规划值也很接近，仅相差0.02吨标准煤/万元，2020年全国物流业的碳强度为2.06吨二氧化碳/万元，比规划值下降了0.23吨二氧化碳/万元，顺利完成“碳强度比2010年下降23%”的既定目标；能耗强度预测值为0.86吨标准煤/万元，同样完成“能耗强度比2010年下降24%”的既定目标。

就地区而言，全国有一半省份均能完成“十二五”和物流碳足迹“双强度”节能减排目标，依次为天津市、河北省、内蒙古自治区、辽宁省、江苏省、浙江省、山东省、湖北省、湖南省、广东省、广西壮族自治区、贵州省、甘肃省、宁夏回族自治区、新疆维吾尔自治区，另外江西省在“十二五”期间未能完成节能减排目标，但在“十三五”期间预测能实现目标。绝大部分省份的物流碳足迹“双强度”是呈下降趋势的，但也有些省份的物流“双强度”是大幅上升的，主要集中在能源较为丰富的中西部地区如山西省、海南省、四川省、云南省、青海省；另外根据预测结果，北京市和安徽省的物流碳足迹“双强度”也在缓慢增加，这些省份均未能实现“十二五”的物流碳足迹节能减排目标。

4.1.3　实证结论

2007年IPCC第四次评估报告中就指出：在1970—2004年温室气体排放最大增幅主要来自能源供应、交通运输和工业，其中2004年交通运输行业占到全行业温室气体排放源的13.1%，且仍呈较快上升态势，而交通运输作为物流产业的核心业务，这表明物流业在温室气体排放，雾霾污染中处在突出的位置。本项目综合考虑在发展低碳经济大背景下从能源消耗视角测算30个省市2004—2012年的物流碳足迹，并引入灰色预测模型，对不同省域的物流碳足迹在节能减排“双强度”目标规划条件下进行动态预测分析，结果表明：

（1）我国物流碳足迹的CO_2排放量一直呈现上升趋势，这主要是因为需要大量能源作为支撑的物流业近年来发展迅速，并且在未来相当长时期内物流业还将高速发展，可以预见物流碳足迹规模上将继续保持增长，从不同省域碳足迹的规模来看，可以分为四个层次；从增速来看，涨幅最快的主要集中在西北地区，比如宁夏回族自治区、内蒙古自治区、青海省，反映出西北地区物流业发展迅速，能源需求量大；涨幅相对缓慢的是上海市和广东省等，主要是因为这些沿海地区物流业已经比较发达，物流碳足迹已达到一定规模，处于发展成熟期，进而增长相对缓慢。还有一类以江西省、甘肃省等地区为代表，这些省份不仅物流业发展相对落后，而且发展具有局限性，在一段时期内其物流业的碳足迹不会有太大变化。

（2）通过对物流碳足迹节能减排“双强度”的预测，“十二五”期间我国未能完成物流业“碳强度比 2010 年降低 17%，能耗强度下降 16%”的既定目标，但是已经接近既定目标；“十三五”期间则可以顺利实现物流业“碳强度比 2010 年下降 23%，能耗强度下降 24%”的既定目标。按不同省域划分的研究结果显示，全国一半省份在未来“十三五”期间可以完成物流碳足迹节能减排“双强度”目标，大部分省市的“双强度”值是在下降的。这主要得益于高碳排放能源比重下降较快使得物流能耗结构将会更加优化，促使碳足迹的涨幅减缓，能耗强度目标的完成则主要归功于行业管理水平的提高和新型节能技术的应用使得物流的能源利用效率得到优化。

（3）通过上文的分析为政府和相关行业提供了一种较为便利可行的测算物流碳足迹方法，并根据测算结果制定出较为科学的节能减排目标规划，以期能够为配合实现我国“十二五”及其未来节能减排的总体目标提供支持。

4.2 低碳视角下的物流产业的雾霾效应分析[①]

物流业长期以来都被认为是传统的高耗能、高污染行业，这主要是由其行业性质所决定的，物流的各个环节都需要能源的支持才能完成，比如在车辆运输和配送环节主要是以石化燃料为主，在物流节点的燃气设施和供暖方面使用比较多的燃料是煤炭和天然气，而整个物流过程都离不开电能，而这其中尤以石化燃料使用的最多，所以物流业也被广泛称为“油老虎”行业。随着社会经济技术不断进步以及人们环保意识的加强，节能减排得到社会的广泛响应并逐步上升到国家发展战略层面，而物流业作为经济社会的支柱同时又是耗能高的行业，行业的特殊性决定了其在经济社会可持续发展中处于重要地位，因此研究物流的低碳效应具有积极意义。国内外有比较多的学者对低碳物流进行了研究，许多学者都是基于低碳物流的概念和定义进行研究的，虽然低碳物流定义还没有统一标准，但学者普遍认为节能减排是实行低碳物流的重要宗旨。依据低碳物流的特性，有学者提出了低碳物流的影响因

① 此部分内容来自论文《低碳经济下物流能源效率与结构调整研究——基于技术差异视角》，已发表于《生态经济》。

素，主要包括物流信息化、人才培养、基础设施、政策环境、逆向物流等。发展低碳物流对策建议方面，学者主要从加强政府宏观规划、制定低碳物流行业标准、应用低碳物流技术与装备、改进运输配送方式、树立低碳理念等方面进行研究。还有部分学者从相关模型的角度分析低碳物流的实现途径，主要涉及厂址选择、运输与配送路径的选取。低碳物流发展模式方面，有学者从物流高级化的角度，提出低碳物流在货运方面的运作模式，该模式强调统筹规划和监控管理的集成管理思想来提高物流效率，进而实现低碳物流。还有学者提出物流低碳效应下如何发展物流规划、技术、政策三方面的服务创新模式。国内外对低碳物流方面的研究虽然比较丰富，但很少涉及物流业能源结构调整和物流行业节能减排目标效应方面的研究，有学者通过测算物流作业当中不同能源的碳排放系数来分析各省域物流节能减排实施情况，分析表明中东部省域物流作业的 CO_2 排放量高于西部，而单位货物周转 CO_2 排放量西部高于中东部省域。这为本项目研究低碳物流的节能减排效应提供了一些思路。本项目将通过构建灰色预测模型对我国现代物流走低碳化道路的能源结构优化以及物流业节能减排目标实施情况进行分析，以期在发展低碳物流的同时为配合实现我国“十二五”及其未来节能减排的总体目标提供支持。

4.2.1　低碳物流约束性指标构建

目前为止，官方还没有一套完整的低碳物流约束性指标体系来衡量物流业节能减排的效果，根据查找相关文献资料，发现碳强度和能耗强度是反映经济社会节能减排情况的重要指标。碳强度是指单位 GDP 的二氧化碳排放量。碳强度高低不表明效率高低，其主要受能源消耗结构的影响，石化能源的消费比例越高碳强度一般就比较大；能耗强度则是指单位 GDP 所消耗的能源，它能反映能源使用效率的高低，但不能直观反映能源消耗结构的变化。这两个指标所反映的节能减排含义是各有侧重的，故本项目将把它们作为低碳物流约束性指标进行研究分析，这样既可以反映物流业的能源结构优化情况，还能反映物流业能源使用效率。低碳物流的约束性指标规划值将参考有关部门对整个社会碳强度和能耗强度的规划值进行设定。对 2011—2015 年，根据 2011 年由国务院出台的《“十二五”控制温室气体排放工作方案》规定：2015 年单位国内生产总值二氧化碳排放比 2010 年下降 17%，单位国内生产总值（GDP）能源消耗强度比2010年下降16%的减排目标。2016—2020年则根据中国政府在2009年哥本哈根国际气候会议提出的到2020年单位国内生产总值二氧化碳排放比2005年下降40%～45%的目标以及中科院发布的《2009中国可持续发展战略报告》提出的：2020年我国单位国内生产总值（GDP）能源消耗要比2005年下降40%～60%。参考以上三份文件，本项目制定了物流业节能减排的目标规划：2015年，物流碳强度在2010年基础上下降17%，能耗强度下降16%；2020年碳强度则在2005年的基础上下降45%，能耗强度下降48%。

主要基本假设有：

（1）低碳物流的节能减排情况主要以碳强度、能耗强度作为考核指标，通过物流技术进步、能源结构优化等方式可以实现。

（2）单位能源的碳排放系数固定不变，能源的替代技术可行，物流业使用的各种能源可以相互替代。

（3）以2005年作为基期，2010—2020年作为研究期，低碳物流的发展是在满足研究期内物流业增加值和物流能源消费需求的基础上，以节能减排作为根本宗旨。

4.2.2 物流产业能源使用量的雾霾效应灰色预测

结合我国物流业的发展现状和未来的发展规划，以2005年作为基期对我国物流业能源消耗结构的优化以及节能减排完成情况进行研究。

1. 不同能源碳排放系数的确定

根据《2006年IPCC国家温室气体清单指南》中的能源数据和相关文献的研究成果来确定不同能源的碳排放系数。如表4-4所示。

表4-4　不同能源的碳排放系数　单位：吨碳/吨标准煤

数据来源	石油	煤炭	天然气	电力
IPCC（2006）	0.5865	0.7566	0.4487	—
相关文献	0.5825	0.7476	0.4435	0.6800
碳排放系数	0.5845	0.7521	0.4461	0.6800

注：IPCC（2006）中碳排放系数的单位换算通过电力行业普遍使用的1吨标准煤=29271.2千焦/千克得到。

2. 物流增加值的预测

通过查找中国物流与采购联合会公布的数据以及历年物流统计年鉴资料整理得到2004—2012年我国物流增加值，如表4－5所示。使用Matlab7.1软件对已有数据建立GM（1，1）模型，进行灰色预测。得到灰色预测模型为：

$$F(t+1)=85503.2958\times\exp(0.1434\times t)-77044.2958$$

通过检验，预测模型计算得到2015年和2020年的物流业增加值的变化趋势达到较为可信的水平。如表4－5所示：

表4－5　2004—2012我国物流业增加值

年份	物流业增加值（亿元）	同比增长（%）
2004	8459	—
2005	12271	30.0
2006	14120	15.1
2007	17925	22.5
2008	21528	20.1
2009	23100	7.3
2010	27739	16.7
2011	31895	13.9
2012	34797	9.1

资料来源：中国物流与采购联合会和物流统计年鉴。

3. 物流行业能源需求预测

根据《中国能源统计年鉴》查得1995—2010年物流业能源需求总量以及各能源需求量作为原始数据，同样利用Matlab7.1软件建立GM（1，1）模型对2015年和2020年的物流业各品种能源需求以及总能源需求量进行预测，得到灰色预测模型如下。

石油需求量预测模型：

$$F(t+1)=28119.124\times\exp(0.10719\times t)-25740.464$$

煤炭需求量预测模型：

$$F(t+1)=-27372.3179\times\exp(-0.054624\times t)+29245.7579$$

电力需求量预测模型：

$$F(t+1) = 2054.994 \times \exp(0.087301 \times t) - 1890.954$$

天然气需求量预测模型：

$$F(t+1) = 169.9417 \times \exp(0.22783 \times t) - 131.9317$$

总能源需求量预测模型：

$$F(t+1) = 56348.9842 \times \exp(0.10054 \times t) - 50723.4042$$

其中 $t=0, 1, 2, 3, \cdots, n$

经过检验，各灰色预测模型均达到了可信的水平，预测结果能够较为客观反映未来物流业的各品种能源需求量。预测结果如表4－6所示：

表4－6　物流行业各能源品种需求预测　单位：万吨标准煤

年份	石油	煤炭	电力	天然气	能源总需求
2005	14103.26	582.40	1738.57	461.51	16671.81
2010	21621.46	456.60	2967.50	1295.66	26068.47
2015	39624.40	348.58	4338.96	4103.12	44520.00
2020	67729.40	265.01	6718.52	12820.58	73590.00

资料来源：《中国统计年鉴》、《中国能源统计年鉴》整理所得。

4. 物流业节能减排目标规划值的确定

根据GDP和物流增加值的定义以及相关文献，我们认为物流碳强度和能耗强度可以通过当年物流业二氧化碳排放总量、能源消耗总量分别与当年的物流增加值的比值得到，结合前面制定的物流业节能减排目标规划，计算得到物流业2015年和2020年降低碳强度、能耗强度的具体目标规划值。如表4－7所示。

表4－7　2005—2020年我国物流业节能减排规划

年份	物流增加值（亿元）	碳强度规划值（吨碳/万元）	能耗强度规划值（吨标准煤/万元）
2005	12271	0.8206	1.4987
2010	27739	0.5616	0.9398
2015	55310	0.4661	0.7894
2020	113300	0.4513	0.7793

5. 实证分析结果与讨论

根据上述所构建的灰色预测模型，可计算得到2005—2020年我国物流业能源消耗结构变化情况以及节能减排目标完成情况如表4－8所示。

表4－8 我国物流业能源消耗结构

年份	石油	煤炭	电力	天然气
2005	0.835	0.035	0.103	0.027
2010	0.821	0.017	0.113	0.049
2015	0.818	0.007	0.090	0.085
2020	0.774	0.003	0.077	0.146

（1）物流业能源消耗结构分析。

横向比较：一直以来，物流行业石油能耗比重最大，2005年石油能耗就已经达到9659.77万吨，接近1亿吨，其占所有能源消耗总量的比重达到80%；煤炭的比重最小，一般在5%以下；电力和天然气的能源消耗比重在10%～20%。这也比较符合物流业主要涉及车辆运输、配送使得能源消耗结构以石油燃料为主的实际情况。

纵向比较：①虽然物流行业的石油能耗比重是最大的，但2005—2020年其比重是呈下降趋势的，特别是"十三五"期间，石油消耗比重下降到77.4%，同比"十二五"末期的能源消耗比重减少了近5个百分点。②煤炭和电力的能源消耗比重也在呈现下降趋势，到"十三五"末期，煤炭能源消耗比重只占到能源总消耗量的0.03%，几乎可以忽略不计，电力的能源消耗比重一直在10%左右，从"十二五"开始逐渐下降到10%以下，到"十三五"末期，能源消耗比重只占到7.7%。③在物流业四种主要能源消耗当中，只有天然气能源消耗的比重是呈逐年上升趋势的，2005年物流业天然气的能源消耗只占到所有能源消耗总量的2.7%，比煤炭的能源消耗还低，但从"十一五"开始，天然气能源消耗量急剧攀升，到"十三五"末期达到1055.8亿立方米，比2005年的16.43亿立方米增长了近65倍，能源消耗比重也因此达到了14.6%，成为物流业第二大能源消耗品种（见表4－9）。

表 4-9　　　　物流业节能减排目标完成情况

年份		2005	2010	2015	2020
碳强度（吨碳/万元）	规划值	0.8206	0.5616	0.4661	0.4513
	预测值	0.8206	0.5616	0.5099	0.4420
完成目标情况		—	—	否	是
能耗强度（吨标准煤/万元）	规划值	1.4987	0.9398	0.7894	0.7793
	预测值	1.4987	0.9398	0.8916	0.7726
完成目标情况		—	—	否	是

（2）物流业节能减排目标完成情况分析。

在根据国家颁布的相关节能减排目标文件基础上制定了物流业 2015 年和 2020 年的碳强度、能耗强度规划值，通过 GM（1，1）模型对前面物流业各品种能源消耗以及物流增加值的预测，得到我国物流业的碳强度和能耗强度一直都在呈现大幅度下降趋势。2015 年物流业的碳强度达到 0.5099 吨碳/万元，比 2010 年下降了 9.21%，与“碳强度比 2010 年降低 17%”的目标相差 7.79 个百分点；能耗强度为 0.8916 吨标准煤/万元，比 2010 年下降了仅仅 0.0482 吨标准煤/万元，降幅为 5.13%，同样未能实现“能耗强度比 2010 年降低 16%”的既定目标。2020 年物流业的碳强度为 0.4420 吨碳/万元，比规划值下降了 0.0093 吨碳/万元，顺利完成既定的“碳强度比 2005 年下降 45%”的目标；能耗强度的预测值和规划值相当，降幅达到 48.44%，超额 0.44 个百分点完成“能耗强度比 2005 年下降 48%”的目标。

（3）总结分析。

从长期来说，石油、煤炭这些碳排放量大，污染较严重的能源随着低碳物流的发展其能源消耗比重在逐渐下降，而天然气比重则在快速上升，物流业的碳强度和能耗强度都有了大幅下降，未来物流业的低碳效应会日益显著。从短期来说，现阶段要积极发展低碳物流，对物流业能源结构的优化应该以天然气为基础，以石油为中心，同时要重视新能源和可再生能源的开发，走低碳、高效、优质的可持续发展道路。具体措施包括以下几点：①由于行业的特性决定物流业会在较长时间内石油消耗依然占据主导地位，这就要建立物流业油气供应安全保障机制，防止行业“油荒”现象的出现，确保物流作业各个环节稳定、有序进行，这样也才有条件逐步推进低碳物流的发展。②借助能源替代技术的不断进步，积极倡导行业对清洁能源的使用，特别是鼓励混合动力、新能源电池和电动汽车的运输工具的研发与应用，同时有关部门需采取措施强制淘汰高耗能的运输工具和技术，对物流企业购置新型低碳的运输工具要提供一定的财政支持和低息贷款。③加快推进物流行业低碳标准的制定，目前我国物流行业还没有一套完整的低碳物流作业考核标准，物流企业一般只是响应政府“节能减排”的号召独自进行探索，为此可以由有关政府部门组织，行业协会负责具体落实，参照国外低碳物流作业考核标准制定出一套符合本国国情的节能化、规范化的低碳物流行业标准。

4.2.3　研究结论

据有关部门统计，交通运输业在整个社会的能源消费和温室气体排放中所占比重均超过20%，且仍呈较快上升态势。这也能反映出以运输作为载体的物流业节能减排的责任重大，综合考虑发展低碳物流的节能减排效应、能耗结构等情况，以碳强度和能耗强度作为考核指标，对“十二五”和“十三五”期间发展低碳物流的能耗结构变化以及节能减排目标完成情况分析，结果表明：

（1）我国发展低碳物流在“十二五”和“十三五”期间能源消耗结构得到不断优化，石油、煤炭等高碳排放的能源消耗比重在逐年下降，特别是“十三五”期间，以天然气为代表的清洁能源在发展低碳物流中变得日益重要。

（2）“十二五”期间我国未能完成物流业“碳强度比2010年降低17%，能耗强度下降16%”的既定目标，但是“十三五”期间可以顺利实现物流业“碳强度比2005年下降45%，能耗强度下降48%”的既定目标。从研究结果来看，“十三五”期间因发展低碳物流过程中天然气能源使用比重大幅上升，高碳排放能源比重下降较快使得物流能耗结构比“十二五”期间更加优化，促使这期间二氧化碳排放量出现大幅度下降，这也就顺利完成了物流业“十三五”期间碳强度的既定目标；而“十三五”期间能耗强度目标的完成则主要归功于能源技术水平的提高和管理水平的完善使得这期间发展低碳物流过程中能源利用效率更高。

（3）通过上文的分析有利于帮助物流企业发展低碳物流，并根据企业自身具体情况制定较为科学的节能减排目标规划，以期能够为配合实现我国“十二五”及其未来节能减排的总体目标提供支持。本项目也有一些不足之处，比如文章仅仅是以碳强度和能耗强度两个发展低碳物流的约束性指标对其节能减排情况进行量化分析，如果可以系统地制定一套低碳物流的约束性考核指标体系，并把这些指标与能源消耗优化结构之间的关系进行深入分析将更能全面反映我国发展低碳物流的实际现状，并能够对未来发展形势进行更准确预测，这需要付出巨大努力。

4.3 低碳视角下经济增长与物流产业雾霾动态关系

近年来，由于全球气候变暖和环境污染，发展低碳经济已经成为政府和学界的热门话题。中国温室气体排放已经占世界总体排放的15%，而CO_2占温室气体排放的80%。在过去的十年里，CO_2排放的年平均增长率为17.8%，位于世界前列（X. Zhao，Y. Hu，2013）。根据“十二五”规划，与2010年相比，每单位GDP的CO_2排放应该下降17%。为了达到这个目标中国仍然面临巨大的减排压力。

物流是能源消耗的主要行业，也是导致CO_2大量排放的行业。根据IEA2009年发布的《运输、能源和碳排放：走向可持续发展》的报告，交通运输业占全球CO_2排放量的25%左右。中国物流业的石油消耗仅仅位于制造业之后，高强度的温室气体排放使得物流业成为能源保护和碳减排的重点监视领域（X. Duan，Y. Zhang，2010）。因此，发展低碳物流是实现低碳经济的重要一环。

尽管大量的实证文献已经得出结论，CO_2排放和经济增长之间呈现程度不同的正向关系，但是也有许多文献得出的结论与之存在很大的差异。比如，Selden和Song（1994）以及Galeotti和Lanza（2005）证实了两者之间环境库兹涅茨曲线（EKC）假说的成立；Holtz - Eakin和Selden（1995）发现两者存在单调增的关系；Shafik和Bandyopadhyay（1992），De Bruyn（1998），Roca等（2001），以及Lantz和Feng（2006）得出的结论是二者存在非线性的关系；Shafik（1994），Grossman和Krueger（1995），以及Friedl和Getzner（2003）发现两者是N型的关系；Robers和Grimes（1997），Cole等（1997），

Schmalense.（1998），Galeotti 和 Lantz（2006），Apergis 和 Payne（2009），以及 Lean 和 Smyth（2010）认为 CO_2 排放与经济增长之间存在倒 U 型的关系。因此，这些不同的结论导致了经济增长和 CO_2 排放之间关系在理论上的不同见解，以及没有确定性的政策框架以应对日益恶化的温室气体排放问题。陈诗一（2010）在研究中国工业与节能减排之间的关系时发现，节能减排与潜在产出之间的关系。认为由于节能减排的冲击，潜在产出在前期阶段会有较大的损失，但是随时间推移，节能减排带来的损失会逐渐降低并最终小于潜在产出增长。

关于 CO_2 排放和经济增长之间的因果关系，实证结果得出了完全相反的结论，这就使得二者的关系更加模糊。比如，Masih（1998），Stern（2000），以及 Shiu 和 Lam（2004）发现了能源消耗和 CO_2 排放到总产出的单向因果关系。而 Masih（1997），Asafu－Adjaye（2000），Soytas 和 Sari（2003），Oh 和 Lee（2004），Yoo（2005），Wolde－Rufael（2006）发现在经济增长和 CO_2 排放之间存在双向因果关系。而其他研究，像 Agras 和 Chapman（1999），Friedl 和 Getzner（2003），Martinez－Zarzoso 和 Bengochea－Morancho（2004），Richmond 和 Kaufman（2006），Dinda 和 Coondoo（2006），Managi 和 Jena（2008），Jalil 和 Mahmud（2009）认为经济增长和环境污染之间并不存在显著的关系，也就是说高收入并不意味着高污染物的排放。陆虹（2000）建立了人均 CO_2 和人均 GDP 之间的状态空间模型，发现二者不是简单呈现为倒 U 型关系。韩玉军、陆旸（2007）对不同国家分组后的研究表明，不同组别国家的 CO_2 排放 EKC 曲线差异很大，分别呈现倒 U、线性等关系。蔡昉等（2008）通过拟合 EKC、估计排放水平从升到降的拐点，考察了中国经济内在的节能减排要求。他们认为，如果温室气体的减排被动等待库兹涅茨拐点的到来，将无法应对日益增加的环境压力。李虹（2012）等从产业的角度，分别研究了我国工业、建筑业、交通运输业的碳排放与 GDP 之间存在长期均衡关系；并且 GDP 与工业、建筑业 CO_2 排放量均存在互为因果的关系。CO_2 排放量短期内先促进经济增长，然后影响力逐渐降低并在长期内趋于平稳。由于受结构调整的影响，建筑业与交通运输业 CO_2 排放量对经济增长的贡献度变化呈先下降后上升的趋势。

实证结果的差异与使用的方法有很大的关系。Knapp 和 Mookerjee（1995）使用格兰杰因果检验得出结论，认为人口增长和 CO_2 排放之间存在显著的统计关系，他们的方法为研究 CO_2 排放和经济增长的关系找到一个新渠道。Akbostanci（2009）得出了在长期 CO_2 排放和收入往往具有单调顺周期的结论。使用相同的方法，Jaunky（2010）使用36个高收入国家为样本得出了与Akbostanci（2009）相同的结论，确认了EKC假说的成立。Choi（2010）使用1971—2006年的时间序列数据研究了作为经济活力最强盛的中国，一个新兴的工业化国家韩国和发达经济体日本，在考虑到贸易开放情况下存在着EKC关系。他们估计结果表明EKC关系随不同的国家呈现出不同的时间模式，这种模式随经济发展阶段而异，并强调了国家之间的差异。结果表明中国存在N型曲线；日本存在U型曲线；韩国存在倒U型曲线。Pao（2010）研究了金砖四国污染物排放、能源消耗和经济产出之间的关系。其研究表明能源消耗对 CO_2 排放存在正的统计上显著的长期均衡影响，而实际产出与 CO_2 排放之间表现出具有门限效应的倒U型关系。同时该研究也表明在长期能源消耗和 CO_2 排放之间、能源消耗和产出之间存在强的双向因果关系；而在短期 CO_2 排放和能源消耗对产出存在强的单向因果关系。Sharif M. Hossain（2011）研究了新兴工业化国家的 CO_2 排放、能源消耗、经济增长、贸易开放和城市化之间的动态因果关系。使用时间序列数据，他的结论表明 CO_2 排放对能源消耗的长期弹性是短期弹性的两倍。然而，除了从经济增长和贸易开放到能源消耗、城市化水平和 CO_2 排放短期的单向因果关系以外，这一研究并没有发现 CO_2 排放和经济增长之间长期因果关系的证据。基于短期和长期的收入对 CO_2 排放弹性，Narayan和Popp（2012）研究了EKC假说，发现一些国家在减少 CO_2 排放中应该承担更大的责任。

使用OLS方法，Lise（2006）得到的结论认为，对于土耳其而言，CO_2 排放和收入表现出线性关系，而不是EKC的路径。然而，Say和Yucel（2006）却认为这种是伪回归的结果，因为在执行OLS的过程中，数据中存在平稳性问题。在多元格兰杰因果检验过程中，通过应用Toda和Yamamoto（1995）的方法以控制总固定资本投资和劳动，Soytas（2009）得出了土耳其国家 CO_2 排放和产出关系的结果非常有趣。他们发现 CO_2 排放是能源消耗的格兰杰原因，而反过来却不成立。而且，收入与 CO_2 排放量之间缺乏长期因果关系意味着在土耳其 CO_2 排放的减少并不一定会妨碍经济增长。把平滑转移自回归模型使用在韩国的场合，Kim（2010）认为 CO_2 排放和经济增长存在着相互依赖性。由于在自回归过程中非对称的均值回复性，这种相互依赖性表现出显著的非线性动态关系。Baek（2013）使用自回归分布滞后方法研究认为EKC关系在韩国过去的四十年时间里是成立的。Wang（2011）以中国28个省份数据为样本使用面板协整检验发现能源消耗中的CO_2排放和经济增长之间存在着倒U型的关系。本研究也发现中国人均CO_2排放要比其他新兴国家更高。其原因可能是能源的过度使用和经济增长在省份之间的差异导致的。最近，对马来西亚数据进行约束检验，Saboori（2012）认为经济增长和CO_2排放的关系可以使用倒U型曲线表示。然而在短期缺乏CO_2排放和收入之间的因果关系，在长期存在着从收入到CO_2排放的单向因果关系。采用中东和北非12个国家的数据，利用面板数据模型，Arouri（2012）表明能源消耗对CO_2排放在长期具有正的影响，而实际GDP和CO_2排放之间具有二次函数关系，证实了EKC假说。而Wang（2012）也断言在低增长国家经济增长与CO_2排放是负相关关系；在中等增长国家二者存在正相关关系；在高增长国家二者不存在显著关系。就涉及国家数量而言（98个国家），Wang（2012）进行了一项最综合的研究，审查了存在人口增长的情况下，从石油产生的CO_2排放与GDP之间的非线性关系。研究发现了二者的关系中存在门限效应，认为石油CO_2排放对经济增长的不同水平产生的影响程度是不同的。张友国（2010）基于投入产出表，利用结构分解法研究了1987—2007年中国经济发展方式转变对GDP碳排放强度造成的影响。通过实证研究表明，中国经济发展方式的转变使GDP碳排放强度大幅度下降，幅度达到66.02%。杨子晖（2011）利用“有向无环图”技术和递归分析法分析了中国经济增长、能源消耗与CO_2排放之间的动态关系，表明能源消耗与碳排放是促进中国经济增长的主要因素，节能减排措施将会给经济增长带来严重的冲击，并且CO_2排放量将会随经济增长进一步增加。

中国经济发展一个不争的事实是地区的差异性。东部沿海优先发展的政策带来了收入不平等的增加和经济不平衡增长。就能源需求和供给而言，这种地区差异也是明显的。能源生产主要在中西部地区，而最大的能源消费者在沿海地区。因此，研究地区间的而非全国水平的CO_2排放与经济增长之间的关系更有意义。然而，绝大多数文献关注于我国整体水平的能源消耗和经济增长的关系。比如，Yuan（2007）发现从1978到2004年能源消耗与产出存在协整关系。但是，这种方法假定参数不随时间变化，并且忽视了中国跨地区的异质性，这成为估计值偏误的主要原因。然而，Yuan（2007）

分析的是二者的水平关系，没有分析周期关系。通过分析周期关系有可能回答产出对于物流业 CO_2 排放是顺周期还是反周期的。这种周期的判断的重要性在于以下两个方面原因。一方面，如果发现 CO_2 排放与经济发展是顺周期的，这意味着物流业减排措施会限制经济增长。相反，如果二者关系是反周期的，对 CO_2 排放的冲击不一定会影响产出，应该采取减排措施。另一方面，顺周期或者反周期也是与著名的 EKC 曲线相关的。比如，如果二者的周期呈现出同向运动或者顺周期行为，这提供了 EKC 曲线不存在的证据。在这种情况下，削减 CO_2 排放的积极政策是必需的，减排并不会妨碍经济增长。

针对其他国家，Partridge 和 Rickman（2005）和 Narayan 等人（2011）以线性模型估计了周期成分，忽视了随时间的波动性和非线性形式，导致估计值的偏误。通过分析非线性框架下的周期成分，我们能够估计在每个地区每个时点上的系数，这无疑能够改善以前的文献，使得估计结果更可靠。经济变量之间的非线性关系建模已经吸引了大量经济学家的关注，已有大量实证文献对能源消耗和产出水平之间的非线性关系进行研究。

本项目目标是检验产出与物流业 CO_2 排放是顺周期、反周期还是无周期的。使用 Gonzalez（2005）提出的面板平滑转移回归模型，并将其应用于中国各地区的分析，以便于考察跨地区的异质性和参数的时变性。就所知目前没有这方面文献，我们的研究对现有的文献做了以下贡献。

首先，应用面板平滑转移回归，我们放松了模型线性的假定。在本研究中，这是很重要的，因为利用线性面板方法分析周期成分可能得到偏差的结果。此外，产出周期对 CO_2 排放变动在中国不同地区具有共同效应的假定也是值得怀疑的。确实，没有原因认为中国跨地区的产出与 CO_2 排放关系是同质的，由于中国改革开放的梯度发展战略和各地区自身的地理环境导致的地区间经济发展水平的差异，或者由于能源生产和消费的不均衡，交通流量分布的非均衡等因素。因此，在地区间显著异质性存在的前提下，参数同质性假定下估计结果会引起误导。以前的研究也考虑到官方行政区划（东部、中部和西部）的异质性。然而，这种方法意味着研究者外生地决定地区的子分类。此外，参数随时间不变性假定也是不能令人信服的。由于中国经济的转型，在本项目中考虑到系数从一种机制到另一种机制而变化的假定更为合理。为了克服这些问题，我们使用面板平滑转移回归，这种模型能够估计每一地区在任何一个时点的系数，并考虑到系数在机制间平滑地转换。

其次，结果表明产出周期与物流业 CO_2 排放变动存在非线性关系，因此参数异质性假定起着重要作用。结果表明存在两个机制，在第一机制中，结果提供了反周期关系的证据；而在第二机制变成了顺周期。这一结论也是与 EKC 曲线的概念相关的。而我们的实证证据支持产出与 CO_2 排放之间的 U 型曲线而不是倒 U 型曲线。这些结论表明需要进一步促进物流业减排的措施。

4.3.1 经济增长与物流产业雾霾效应的面板数据模型

（1）非线性面板协整检验。

考虑以下面板回归模型：

$$y_{i,t} = \alpha_i + \beta_i x_{i,t} + u_{i,t} \tag{4-1}$$

其中 $i = 1, \cdots, N; t = 1, \cdots, T, y_{i,t}$ 和 $x_{i,t}$ 表示可观察的 $I(1)$ 变量，$\beta = (\beta_1, \beta_2, \cdots, \beta_m)$ 是待估参数，$u_{i,t}$ 是误差项，$y_{i,t}$ 是标量。而 $x_{i,t} = (x_{1,t}, x_{2,t}, \cdots, x_{m,t})$ 是一个 $(m \times 1)$ 向量，α_i 是个体固定效应。我们假定一个 $(n \times 1)$ 向量 $z_{i,t} = (y_{i,t}, \cdots, x_{i,t})$ 由 $z_{i,t} = z_{i,t-1} + \varepsilon_{i,t}$ 过程产生，其中 $\varepsilon_{i,t}$ 是均值为零，具有正定的方差协方差矩阵，并且 $E(\varepsilon_{i,t})^s < \infty$，对于 $s > 4$。

如果在回归方程式（4-1）中的误差项 $u_{i,t}$ 是平稳的，那么向量 $z_{i,t}$ 是协整的，并且 $u_{i,t}$ 称为均衡误差。在本项目中，我们假定 $u_{i,t}$ 能够用下列非线性模型产生：

$$u_{i,t} = \gamma_i u_{i,t-1} + \psi_i u_{i,t-1} F(u_{i,t-1}, \theta_i) + \xi_{i,t} \tag{4-2}$$

其中 $\xi_{i,t}$ 是零均值的误差，并且 $F(u_{i,t-1}, \theta_i)$ 是 $u_{i,t}$ 的平滑转换函数。按照以往的有关非线性协整文献的方法（比如 Kapetanois 等，2003，2006；Ucar 和 Omay，2009；Maki，2010），我们假定转换函数 $F(u_{i,t-1}, \theta_i)$ 是指数形式：

$$F(u_{i,t-1}, \theta_i) = 1 - \exp\{-\theta_i u_{i,t-1}^2\} \tag{4-3}$$

进一步假定 $u_{i,t}$ 是零均值的随机过程，并且 $\theta_i > 0$，决定了转换函数两个极端值之间的转换速度。指数函数具有优良的性质，因为其调整到长期均衡的速度取决于非均衡的大小。把式（4-3）代入式（4-2），并且重新参数化，我们得到以下回归模型：

$$\Delta u_{i,t} = \varphi_i u_{i,t-1} + \psi_i u_{i,t-1}[1 - \exp\{-\theta_i u_{i,t-1}^2\}] + \zeta_{i,t} \tag{4-4}$$

如果 $\theta_i > 0$，那么它决定了均值回复的速度。施加 $\varphi_i = 0$ 的限制（意味着 $u_{i,t}$ 在中等机制时遵循单位根过程），进一步考虑到在式（4－4）中误差项可能的序列相关，我们得到以下回归模型：

$$\Delta u_{i,t} = \psi_i u_{i,t-1}[1 - \exp\{-\theta_i u_{i,t-1}^2\}] + \sum_{j=1}^{p} \rho_{ij} u_{i,t-j} + \zeta_{i,t} \tag{4-5}$$

协整的检验是基于参数 θ_i，在存在协整关系原假设的条件下是0，在备择假设下为正数。然而直接检验零假设是不可行的，因为 ψ_i 在零假设下是不可识别的。为了克服这一问题，按照 Luukkonen 等（1988），可以用在零假设条件下的一阶泰勒近似替代转换函数 $F(u_{i,t},\theta_i) = 1 - \exp\{-\theta_i u_{i,t-1}^2\}$，可得到以下辅助回归模型：

$$\Delta u_{i,t} = \delta_i u_{i,t-1}^3 + \sum_{j=1}^{p_i} \rho_{ij} \Delta u_{i,t-j} + e_{i,t} \tag{4-6}$$

其中 $e_{i,t}$ 由方程式（4－5）中的扰动项和泰勒近似误差构成。在回归方程式（4－6）中允许每一项有不同的滞后阶数 p_i。现在，没有协整关系的原假设和备择假设可以表达为：

$H_0:\delta_i = 0$，对所有的 i，没有协整关系；

$H_1:\delta_i < 0$，对于某些 i，存在非线性协整关系。

在实际检验时，对辅助回归式（4－6）要选恰当的滞后阶数以增加项数。按照 Ucar 和 Omay（2009）的方法，先对个别协整检验统计量在整个面板中取平均值，并标准化后构建非线性面板协整检验统计量。方程式（4－6）中检验第 i 个体原假设 $\delta_i = 0$ 的 t 统计量（见 Kapetanois，2003）定义为：

$$t_{i,NL} = \frac{\Delta u_i' M_t u_{i,-1}^3}{\hat{\sigma}_{i,NL}(u_{i,-1}' M_t u_{i,-1})^{3/2}} \tag{4-7}$$

其中，$\sigma_{i,NL}^2 = \dfrac{\Delta u_i' M_t u_i}{T-1}, M_t = I_T - \tau_T(\tau_T'\tau_T)^{-1}\tau_T', \Delta u_i = (\Delta u_{i,1}, \Delta u_{i,2}, \cdots, \Delta u_{i,T})', \tau_T = (1, \cdots, T)$。

按照 Pesaran（2007）的方法，我们使用方程式（4－7）中的 t 统计量构造面板单位根检验统计量，$\bar{t}_{NL}$ 统计量可以得到：

$$\bar{t}(N,T) = \frac{1}{N}\sum_{i=1}^{N} t_i(N,T) \tag{4-8}$$

在面板回归中经常遇到的问题是存在着跨地区的依赖性，这会导致传统的单位根和协整检验无效。本项目使用 Pesaran（2004）提出的检验方法，其检验统计量为：

$$CD = \sqrt{\frac{2T}{N(N-1)}}\left[\sum_{i=1}^{N-1}\sum_{j=i+1}^{N}\hat{\rho}_{ij}\right] \tag{4-9}$$

其中，$\hat{\rho}_{ij}$ 是对于个体 i 和 j 的方程误差项之间的相关系数。本项目使用 Ucar 和 Omay（2009）方法，应用 Sieve bootstrap 来处理跨地区依赖性问题。考虑到向长期均衡水平的调整过程和变量之间的动态关系隐含着非线性，我们提出非线性平滑转移向量误差修正模型（PSTRVEC）去研究物流业 CO_2 排放和经济增长之间机制依赖关系。现在，我们转向 PSTRVEC 模型的设定和估计，以及非线性面板回归框架下的格兰杰因果检验。

（2）非线性面板平滑转移向量误差修正模型的设定。

根据 Gonzalez 等（2005）和 Omay 和 Kan（2010），PSTRVEC 模型可以设定如下：

$$\begin{aligned}\Delta \mathrm{gdp}_{i,t} &= \mu_{1i} + \beta_1 ec_{1i,t-1} + \sum_{j=1}^{p_i}\theta_{1j}\Delta \mathrm{gdp}_{i,t-j} + \sum_{j=1}^{q_i}\vartheta_{1j}\Delta \mathrm{CO}_{2i,t-j} + G(S_{i,t},\gamma,c) \\ &\quad \{\tilde{\beta}_1 ec_{1i,t-1} + \sum_{j=1}^{p_i}\tilde{\theta}_{1j}\Delta \mathrm{gdp}_{i,t-j} + \sum_{j=1}^{q_i}\tilde{\vartheta}_{1j}\Delta \mathrm{CO}_{2i,t-j}\} + \xi_{1it} \\ \Delta \mathrm{CO}_{2i,t} &= \mu_{2i} + \beta_2 ec_{2i,t-1} + \sum_{j=1}^{r_i}\theta_{2j}\Delta \mathrm{gdp}_{i,t-j} + \sum_{j=1}^{s_i}\tilde{\vartheta}_{1j}\Delta \mathrm{CO}_{2i,t-j} + G(S_{i,t},\gamma,c) \\ &\quad \{\tilde{\beta}_2 ec_{2i,t-1} + \sum_{j=1}^{r_i}\tilde{\theta}_{2j}\Delta \mathrm{gdp}_{i,t-j} + \sum_{j=1}^{s_i}\tilde{\vartheta}_{2j}\Delta \mathrm{CO}_{2i,t-j}\} + \xi_{2it}\end{aligned} \tag{4-10}$$

其中 $i = 1,\cdots,N$ 和 $t = 1,\cdots,T$ 分别表示面板数据的跨地区维度和时间维度。$\mathrm{gdp}_{i,t}$ 表示总产出水平；$\mathrm{CO}_{2i,t}$ 表示物流业二氧化碳排放水平。且 μ_{1i} 和 μ_{2i} 表示固定的个体效应；$ec_{1i,t}$ 和 $ec_{2i,t}$ 为来自回归方程式（4－10）的误差修正项；$\xi_{i,t}$ 为扰动项，假定是向量 $z_{i,t} = (\mathrm{gdp}_{i,t},\mathrm{CO}_{2i,t})'$ 直到 $t-1$ 时刻的历史的鞅差分，即 $E[\xi_{i,t} \mid z_{i,t-1},z_{i,t-2},\cdots,z_{i,t-p}] = 0$，并且误差项的条件方差是常数，即 $E[\xi_{i,t}^2 \mid z_{i,t-1},z_{i,t-2},\cdots,z_{i,t-p}] = \sigma_i^2$。我们考虑到 N 个方程的误差具有同时的相关性（即 $\mathrm{cov}(\xi_{li,t},\xi_{lj,t}) \neq 0$，$l = 1,2$ 对于 $i \neq j$）。

Gonzalez（2005）和 Omay 和 Kan（2010）对于时间序列 STAR 模型利用以下逻辑转移函数：

$$G(S_{i,t},\gamma,c) = [1 + \exp\{-\gamma\prod_{j=1}^{m}(S_{i,t} - c_j)\}]^{-1}, \gamma > 0, c_m \geqslant \cdots \geqslant c_1 \geqslant c_0 \tag{4-11}$$

其中，$c = (c_1,\cdots,c_m)'$ 是 m 维的位置参数向量，斜率参数 γ 表示机制转换的平滑程度。$m = 1$ 或者 2 通常能够满足一般的变异类型。当 $m = 1$ 时，式(4－11)为一阶逻辑转移函数，极端机制对应于转换变量 $S_{i,t}$ 的高机制值和低机制值。随着 $S_{i,t}$ 的增加，回归模型式（4－10）的系数分别平滑地从 β_j,θ_j 和 ϑ_j 变换到 $\beta_j + \tilde{\beta}_j,\theta_j + \tilde{\theta}_j$ 和 $\vartheta_j + \tilde{\vartheta}_j$。当 $\gamma \to \infty$ 时，一阶逻辑转移函数 $G(S_{i,t},\gamma,c)$ 变成一个示性函数 $I[A]$，当事件 A 发生时取值为 1，否则为 0，PSTR 模型简化为 Hansen（1999）两机制门限模型。

对于 $m = 2$，在转换变量 $S_{i,t}$ 处于高机制和低机制时，$G(S_{i,t},\gamma,c)$ 都取值为 1，在 $S_{i,t} = (c_1 + c_2)/2$ 时取最小值。在 $m = 2$ 情况下，如果 $\gamma \to \infty$，PSTR 模型归结为一个面板三机制门限回归模型；如果 $\gamma \to 0$，转移函数 $G(S_{i,t},\gamma,c)$ 为常数，因此 PSTR 模型简化为线性面板回归模型。面板平滑转换回归模型的实证设定和估计遵从如下步骤：

①为将要研究的数据设定一个恰当的线性面板模型；

②检验模型的线性原假设，如果线性被拒绝，选择恰当的转换变量 $S_{i,t}$ 和转换函数的形式；

③估计所选择的 PSTRVEC 模型。

线性检验过程的复杂性来源于在原假设下存在不可识别的“坏”参数。为了克服这一问题，我们按照 Luukkonen（1988）的做法，利用恰当的泰勒展开近似替代转换函数 $G(S_{i,t},\gamma,c)$。比如，一个逻辑转换函数在 $\gamma = 0$ 附近的 k 阶泰勒近似可以得到下列辅助回归：

$$\Delta z_{i,t} = \lambda_i + \pi_0' ec_{i,t-1} + \sum_{j=1}^{p_i}\psi_{0j}\Delta z_{i,t-j} + \sum_{h=1}^{k}\tilde{\pi}_h' S_{i,t}^h ec_{i,t-1} + \sum_{h=1}^{k}\sum_{j=1}^{p_i}\tilde{\psi}_{hj}S_{i,t}^h\Delta z_{i,t-j} + e_{i,t} \tag{4-12}$$

其中，$z_{i,t} = (\mathrm{gdp}_{i,t},\mathrm{CO}_{2i,t})'$，且 $\lambda,\pi',\psi,\tilde{\pi}$ 和 $\tilde{\psi}$ 分别是原参数 $\mu_i,\beta,\theta_j,\vartheta_j,\tilde{\beta},\tilde{\theta}_j,\tilde{\vartheta}_j,\gamma$ 和 c_i 的函数；$e_{i,t}$ 由原扰动项 $\xi_{i,t}$ 和来自泰勒近似的误差构成。这样，检验式（4－10）中的原假设 $H_0:\gamma = 0$ 就相当于检验原假设 $H_0:\omega_1 = \omega_2 = \omega_3 = 0$，其中 $\omega_1,\omega_2,\omega_3$ 是在式（4－12）中的 $\omega_i \equiv (\tilde{\pi}_i,\tilde{\psi}_i)$。这个检验可以利用 LM

检验完成，该统计量具有近似 F 分布，定义如下：

$$LM = \frac{(SSR_0 - SSR_1)/kp}{SSR_0/(TN - N - k(p+1))} \sim F(kp, TN - N - k(p+1))$$

(4 - 13)

其中，SSR_0 和 SSR_1 分别是在原假设和备择假设下的残差平方和。为了选择恰当的转换变量 $S_{i,t}$ ，LM 统计量能够利用不同的转换变量进行计算，其中检验统计量相应的 P 值最小的选择作为转换变量。

当恰当的转换变量 $S_{i,t}$ 选择以后，设定 PSTR 模型的下一步是在 $m = 1$ 和 $m = 2$ 之间选择。Terasvirta（1994）建议使用针对方程式（4 - 12）的一系列检验判断规则。将这种方法应用于当前场合，我们使用当 $k = 3$ 的辅助回归方程式（4 - 12），检验原假设 $H_0^*: \omega_1 = \omega_2 = \omega_3 = 0$ 。如果这被拒绝了，再检验原假设 $H_{03}^*: \omega_3 = 0$ ，然后再检验原假设 $H_{02}^*: \omega_2 = 0 \mid \omega_3 = 0$ 和 $H_{01}^*: \omega_1 = 0 \mid \omega_2 = \omega_3 = 0$ 。这些检验利用 F 统计量来判定，分别表示为 F，F_3, F_2 和 F_1 。判定规则如下：如果相应于 F_2 的相伴概率 P 值最小，应该选择指数转换函数，而在其他所有情况下，应该选择一阶逻辑函数作为转换函数。

（3）PSTRVEC 模型的估计和分机制格兰杰因果检验。

一旦选择了转换变量和转移函数的具体形式，PSTRVEC 模型可以使用非线性最小二乘法估计，最优算法要求参数初始值的选择准确。一个获得合理初始值的方法是针对参数 γ 和 c 的二维格点搜寻法，能够选择那些使得面板残差平方和最小的参数值。对于给定的转换函数中的参数 γ 和 c ，PSTRVEC 模型对于参数 $\mu_i, \beta, \theta_j, \vartheta_j, \tilde{\beta}, \tilde{\theta}_j, \tilde{\vartheta}_j$ 而言变成了线性面板数据模型，因此能够利用最小二乘方法估计。为了克服跨地区依赖性问题，我们同时估计所有地区的产出方程和 CO_2 排放方程，使用的方法是非线性广义最小二乘迭代法。

为了检查产出增长和 CO_2 排放量之间的双向因果关系，在估计得到了 PSTRVEC 模型后，我们进行分机制的格兰杰因果检验。按照 Li（2006）的方法，我们分别针对不同的机制执行格兰杰因果检验。比如，假定产出增长确实是转换变量，转换函数是一阶逻辑函数，估计模型式（4 - 10）以后，对低产出增长和高产出增长时期的没有格兰杰因果检验的原假设可以表示如表 4 - 10 所示：

表 4-10　在产出为低增长和高增长机制下的格兰杰因果检验的原假设

原假设描述	原假设
对于低机制时期（当产出增长小于某个门限值），CO_2 排放量不是产出增长的短期格兰杰原因	$H_0: \vartheta_1=0$
在低产出增长时期，CO_2 排放量不是产出增长的长期格兰杰原因	$H_0: \beta_1=0$ 或者 $H_0: \beta_1=\vartheta_1=0$
在产出增长的高机制时期（产出增长大于某个门限值），CO_2 排放量不是产出增长的格兰杰原因	$H_0: \vartheta_1=\tilde{\vartheta}_1=0$
在产出增长的高机制时期，CO_2 排放量不是产出增长的格兰杰原因	$H_0: \beta_1=\tilde{\beta}_1=0$ 或者 $H_0: \beta_1=\tilde{\beta}_1=\vartheta_1=\tilde{\vartheta}_1=0$
在低产出增长时期，产出增长不是 CO_2 排放量的短期格兰杰原因	$H_0: \theta_1=0$
在低产出增长时期，产出增长不是 CO_2 排放量长期格兰杰原因	$H_0: \beta_2=0$ 或者 $H_0: \theta_1=0$
在高产出增长时期，产出增长不是 CO_2 排放量的短期格兰杰原因	$H_0: \theta_1=\tilde{\theta}_1=0$
在高产出增长时期，产出增长不是 CO_2 排放量的长期格兰杰原因	$H_0: \beta_2=\tilde{\beta}_2=0$ 或者 $H_0: \beta_2=\tilde{\beta}_2=\theta_1=\tilde{\theta}_1=0$

（4）物流业 CO_2 排放量对产出增长的效应。

由于 CO_2 排放量方程的非线性形式，自变量对因变量的效应就由线性部分和非线性部分构成。如果门限变量 $S_{i,t}$ 为 ΔCO_2 的滞后项，ΔCO_2 对 Δgdp 滞后项的偏导数所表示的在第 i 个地区 t 时点物流业 CO_2 排放增长率对于产出增长率的效应可以表示为在极端机制获得的参数 ϑ_{21} 和 $\tilde{\vartheta}_{21}$ 的加权平均：

$$\chi_{i,t}=\frac{\partial \Delta CO_{2i,t}}{\partial \Delta gdp_{i,t-1}}=\vartheta_{21}+\tilde{\vartheta}_{21}G(S_{i,t},\gamma,c),\forall i,\forall t \qquad (4-14)$$

根据转换函数的定义，如果 $\vartheta_{21}>0$，$\vartheta_{21}\leqslant\chi_{i,t}\leqslant\vartheta_{21}+\tilde{\vartheta}_{21}$；如果 $\vartheta_{21}<0$，$\vartheta_{21}+\tilde{\vartheta}_{21}\leqslant\chi_{i,t}\leqslant\vartheta_{21}$。

如果门限变量是 $\Delta gdp_{i,t-1}$，弹性的表达稍微有些不同：

$$\chi_{i,t}=\frac{\partial\Delta CO_{2i,t}}{\partial\Delta gdp_{i,t-1}}=\vartheta_{21}+\tilde{\vartheta}_{21}G(S_{i,t},\gamma,c)+\tilde{\vartheta}_{21}\Delta gdp_{i,t-1}\frac{\partial G(S_{i,t},\gamma,c)}{\partial\Delta gdp_{i,t-1}},\forall i,\forall t \tag{4-15}$$

按照同样方法，我们也可以表示出物流业 CO_2 排放增长率对于误差修正项和其自身滞后项的效应。通过分析产出增长率方程也可以表示出产出增长率对于这些变量的效应。

4.3.2　经济增长和物流产业雾霾效应的关系检验

在这一部分，我们使用样本期从 1995—2012 年的我国大陆地区除西藏以外 30 个省、市、自治区的年度数据，并运用于第二部分的实证模型，得出实证证据。使用各省、市、自治区国内生产总值数据衡量产出水平（$gdp_{i,t}$），数据来源于中国经济网数据库。物流业 CO_2 排放量利用物流业能源消费量乘以各种能源的碳排放系数计算得到。运用各省、市、自治区交通运输、仓储和邮政业的能源消耗量表示物流业的能源消耗量。各种能源消耗量来源于历年《中国能源统计年鉴》。根据 IPCC（2006）的研究结果，各种能源的碳排放系数如表 4－11 所示，我们在各种估计和检验的时候对 GDP 和碳排放量取自然对数。

表 4－11　　　　各种能源碳排放系数

能源名称	原煤	汽油	煤油	柴油	燃料油	天然气	电力
系数	0.7559	0.5538	0.5714	0.5821	0.6185	0.4438	2.2132

我们首先检验两个变量存在的单位根原假设。为了比较，我们既利用传统的 IPS 线性单位根检验（Im 等，2003），也使用 Cerrato、Peretti、Larsson 和 Sarantis（2011）提出的非线性单位根检验（简称 CPLS 检验）。CPLS 检验的方法可以按照具体计算过程进行。这些面板单位根检验结果列于表 4－13。线性和非线性检验结果表明无论哪一种设定方式，物流业碳排放量和产出水平都包含一个单位根。考虑到传统线性检验存在低势问题，我们转而检验变量之间是否存在非线性协整关系。为了达到这一目的，我们首先估计面板回归模型，结果见表 4－12 中的 $\hat{u}_{1i,t}$ 和 $\hat{u}_{2i,t}$。

表 4－12　　线性和非线性单位根检验

临界值	IPS 检验						CPLS 检验		
	仅有截距 W 统计量			截距和时间趋势 t 统计量			截距和时间趋势 t 统计量		
	cv10	cv5	cv1	cv10	cv5	cv1	cv10	cv5	cv1
	－1. 690	－1. 730	－1. 820	－2. 330	－2. 380	－2. 460	－2. 13	－2. 00	－1. 80
gdp	－0. 737			－1. 319			－2. 003***		
	(0. 167)			(0. 249)			(0. 002)		
Δgdp	－2. 986***			－3. 509***			－2. 747**		
	(0. 233)			(0. 241)			(3. 344)		
CO_2	－2. 117**			－2. 333			－1. 321*		
	(0. 200)			(0. 254)			(0. 001)		
ΔCO_2	－4. 784			－4. 959			－2. 543**		
	(0. 265)			(0. 274)			(3. 770)		

注：括号内的数值为标准差，*** 表示在 1% 水平上显著，** 表示在 5% 水平上显著，* 表示在 10% 水平上显著，cv10、cv5、cv1 分别表示在 10%、5% 和 1% 显著性水平的临界值。

表 4－12 中估计得到的系数后括号内数值表示的是相应系数估计值的 t 统计量。我们收集从这些方程得到的残差，应用方程式（4－8）给定的非线性协整检验，以及 Pedroni（1999）的线性协整检验。但是估计结果表明存在严重的跨地区依赖性（以 CD 统计量衡量，Pesaran，2004）。物流业 CO_2 排放量对数值的 CD 统计量是 82. 66（P－值为 0. 000）；产出水平的对数值的 CD 统计量是 88. 19（P－值为 0. 000）。因此我们使用 *bootstrap* 方法计算两个检验统计量的 P 值。弥补了跨地区依赖性问题后的检验统计量列示于表 4－13。

表 4－13　　面板协整检验

	线性协整检验 t 统计量	非线性协整检验 t 统计量
设定临界值	截距、趋势项和滞后 1 阶 cv10 = －2. 330 cv5 = －2. 380 cv1 = －2. 460	截距、趋势项和滞后 1 阶 cv10 = －2. 13 cv5 = －2. 00 cv1 = －1. 80

续 表

	线性协整检验 t 统计量	非线性协整检验 t 统计量
设定临界值	截距、趋势项 和滞后 1 阶	截距、趋势项 和滞后 1 阶
$\hat{u}_{1i,t} = gdp_{i,t} + 0.01 - 0.808CO_{2i,t}$	−2.177 (0.437)	-2.181^{**} (1.395)
$\hat{u}_{2i,t} = CO_{2i,t} - 0.888 - 1.107gdp_{i,t}$	-2.174 $(0.293)^{***}$	-2.276^{**} (1.023)

注：*** 表示在 1% 水平上显著，** 表示在 5% 水平上显著，* 表示在 10% 水平上显著，*cv*10、*cv*5、*cv*1 分别表示在 10%、5% 和 1% 显著性水平的临界值。

尽管线性协整表明两个变量不存在协整关系，但是非线性协整检验却表明物流业 CO_2 排放量和产出水平是协整的。考虑到这些变量之间的关系隐含着非线性，我们接下来估计非线性面板误差修正模型。

非线性面板误差修正模型的第一步是估计恰当的线性模型并进行线性性检验，最优滞后阶数的选择按照 AIC 准则，估计结果如下：

$$\Delta gdp = 0.095 - \underset{(0.012)}{0.049^{***}} ec_{i1,t-1} + \underset{(0.041)}{0.306^{***}} \Delta gdp_{i,t-1} - \underset{(0.013)}{0.021^{***}} \Delta CO_{2i,t-1}$$

$$\Delta CO_{2i,t} = 0.140 - \underset{(0.116)}{0.725^{***}} ec_{2i,t-1} - \underset{(0.065)}{0.067} \Delta CO_{2i,t-1} - \underset{(0.303)}{0.149} \Delta gdp_{i,t-1}$$

上式中，*** 表示在 1% 水平上显著，** 表示在 5% 水平上显著，* 表示在 10% 水平上显著，括号内数值为标准差。

误差修正项在两个方差都有正确的符号，而且统计上也都是显著的，误差修正项系数符号为负，表明产出增长率和物流业 CO_2 排放量增长率之间存在着反向调整的关系。而且其他系数在统计上是显著的，并有正确预期的符号。

尽管线性模型的估计结果还是比较令人满意的，我们也要用方程式（4－12）给定的回归模型检验线性性。针对 $k = 1,2,3$，我们尝试着使用产出增长率的滞后项、CO_2 排放量的滞后项、误差修正项的滞后作为转换变量，这些变量能够反映出变量间存在的所有可能非线性关系的来源。例如，使用产出增长率作为转换变量，可以反映出变量间的非线性关系是由经济周期所处的阶段引起的；如果误差修正项作为转换变量，那么 CO_2 排放量和产出增长之间的非线性关系取决于偏离均衡水平的程度；如果 CO_2 排放量作为转换变量，那么两个变量间的非线性动态关系就取决于 CO_2 排放量的变化率。这些检验结果列示于表 4－14。

表 4－14　　线性检验结果

待选转换变量	$k=1$	$k=2$	$k=3$
	产出方程		
$\Delta gdp_{i,t-1}$	7.2154 (0.0075)	13.2794 (0.0000)	10.3800 (0.0000)
$\Delta gdp_{i,t}$	380.0340 (0.0000)	194.3190 (0.0000)	130.0052 (0.0000)
$\Delta CO_{2i,t-1}$	5.63812 (0.0180)	4.7019 (0.0095)	4.9084 (0.0023)
$ec_{1i,t-1}$	0.8278 (0.3634)	1.5660 (0.2100)	4.9084 (0.0023)
	物流业 CO_2 排放方程		
$\Delta gdp_{i,t-1}$	2.8453 (0.0923)	3.6349 (0.0272)	5.2183 (0.0015)
$\Delta CO_{2i,t-1}$	46.2598 (0.0000)	28.1725 (0.0000)	23.4353 (0.0000)
$ec_{2i,t-1}$	41.4462 (0.0000)	24.3235 (0.0000)	22.8789 (0.0000)

注：我们使用 F 统计量进行检验，括号内数值为 P－值，模型最优滞后阶数选择按照 AIC 准则。

正如检验结果表明的，无论在产出增长率方程还是 CO_2 排放量增长率方程，线性的原假设都能够在传统的显著性水平上被拒绝。尽管可能有许多造成产出增长率和 CO_2 排放量增长率之间相互非线性作用的原因，但是在产出增长率方程中，非线性更主要根源于产出增长率（即经济周期的阶段）；在物流业 CO_2 排放量增长率方程中，非线性关系更主要的原因在于 CO_2 排放量增长率。考虑到在不同的方程更有理由拒绝线性关系的变量不同，我们选择产出增长率和物流业 CO_2 排放量增长率分别作为转换变量，应用 Terasvirta（1994）提出的一系列的 F 检验进行鉴别，以选择正确的转换函数具体形式，结果汇报如表 4－15 所示。

表 4－15　　转换变量函数形式的选择

	F	F_1	F_2	F_3
产出方程	1.77 (0.0727)	0.60 (0.6138)	0.89 (0.4442)	3.77 (0.0108)
CO_2 排放量方程	9.16 (0.0000)	17.04 (0.0000)	3.88 (0.0093)	5.55 (0.0000)

注：括号内数值为 P－值。

表 4－15 表明，在所有的 F 统计量中 F_1 相应的 P 值是最低的，根据 Terasvirta（1994）中提出的判断规则，逻辑转换函数是最恰当的转换函数。选择了转换变量和转换函数以后，我们转而估计面板平滑转换向量误差修正模型（PSTRVEC）。为了解决可能的跨部门的依赖性问题，我们使用非线性广义最

小二乘迭代方法估计 PSTRVEC 模型，模型最优滞后阶数选择按照 AIC 准则，估计结果汇报如表 4-16 所示。

表 4-16　　模型估计结果

解释变量	产出增长方程（转换变量 $\Delta gdp_{i,t-1}$）		CO_2 排放量方程（转换变量 $\Delta CO_{2i,t-1}$）	
	机制 1	机制 2	机制 1	机制 2
$ec_{i,t-1}$	-0.02869*	0.02750	-0.72623***	0.10253
	(0.01586)	(0.01708)	(0.14536)	(0.11564)
$\Delta gdp_{i,t-1}$	0.18011***	0.21303***	-0.95444***	0.91384**
	(0.05185)	(0.06447)	(0.36974)	(0.43952)
$\Delta CO_{2i,t-1}$	0.01334	-0.09251***	-0.70992***	0.75701***
	(0.01541)	(0.02997)	(0.10323)	(0.14456)
μ	0.10195***		0.11753**	
	(0.00583)		(0.03947)	
$\hat{\gamma}$	29.52043		27.57187	
$\hat{c}$	0.09526		-0.02046	

注：*** 表示在 1% 水平上显著，** 表示在 5% 水平上显著，* 表示在 10% 水平上显著，括号内数值为标准差。

为了检验在经济周期处于不同阶段物流业 CO_2 排放增长方程中经济增长与 CO_2 排放增长率的关系，我们把经济增长方程中的转换函数 $G(\Delta gdp_{i,t-1},\gamma,c)=(1+\exp(-29.52043(\Delta gdp_{i,t-1}-0.09526)))^{-1}$ 运用于 CO_2 排放增长方程，估计结果如表 4-17 所示。

表 4-17　转换变量为产出增长率时的物流业 CO_2 排放方程估计结果

	$ec_{i,t-1}$	$\Delta gdp_{i,t-1}$	$\Delta CO_{2i,t-1}$	μ
机制 1	-0.78013***	1.66562*	-0.16761	0.04882
	(0.13781)	(1.19043)	(0.24415)	(0.07574)
机制 2	0.07408	-1.46562*	0.13520	
	(0.17911)	(0.95989)	(0.31162)	

注：*** 表示在 1% 水平上显著，** 表示在 5% 水平上显著，* 表示在 10% 水平上显著，括号内数值为标准差。

正如上面所讨论的那样，PSTRVEC 模型的机制转换由转换函数 $G(s_{i,t},\gamma,$

c）所控制。我们所感兴趣的参数是 γ，它决定了极端机制之间转换的速度，并且 c 决定了转换的中点，表示位置参数，还有在两个极端机制之间的误差修正系数 $\beta_1+\tilde{\beta}_1$ 以及 $\beta_2+\tilde{\beta}_2$ 也是我们重点要考察的。在物流业 CO_2 排放增长方程中，参数估计值 $\hat{c}=-0.02046$ 非常接近于0，这表明在 PSTRVEC 模型中的极端机制与物流业 CO_2 排放量增长率的正负值相对应。实际上，当 CO_2 排放量增长率小于 -0.1833 时，$G(s_{i,t},\gamma,c)$ 的值小于 0.01；当 CO_2 排放量增长率大于 0.1445 时，$G(s_{i,t},\gamma,c)$ 的值大于 0.99。估计值 $\hat{\gamma}=27.57187$ 表明机制之间的转换比较平滑，正如图 4－3 所示。同样，在产出增长方程中转换速度参数为 29.52043，表明两个极端机制之间转换是比较平滑的。转换中点（位置参数）为 0.09526，表明物流业 CO_2 排放对产出影响主要都集中在高产出增长率的机制状态，如图 4－4 所示。

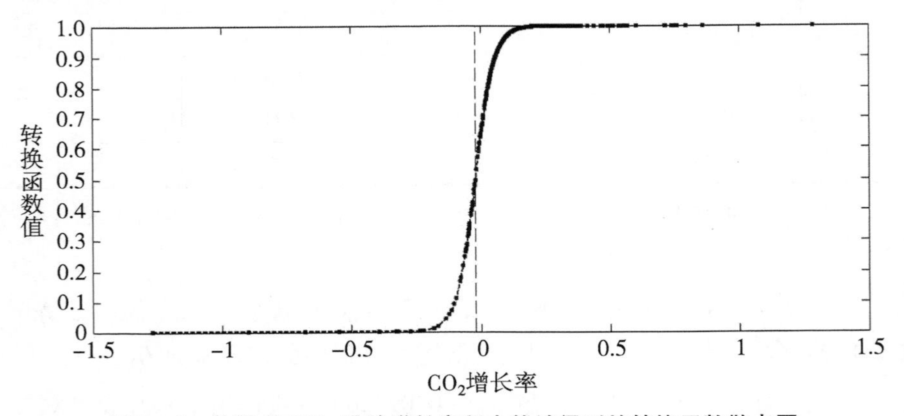

图 4－3　物流业 CO_2 排放增长方程中估计得到的转换函数散点图

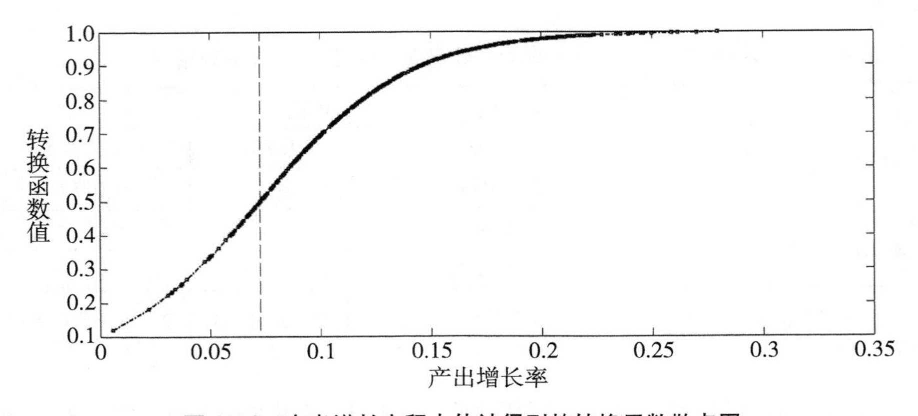

图 4－4　产出增长方程中估计得到的转换函数散点图

我们讨论产出增长率方程和 CO_2 排放量增长率方程的估计系数。首先，考虑产出增长率方程。在经济紧缩阶段（即当产出低于转换中点值时，$G(s_{i,t},\gamma,c)\approx 0$），误差修正项的估计系数是 -0.02869，并且在统计上是显著的。这一结果意味着产出处于低增长阶段对于偏离长期均衡作出反应，而且是反方向变化，说明经济具有自动调节稳定的机制；物流业 CO_2 排放量增长率的估计系数是 0.01334，而且在统计上是不显著的，意味着在低增长阶段产出增长率随着 CO_2 排放量增长率的增加而增加，尽管证据（在统计上的）很弱。在经济处于扩张阶段（即产出增长率高于机制转换的中点值时，$G(s_{i,t},\gamma,c)\approx 1$），误差修正项的估计系数变成 -0.00119（= -0.02869 + 0.02750），表明在高经济增长阶段，经济自我调节的机制减弱，需要政府宏观经济调控。物流业 CO_2 排放增长率的估计系数为 -0.07917（=0.01334 - 0.09251），而且在统计上是显著的，意味着在经济处于高增长阶段，CO_2 排放对于 GDP 增长具有负的效应。证明了环境库兹涅茨曲线（EKC）在中国成立，在经济发展处于起步阶段，GDP 增长率随着 CO_2 排放量增加，但在经济增长达到某一水平以后，GDP 增长率与 CO_2 排放增长率呈反向变动的关系。

其次，考虑物流业 CO_2 排放增长率方程。在 CO_2 排放处于低水平时，误差修正项的估计系数等于 -0.72623，符号符合预期，而且在统计上是显著的，意味着产出增长率和 CO_2 排放增长率之间能够相互调整到长期的均衡；在 CO_2 排放处于高增长阶段时，误差修正项估计系数为 -0.6237（= -0.72623 + 0.10253），符号仍然符合预期，经济增长和 CO_2 排放之间仍然存在自我调节到长期均衡的机制，但是调整速度比 CO_2 排放处于低增长阶段要慢一些，说明一旦物流业 CO_2 排放处于高增长阶段，宏观经济干预的必要性。在物流业 CO_2 排放增长处于低位机制下，产出增长率的估计系数等于 -0.95444，而且在统计上是显著的；在 CO_2 排放增长处于高增长机制下，产出增长率的估计系数变成 -0.0406（= -0.95444 + 0.91384），这说明在 CO_2 排放增长率低的时候，产出增长率的提高可以降低 CO_2 排放增长率，因为经济增长为降低 CO_2 排放创造条件。但是如果 CO_2 增长率处于高机制的状态下，经济增长减少 CO_2 排放的效应就会减少很多（在 CO_2 增长率高机制时 $\Delta \mathrm{gdp}_{i,t-1}$ 的估计系数是 -0.0406）。

当把产出增长率 $\Delta \mathrm{gdp}_{i,t-1}$ 作为转换变量，并运用于物流业 CO_2 排放增长方程时，我们可以检验在经济周期所处的不同阶段产出增长率对物流业 CO_2 排放的影响效应。在经济处于低增长阶段，经济增长对于物流业 CO_2 排放增长具有很大的正向效应，$\Delta gdp_{i,t-1}$ 的估计系数是 1.66562，而且在 10% 的显著性水平上显著。说明随着经济增长，社会对物流业的需求增加，相应地 CO_2 排放增长率迅速提高。但当经济增长到一定程度，即经济增长处于高机制的状态下，物流业 CO_2 排放增长的这种顺周期的效应很快减弱，$\Delta gdp_{i,t-1}$ 的估计系数只有 0.2（1.66562 - 1.46562），也是在 10% 的显著性水平上显著的。说明随着经济增长，尽管物流业需求增加，但是 CO_2 排放量并没有成比例地增加，再一次说明环境库兹涅茨曲线在我国成立。

现在我们转向分机制的格兰杰因果检验。向量误差修正模型提供了检验短期和长期格兰杰因果关系的框架。通过检验解释变量滞后项的系数可以进行短期格兰杰因果检验；通过检验误差修正项的系数显著性可以进行长期格兰杰因果检验。除此之外，我们也进行更强形式的格兰杰因果检验，即误差修正项和滞后解释变量的联合显著性检验。PSTRVEC 模型可以方便地进行分机制的格兰杰因果检验。我们分为低经济增长机制（$G(s_{i,t},\gamma,c)\approx 0$）和高经济增长机制（$G(s_{i,t},\gamma,c)\approx 1$）分别进行格兰杰因果检验。检验结果如表 4-18 所示。

表 4-18　　分机制格兰杰因果关系检验

格兰杰原因来源（自变量）	因变量			
	$\Delta gdp_{i,t}$		$\Delta CO_{2i,t}$	
	低机制	高机制	低机制	高机制
	短期			
Δgdp			1.9393 (0.1643)	5.3793 (0.0208)	1.4586 #
ΔCO_2	7.9140 ** (0.0051)	6.8547 (0.0091)			
	长期			
EC	4.7192 (0.0303)	6.2186 (0.0129)	142.2618 * (0.0000)	121.8607 * (0.0000)	119.1529 * #
	联合（短期和长期）			
EC/Δgdp			140.393 * (0.0000)	122.0799 * (0.0000)	119.1785 * #

续 表

格兰杰原因来源（自变量）	因变量			
	$\Delta gdp_{i,t}$		$\Delta CO_{2i,t}$	
	低机制	高机制	低机制	高机制
	联合（短期和长期）			
$EC/\Delta CO_2$	3.1486 (0.0766)	2.2378 (0.1353)		

注：格兰杰检验最优滞后阶数的选择应用AIC信息准则确定。格兰杰因果关系判断使用F检验，所以以上所列的为F统计量，括号内数值为检验的P－值。* * 表示在5%显著性水平上拒绝存在格兰杰因果关系的原假设，* 表示在1%显著性水平上拒绝存在格兰杰因果关系的原假设。标有#的数值为在CO_2排放方程中用产出增长率滞后项作为转换变量得出的F统计量。

短期格兰杰因果检验表明物流业CO_2排放在低经济增长阶段是产出增长率的格兰杰原因，但是当经济增长到高增长阶段时，物流业CO_2排放却不是经济增长的格兰杰原因。长期格兰杰因果检验表明CO_2排放无论在高经济增长阶段还是在低经济增长阶段都不是产出增长率的格兰杰原因，而且在统计上是显著的。联合格兰杰因果检验表明物流业CO_2排放在两个机制下也都不是产出增长的格兰杰原因。

就物流业CO_2排放而言，在短期无论是CO_2增长率处于高机制还是处于低机制，产出增长率都不是CO_2排放增长的格兰杰原因。但是在长期无论处在哪一个机制状态，产出增长都是物流业CO_2排放的格兰杰原因，而且这种证据在统计上是显著的。联合格兰杰因果检验也表明，无论是CO_2排放增长处于高位还是处于低位，产出增长都是物流业CO_2排放的格兰杰原因。

PSTRVEC模型不像一般的门限模型只有两个机制之间的转换，而且可以被解释为具有无限多个机制连续转换的模型，从一个机制到另一个机制的转换是平滑的，由转换函数所控制。因此线性模型的截面之间参数的同质性假定可能提供误导的结果。应用PSTRVEC模型，我们能够得到每一个省份在每一个时点要考察一个变量对另一个变量的效应，每一个地区的各种效应平均值汇报于表4－19。

表 4-19 各地区产出增长率和物流业 CO_2 排放增长率对各种因素敏感度的平均值

地区	$\frac{\partial \Delta gdp_{i,t}}{\partial \Delta CO_{2i,t-1}}$	$\frac{\partial \Delta gdp_{i,t}}{\partial EC_{i,t-1}}$	$\frac{\partial \Delta CO_{2i,t}}{\partial \Delta gdp_{i,t-1}}$	$\frac{\partial \Delta CO_{2i,t}}{\partial EC_{i,t-1}}$	$\frac{\partial \Delta CO_{2i,t}}{\partial \Delta CO_{2i,t-1}}$
北京	-0.06125	-0.00652	-0.10004	-0.63037	-0.06291
天津	-0.05898	-0.00719	-0.15422	-0.63645	-0.08549
河北	-0.05135	-0.00946	-0.20964	-0.64267	-0.13517
山西	-0.05397	-0.00868	-0.16055	-0.63716	-0.09738
内蒙古	-0.06171	-0.00638	-0.19288	-0.64079	-0.10746
辽宁	-0.04849	-0.01031	-0.28846	-0.65151	-0.16464
吉林	-0.05324	-0.00890	-0.25785	-0.64807	-0.14900
黑龙江	-0.04241	-0.01212	-0.25975	-0.64829	-0.15025
上海	-0.05039	-0.00975	-0.11655	-0.63222	-0.05654
江苏	-0.05444	-0.00854	-0.16070	-0.63717	-0.08233
浙江	-0.05424	-0.00860	-0.07903	-0.62801	-0.05143
安徽	-0.04988	-0.00990	-0.16253	-0.63738	-0.09734
福建	-0.05192	-0.00929	-0.12806	-0.63351	-0.08553
江西	-0.05370	-0.00876	-0.20622	-0.64228	-0.11666
山东	-0.05291	-0.00900	-0.28169	-0.65075	-0.16979
河南	-0.05067	-0.00966	-0.19766	-0.64132	-0.12735
湖北	-0.05286	-0.00901	-0.15282	-0.63629	-0.07394
湖南	-0.05139	-0.00945	-0.10728	-0.63118	-0.08003
广东	-0.05504	-0.00836	-0.12825	-0.63353	-0.07200
广西	-0.04609	-0.01102	-0.13926	-0.63477	-0.07615
海南	-0.04391	-0.01167	-0.18697	-0.64012	-0.12025
重庆	-0.05147	-0.00943	-0.15539	-0.63658	-0.08607
四川	-0.05089	-0.00960	-0.15512	-0.63655	-0.06190
贵州	-0.05115	-0.00940	-0.09920	-0.63027	-0.06953
云南	-0.04434	-0.01154	-0.11557	-0.63211	-0.07002
陕西	-0.05796	-0.00750	-0.18386	-0.63977	-0.11224
甘肃	-0.05036	-0.00976	-0.20713	-0.64239	-0.14149
青海	-0.05247	-0.00913	-0.19039	-0.64051	-0.10450
宁夏	-0.05725	-0.00771	-0.30282	-0.65312	-0.17651
新疆	-0.04886	-0.01020	-0.29222	-0.65193	-0.14844

从中可以看出在中国跨地区之间具有显著的差异。我们发现有一组地区表现出更高的负效应值。产出增长率对物流业 CO_2 增长率变化的敏感性 $\partial\Delta gdp_{i,t}/\partial\Delta CO_{2i,t-1}$ 与物流业 CO_2 增长率对产出增长率变化的敏感性 $\partial\Delta CO_{2i,t}/\partial\Delta gdp_{i,t-1}$ 表现出完全不同的模式。在经济发达的地区，物流业 CO_2 排放变化对产出增长的影响更大，比如北京、上海、江苏、浙江和广东等地的 CO_2 排放变化对产出增长效应的绝对值都在 0.05 以上，而云南、广西、新疆和安徽等中西部地区产出增长对物流业 CO_2 的变化敏感度一般较小。相反，在经济发达的地区物流业 CO_2 排放对产出增长率的变动敏感度却一般比较小，而经济欠发达的中西部地区物流业 CO_2 排放对产出增长率变动的敏感性较大，比如北京市物流业 CO_2 排放对 GDP 增长率变动的效应为 -0.1，小于甘肃、青海、宁夏等地。这可能是因为在经济比较发达的地区经济发展以及升级换代，每单位 GDP 所需要消耗的物流业 CO_2 排放量大大减少的缘故。$\partial\Delta gdp_{i,t}/\partial\Delta CO_{2i,t-1}$ 的值是负的，这可以解释为当减少物流业能源消耗，从而降低物流业 CO_2 排放的政策可以增加各地区总的国民生产总值。这种政策在经济发达地区的效果一般要比欠发达地区更好。因为在经济比较发达的地区，经济发展的程度已经有利于改善物流业的能源使用效率，从而减少物流业的 CO_2 的排放量。从各个地区的产出增长率和物流业 CO_2 排放增长率对偏离均衡的反应敏感性来看，物流业 CO_2 排放增长对偏离均衡（用产出水平和 CO_2 排放量之间的误差修正项表示）的敏感度在各地区之间是十分稳定的，一般都在 -0.64 左右。而 GDP 增长率对于偏离均衡的反应在各地区之间差异很大，总体而言，经济发达地区的 GDP 增长率对于均衡的偏离的反应程度低于经济欠发达地区。这可能的原因是在经济发达地区，经济发展与物流业 CO_2 排放量减少之间在长期过程中已经形成了良性循环机制，经济发展自身具有抵抗产出增长和 CO_2 排放之间失衡的功能。最后一个效应为 $\partial\Delta CO_{2i,t}/\partial\Delta CO_{2i,t-1}$，这表示的是物流业 CO_2 排放增长的惯性大小。从上表实证结果可以明显看出，这种惯性大小在各地区都是负的，说明各地区都采取了有力措施减少物流业 CO_2 排放，尽管物流业 CO_2 排放总量可能在增加，但是 CO_2 排放增长率却是逐年降低的。但是各地区 CO_2 排放增长率减少的幅度存在很大差异。总的来看，处在经济欠发达的中西部地区由于物流业规模比较小，减少物流业 CO_2 排放的效果更加明显。

4.3.3 研究结论

我们利用大陆除西藏外的30个省、自治区、直辖市的面板数据研究了物流业CO_2排放和产出水平的因果关系。在非线性平滑转换回归模型情况下进行面板协整检验，并且估计了非线性面板平滑转换向量误差修正模型。这种方法能够研究跨地区的物流业CO_2排放和GDP之间的非线性和非对称性动态关系。得出了以下结论：

首先，只有在物流业CO_2排放和GDP向长期均衡水平调整时考虑到可能的非对称性，才能得出物流业CO_2排放与产出水平之间具有协整关系。这一结果表明物流业发展受到一个冲击，从而CO_2排放增长发生改变会对我国产出增长造成非对称性影响。物流业CO_2排放和产出增长都会对均衡路径的偏离产生反应，这种调整过程是十分复杂的，但是最终能够恢复长期均衡状态。物流业CO_2排放和GDP向均衡路径的调整机制取决于经济增长和物流业CO_2排放增长所处的阶段。在经济处于高增长阶段时，二者自我调节的机制要比经济处于低增长阶段时明显减弱。同样在物流业CO_2排放增长处于高位时，二者向均衡路径调节的速度要慢得多。此外，物流业CO_2排放增长与产出增长之间的关系也会因各地区经济发展水平而异。在经济发达地区，物流业CO_2排放变化对于产出增长的影响更大；而产出增长率对于二者均衡偏离反应程度低于欠发达地区。

其次，正如线性检验的结果所表明的那样，物流业CO_2排放和产出增长之间的动态关系是非线性的。在利用三个备选的转换变量时，我们都能拒绝线性关系的原假设。这一结论意味着研究者和政策制定者一定要考虑到物流业CO_2排放与产出增长之间可能存在的非线性关系。在产出增长率方程中，当使用滞后产出增长率作为转换变量时线性的原假设更加有说服力地被拒绝。在物流业CO_2排放增长的方程中，当使用滞后CO_2排放增长作为转换变量线性的原假设更有说服力被拒绝。无论利用产出增长方程还是物流业CO_2排放增长方程，都能够证明EKC假说在中国成立，在低经济低增长阶段，物流业CO_2排放增长是顺周期的，而当经济增长到一定阶段时，CO_2排放增长会变为反周期。

最后，我们进行了分机制的格兰杰因果检验，发现物流业CO_2排放量增长和产出增长之间的因果关系会随着经济周期所处的阶段和CO_2排放增长的高低而发生变化。非线性格兰杰因果检验表明无论在经济周期处于高增长阶段还是低增长阶段，在短期物流业 CO_2 排放是产出增长的格兰杰原因，尽管证据在统计上比较弱（在低机制状态下，只能在10%的显著性水平上拒绝原假设）。而产出增长率并不是物流业 CO_2 排放的格兰杰原因。我们发现在经济处于低增长阶段产出增长率并不会在短期导致物流业 CO_2 排放的增加。我们发现无论经济的初始条件如何，物流业 CO_2 排放在长期都不是产出增长的格兰杰原因。此外，我们发现不论经济初始条件如何以及 CO_2 排放程度如何，经济增长在短期都不是物流业 CO_2 排放的格兰杰原因。产出增长只有在长期才是物流业 CO_2 排放的格兰杰原因，而不论经济的初始条件如何。联合因果检验得出同样结论。相反，在高增长时期产出增长会导致物流业 CO_2 排放的增长。在长期无论经济的初始条件如何，产出增长都会增加物流业 CO_2 排放。

我们的结果对于研究者和政策当局都有重要的意义。在研究物流业 CO_2 排放增长和产出增长的关系时，研究者一定要考虑到可能存在的非线性关系。为了研究物流业 CO_2 排放增长率与产出增长率之间长期和短期关系，我们发现传统的线性关系是不适合的。我们的结论对于政策当局也是十分重要的。正如格兰杰因果检验所表明的，不论经济所处的增长阶段如何，能源消耗和物流业 CO_2 排放仅在短期会影响产出增长，而在长期不是产出增长的格兰杰原因。这一结果表明中国可以实行能源保护政策以降低物流业 CO_2 排放，不用担心损害长期的经济增长路径。减少物流业 CO_2 排放的能源保护政策对于产出增长率的不利影响应该被限制在短期，这种政策不会损害长期的经济增长。此外，我们发现当初始增长率相对低的时候，产出增长率并不会在短期增加物流业 CO_2 排放。然而，在长期不论经济初始条件如何产出增长都会增加物流业 CO_2 排放。在不同的经济增长阶段和不同的地区，物流业 CO_2 排放增长与产出增长之间的关系是不同的。这就要求政府在制定节能减排措施的时候要考虑到地区差异，重点解决经济发达地区物流业的 CO_2 排放问题，制定既有利于经济发达地区的发展，又有利于物流业 CO_2 排放的降低。最终促进物流业 CO_2 排放与经济增长的环境库兹涅茨曲线的实现。

4.4 本章小结

本章从低碳视角下对物流产业生态系统的雾霾效应进行了分析，首先，基于碳足迹理论对物流产业生态系统自身的效率进行了测算，对不同省份的碳足迹进行分析和动态预测，研究发现物流业在温室气体排放、雾霾污染中处在突出的位置，且我国物流碳足迹的 CO_2 排放量一直呈现上升趋势，通过对物流碳足迹节能减排“双强度”预测，“十二五”期间我国未能完成物流业“碳强度比 2010 年降低 17%，能耗强度下降 16%”的既定目标，但是已经接近既定目标；“十三五”期间则可以顺利实现物流业“碳强度比 2010 年下降 23%，能耗强度下降 24%”的既定目标，由此可为政府和相关行业提供一种较为便利可行的测算物流碳足迹的方法，并根据测算结果制定较为科学的节能减排目标规划，以期能够为配合实现我国“十二五”及其未来节能减排的总体目标提供支持，进而实现从物流产业角度缓解城市雾霾压力的目标。最后，建立面板数据模型针对物流产业雾霾效应和经济增长之间的关系进行了检验，获取到如何保障经济增长的物流产业碳排放政策启示。

5 物流产业活动对城市雾霾的影响分析

2012年下半年以来雾霾天气在中国持续出现，引发了社会公众及媒体的广泛关注，现已成为我国城市环境污染的重要问题，被国家减灾办、民政部纳入2013年自然灾情进行通报。2013年12月，根据“中国空气质量在线监测分析平台”公布的空气质量指数和PM2.5数据，湖南、四川、陕西、江西、河北、湖北、安徽等中西部省区被列入中重度污染，甚至是严重污染城市，城市雾霾问题开始向中西部地区扩展。早在1987年，沈雪苹就以广东省为例指出随着工业和交通运输业的发展，城市大气中的二氧化碳、二氧化硫、烟尘等将会增加，这对雾霾天气的形成提供了有利的条件。近年来，在西部大开发、促进中部地区崛起等一系列区域发展策略的推动下，作为中西部地区重要血脉的铁路及公路运输网络建设进入了全面加速阶段。因此，在交通基础设施建设开始向中西部地区深入推进的同时，研究铁路及公路运输建设对城市雾霾问题是否存在影响以及存在何种程度的影响，并以此为基础来合理规划中西部地区的交通基础设施建设，这对于缓解中西部地区城市雾霾问题具有重要的现实意义。

首先，本章基于面板数据模型，实证研究铁路及公路运输建设与城市雾霾问题之间的内在关系，为我国中西部地区交通基础设施建设和运输规划指明方向，同时也为我国城市雾霾问题的治理提供政策依据；其次，以上海市工业固体废弃物处理的相关数据为依据，通过对工业固体废弃物处理与城市雾霾相关性的实证分析，客观地认识和分析工业固体废弃物处理对雾霾问题的影响状况以及它们之间的内在联系，以期为我国城市雾霾问题的缓解献计献策；最后，在能源效率视角下测算物流产业雾霾效应，并给出能源结构调整方案。

5.1 物流产业活动与城市雾霾的相关性分析

从现有文献来看，国内对于城市雾霾问题的研究主要都是从气象学、环境科学的角度对雾霾天气的成因和特征展开分析，如段再明（2011）、郑峰等（2011）、周涛等（2012）、宋娟等（2012）分别对山西、温州、北京、江苏不同地区的雾霾进行分析，研究表明雾霾天气与人类活动密切相关，经济活跃、城市化水平高地区雾霾天气较经济欠发达、城市化水平低地区严重。此外，有部分学者从物流、低碳经济等角度来揭示交通运输业的发展对环境的影响，如李兴基（1979）指出物流的每个过程都有废弃物排入环境中，其中就包括运输时运输工具会排放废气并产生噪声；李琴（2010）认为各种运输方式中，铁路具有其他运输方式不可比拟的节能优势，应当确立铁路运输在现代物流体系中的骨干地位；苏涛永等（2011）研究发现城市客运及货运周转量对城市交通碳排放具有显著正向影响。

综上所述，目前讨论较多的是交通运输与城市环境问题之间的关系，缺乏对交通基础设施建设与城市雾霾问题关系的深入研究。目前，铁路、公路依旧是我国主要的交通运输方式，根据2013年最新统计数据，全国84.66%的货运量由铁路及公路运输完成，而对于地处内陆的中西部地区，铁路及公路货运量占整个地区货运总量的比例高达90.77%，铁路及公路建设成为打通中西部地区与外省连接的血脉。因此，以中西部地区16个省区面板数据为基础，通过实证研究着重探讨铁路及公路运输建设与城市雾霾问题之间的内在关系，为我国中西部地区交通基础设施建设和运输规划指明方向，同时也为我国城市雾霾问题的治理提供政策依据。

5.1.1 物流产业活动影响雾霾的面板数据测算

雾霾是对大气中各种悬浮颗粒物含量超标的笼统表述，而含有大量的有毒、有害物质的PM2.5被认为是造成雾霾天气的“元凶”，全国各地目前都将PM2.5列为衡量大气质量的主要指标之一，所以本项目以PM2.5作为衡量各省区城市雾霾问题的指标；运输线路是运输基础设施最基本最重要的组成部分，其他运输设施和设备的状况均可直接或间接由运输线路的状况反映出来，因此本项目用铁路营业里程、公路里程作为反映我国铁路及公路运输建设规模与水平的指标。其中，铁路营业里程、公路里程数据是根据历年《中国统计年鉴》计算、整理所得。由于我国环保部自2012年才开始要求中国74个城市、496个PM2.5监测点公布PM2.5检测数据，国内PM2.5相关数据不全，因此采用耶鲁大学、哥伦比亚大学和巴特尔研究所的研究团队根据卫星数据对中国各省的可吸入颗粒物浓度进行研究后公布的“中国各省、自治区、直辖市（包括台湾）PM2.5年均浓度时间数据表”中数据作为中西部各省区PM2.5数据源。

在选择各省源数据时，因为青藏铁路自2004年在西藏境内正式开始铺轨，西藏自治区的铁路营业里程数据存在欠缺，所以本项目面板数据不包括西藏自治区；同时，由于“中国各省、自治区、直辖市（包括台湾）PM2.5年均浓度时间数据表”中将重庆市的PM2.5排放数据全部并入了四川省，为了保证数据的连续性和可比性，本项目在铁路营业里程、公路里程数据上也做了同样处理，因此最终所用数据为2004—2010年我国中西部地区16个省区（山西、内蒙古、安徽、江西、河南、湖北、湖南、广西、四川、贵州、云南、陕西、甘肃、青海、宁夏、新疆）的面板数据。

1. 模型选择与构建

用面板数据建立的模型通常有3种，即混合模型、固定效应模型和随机效应模型，利用Eviews7.2软件对面板数据进行F检验和Hausman检验（简称H检验）来验证建立哪种模型较好，检验结果见表5-1。

表5-1　F检验和H检验结果

	统计量	P值
F检验	132.267875	0.0000
H检验	12.180458	0.0023

由表5-1可以看出，F检验的P值小于0.05，表示不存在个体固定效应冗余，拒绝模型是混合模型的原假设，应建立个体固定效应模型；H检验的P值小于0.05，表示拒绝模型是随机效应模型的原假设，应采用固定效应模型。综合上述因素，本项目认为应建立个体固定效应模型，构建如下面板数据模型：

$$\ln Y_{it} = \alpha_i + \beta_1 \ln HW_{it} + \beta_2 \ln RY_{it} + \varepsilon_{it} \qquad (5-1)$$

式（5－1）中，i 为地区指标（$i = 1, \cdots, 16$），表示不同省区；t 为时间指标（$t = 1, \cdots, 7$），表示年份；Y_{it} 表示第 i 个地区在 t 年的 PM2.5 浓度值；HW_{it} 表示第 i 个地区在 t 年的公路里程；RY_{it} 表示第 i 个地区在 t 年的铁路营业里程；α_i 为截距效应项；ε_{it} 为随机误差项；β_1、β_2 为各解释变量的系数；ln 为自然对数，即将解释变量和被解释变量对数化以降低异方差性的影响。

2. 面板数据的单位根检验和协整检验

对时间序列数据而言，用存在单位根的时间序列变量进行回归，将产生虚假回归，造成 t 统计量存在严重的推断错误，面板数据也存在与时间序列数据类似的问题。因此，在做进一步分析之前要对面板数据进行单位根检验和协整检验。

对于面板数据的单位根检验，一般采用两种方法，即相同根单位根检验 LLC（Levin－Lin－Chu）检验和不同根单位根检验 FisherADF 检验，如两者都通过，数据就是平稳的。利用 Eviews 软件对面板数据进行分析，单位根检验的结果如表 5－2 所示。

表 5－2　面板数据的单位根检验结果

	LLC 检验		FisherADF 检验		结论
	统计量	P 值	统计量	P 值	
ln$Y$	－4.13256	0.0000	39.6146	0.1667	不平稳
lnHW	－4.96648	0.0000	23.6098	0.8582	不平稳
lnRY	4.50570	1.0000	10.5576	0.9996	不平稳
Dln$Y$	－10.9958	0.0000	81.4002	0.0000	平稳
DlnHW	－7.31488	0.0000	80.0540	0.0000	平稳
DlnRY	－2.51999	0.0059	45.2926	0.0054	平稳

注：Dln$Y$ 表示对 ln$Y$ 进行一阶差分处理，其他变量类似。

由表 5－2 可以看出 ln$Y$、lnHW、lnRY 均为非平稳序列，经一阶差分后其 LLC 检验和 FisherADF 检验的 P 值均小于 0.05，即变为平稳序列，为一阶单整 I（1），可进行协整检验。本项目同时使用 Kao 面板数据协整检验方法及 Pedroni 协整检验方法进行检验，并相互对比，以提高检验的可信度，结果分别见表 5－3 和表 5－4。

表5－3　　Kao面板数据协整检验结果

	t统计量	P值
ADF检验结果	－2.899077	0.0019

表5－4　　Pedroni协整检验结果

	t统计量	P值
Panel V	0.271519	0.3930
Panel Rho	1.091029	0.8624
Panel PP	－3.493493	0.0002
Panel ADF	－3.387589	0.0004
Group Rho	2.905614	0.9982
Group PP	－6.966717	0.0000
Group ADF	－5.622472	0.0000

以上检验结果可以看出，Kao面板数据协整检验在1%的显著水平上拒绝原假设，表示存在协整关系；Pedroni协整检验的结果不一致，但根据Pedroni的结论，Panel ADF、Group ADF检验效果最好，Panel V、Group Rho检验效果最差，其他处于中间，由表5－4结果可知Panel PP、Panel ADF、Group PP、Group ADF都在1%的显著水平上拒绝原假设，所以存在协整关系。因此，协整检验结果表明：铁路及公路运输建设与城市雾霾问题之间存在长期均衡关系，可以继续对模型进行回归分析。

3. 模型估计结果及分析

考虑到各省、自治区、直辖市铁路及公路运输建设对城市雾霾的影响存在差异，且所选样本的截面数大于时期数，面板数据为短面板且年份较短，故文本采用截面加权Cross－section weight对模型进行估计，回归系统协方差的计算方法选择Cross－sectional weights（PCSE）来体现误差项横截面的异方差性，模型估计结果如表5－5所示。

表5－5　　模型估计结果

变量	系数估计值	标准差	t统计量	P值
$\ln HW$	0.092868	0.021939	4.232926	0.0001
$\ln RY$	－0.297568	0.065058	－4.573886	0.0000
C	2.655036	0.119222	22.26962	0.0000

续 表

变量	系数估计值	标准差	t 统计量	P 值
拟合优度	0.970221	因变量均值		3.610097
调整后的拟合优度	0.964836	因变量标准差		1.113547
回归平方和	0.081260	残差平方和		0.620696
F 统计量	180.1538	DW 统计量		1.625537

由模型估计结果可以看出，所有系数的估计值都在1%的显著性水平上显著，变量系数的 t 值均通过了检验，F 值为180.1538，通过检验；拟合优度为0.97 >0.9，说明拟合度良好，模型的解释能力较强，即模型所反映的变量之间的长期关系成立，中西部地区的铁路及公路运输建设对当地的城市雾霾问题有显著影响。

lnHW 的估计值为正，说明中西部地区公路运输建设与城市雾霾问题存在正相关的关系，即随着公路运输建设步伐的加快，公路运输里程数的增加，由公路运输车辆所带来的汽车尾气排放量会越多，城市雾霾问题会随之加重。lnRY 的估计值为负，说明中西部地区铁路运输建设与城市雾霾问题存在负相关的关系，表明铁路营运里程增加有利于城市雾霾浓度的降低，这说明与公路比较而言，同等货运量由铁路运输所消耗的能源会越少，且目前铁路运输多为电力牵引，对能源的利用率更高且更清洁（不存在尾气污染），这样在一定程度上对城市雾霾问题起到了缓解的作用。此外，由表5-5可知，铁路营业里程每增加100%，PM2.5浓度将降低29.75%；公路里程每增长100%，PM2.5浓度将增加9.28%，也就是相对公路里程而言，铁路营业里程的参数绝对值较大，即对城市雾霾问题的影响更大，加大中西部地区铁路运输建设的投入与规模将对缓解该地区城市雾霾问题起到积极的推动作用。

5.1.2 研究结论

基于2004—2010年我国中西部地区16个省、自治区的面板数据，构建了以PM2.5年均浓度为被解释变量，铁路营业里程、公路里程为解释变量的个体固定效应模型，以此对我国铁路及公路运输建设与城市雾霾问题之间的关系进行了实证分析，得到如下结论：中西部地区铁路运输、公路运输建设与城市雾霾问题分别存在负相关与正相关的关系，公路运输建设的快速扩张在一定程度上会恶化城市雾霾问题，而铁路运输的合理建设、效率的提高可以缓解城市雾霾问题。基于上述研究结果，对于中西部地区的交通基础设施建设和运输规划提出以下政策建议。

第一，合理规划公路运输建设，实现铁路运输与公路运输建设的协调发展。虽然铁路运输一直是我国大宗货物运输的主要运输方式，但受货运站固定不灵活等因素影响，无法实现真正“门到门”服务，短距离运输效率低下。所以，在公路运输的发展上，应减少与目前已有铁路运输线路网络存在竞争性、重复性的平行建设，增加对铁路运输起到辅助和衔接作用的高速公路和高等级公路建设，即通过公路运输建设来进一步带动铁路运输效率的提高、铁路运输能耗的减少。

第二，进一步健全和完善中西部地区的铁路运输网络。当前，中西部地区铁路线路分布的合理性还远远落后于东部发达省区，2012 年，东部地区铁路路网密度为 246.6 千米/万平方千米，是中西部地区铁路路网密度的 2.2 倍。如雾霾较为严重的四川省，铁路路网密度仅为 72.16 千米/万平方千米，远低于当地的公路路网密度（6051.55 千米/万平方千米），这也使四川的省内运输以及省际运输都主要由公路承担完成。因此，中西部地区铁路运输建设的重点是要加快健全和完善当地的铁路运输网络，形成以铁路运输为主导，公路运输为依托的公铁联运体系，通过铁路运输网络的不断完善来逐步缓解当地城市雾霾问题。

第三，积极推进新能源汽车项目建设。公路运输对于城市雾霾的影响主要源于其运输车辆的尾气排放，因此应当积极推进新能源汽车的开发和在公路运输环节的应用，对于进行新能源汽车开发的企业以及采用新能源汽车的运输企业，政府都应当给予相关优惠政策（如减轻税收负担或进行政府补贴）。目前适合较长距离公路运输的新能源汽车主要有燃料电池汽车、氢动力汽车、燃气汽车等。尤其是燃气汽车在中国发展较为迅速，技术也较为成熟，其中 LNG（液化天然气）汽车在以年均 20% 以上的销售速度增长，CNG（压缩天然气）汽车销量年均增长速度在 30% 以上；如新疆金豹物流有限公司就将原有的运输车辆全部改造或更新为以 LNG 为燃料的车辆并取得了良好的经济效益，这是其他省区可以借鉴的。

5.2 工业固体废弃物处理与城市雾霾相关性的实证分析①

自2012年下半年以来重度雾霾天气在中国多个城市大范围持续出现后，雾霾天气已成为我国挥之不去的阴影，雾霾问题也逐渐引起广大学者、社会公众及政府部门的共同关注及对其成因的探讨。据《中国环境统计年鉴》统计，2000年我国工业固体废弃物产生量为8.2亿吨，2012年增至32.8亿吨，平均年增长4.45%，每年都有大量工业固体废弃物因不能及时被综合利用或者处置处理而被贮存堆积，截至2012年，中国工业固体废弃物堆存总量达100亿吨。大量堆存的工业固体废弃物在占用宝贵土地资源的同时，也给环境造成严重的污染，如工业固体废弃物中细粒、粉末在风力或风化等自然过程中会形成气溶胶状态污染物，长期堆放的易燃性工业固体废弃物如煤矸石会发生自燃并产生大量的二氧化硫和氮氧化物等气体。由于雾霾主要是由二氧化硫、氮氧化物以及可吸入颗粒物（气溶胶的一种）这三项构成，因此，工业固体废弃物处理与城市雾霾之间是否存在相关性？工业固体废弃物处理对城市雾霾存在何种程度的影响？成为值得深入探讨和研究的问题。

从现有文献来看，国内研究一致认为工业固体废弃物处理和城市环境污染之间存在相关性，但其中多为从低碳化的角度研究工业固体废弃物处理问题，如张海涛等（2011）探讨了煤矿工业固废资源化利用与碳排放之间的相关性及相应碳排放系数，钟永德等（2014）将工业固体废弃物处置利用率作为杭州低碳生态城市评价体系的重要指标之一进行研究。2013年，《中国环境报》的“全球颗粒物控制进展如何?”一文指出，固体废弃物是造成雾霾颗粒物污染严重的主要成因之一，但对固体废弃物和城市雾霾问题到底存在何种相关性没有具体分析。上海市是我国典型的综合型工业城市和经济发达城市，工业固体废弃物种类繁多，呈现出“量大、增长迅速、成分复杂、资源利用率低”等特点，也是我国较早对工业危险废弃物进行管理的城市，其工业固体废弃物处理情况在全国具有较强的代表性。因此，本

① 此部分内容来自论文《工业固体废弃物处理与城市雾霾相关性的实证分析——以上海为例》，已发表于《生态经济》。

项目以上海市工业固体废弃物处理的相关数据为依据，通过对工业固体废弃物处理与城市雾霾相关性的实证分析，客观地认识和分析工业固体废弃物处理对雾霾问题的影响状况以及它们之间的内在联系，以期为我国城市雾霾问题的缓解献计献策。

5.2.1 工业固体废弃物处理影响城市雾霾的多元线性模型测算

2012 年上半年环保部出台规定，用空气质量指数（AQI）来综合反映我国各城市空气质量真实情况，参与评价的污染物为 SO_2、NO_2、PM10、PM2.5、O_3、CO 六项，可以说较为全面地反映了城市雾霾问题，所以本项目以 AQI 作为被解释变量来衡量上海市雾霾问题。

目前我国工业固体废弃物处理分为四个方面：综合利用、处置、贮存和排放。但由于排放量一直占我国工业固体废弃物处理量的极小一部分，而且自 2009 年开始，上海市工业固体废弃物排放量一直为 0，故不将其作为工业固体废弃物处理的主要方式纳入讨论。其中，工业固体废弃物综合利用是指通过回收、加工、循环、交换等方式，从工业固体废弃物中提取或者使其转化为可以利用的资源、能源和其他原材料，即对固体废弃物进行资源化处理，如上海市对工业固体废弃物综合利用的途径就包括生产建筑材料、筑路、工程结构回填、生产水泥、用作农业肥料等；工业固体废弃物处置是指通过焚烧或者将其置于符合环境保护规定要求的填埋场中，以达到减少或者消除其危险成分的活动；工业固体废弃物贮存是指将无法进入综合利用或者处置处理环节的固体废弃物堆存在专设的贮存设施或集中场内。因此，用工业固体废弃物综合利用量、工业固体废弃物处置量和工业固体废弃物贮存量作为解释变量，综合反映上海市工业固体废弃物处理的情况。

工业固体废弃物处理数据由 2001—2012 年各期《中国环境统计年鉴》整理得出，AQI 数据来源于“中国空气质量在线监测分析平台”（http://aqistudy.sinaapp.com/）公布的空气质量指数历年分析数据，各指标数据整理后如表 5-6 所示。

表 5-6　上海市各年 AQI 数据及工业固体废弃物处理数据

年份	AQI	工业固体废弃物综合利用量（万吨）	工业固体废弃物处置量（万吨）	工业固体废弃物贮存量（万吨）
2000	68	1516	91	2
2001	75	1582	55	2
2002	79	1604	27	9
2003	72	1643	47	1
2004	74	1778	44	7
2005	69	1892	65	8
2006	67	1953	103	7
2007	68	2040	106	20
2008	66	2242	90	15
2009	63	2172	86	13
2010	62	2367	94	1
2011	63	2358	75	1

资料来源：2001—2012 年各期《中国环境统计年鉴》、中国空气质量在线监测分析平台。

1. 模型构建

本项目构建多元线性回归模型来研究上海市工业固体废弃物处理与城市雾霾的相关性：

$$\ln AQI = \beta_0 + \beta_1 \ln CUV + \beta_2 \ln TV + \beta_3 \ln SV + \mu \qquad (5-2)$$

式（5-2）中，AQI 代表上海市空气质量指数；CUV 代表上海市工业固体废弃物综合利用量；TV 代表上海市工业固体废弃物处置量；SV 代表上海市工业固体废弃物贮存量；μ 为随机误差项；β_1、β_2、β_3 为各解释变量的系数；ln 为自然对数，即将解释变量和被解释变量对数化处理以降低异方差性的影响，从而把对工业固体废弃物处理和城市雾霾关系的研究转换为对 lnCUV、lnTV、lnSV 和 lnAQI 的研究。

2. 单位根检验和协整检验

对时间序列数据而言，用存在单位根的时间序列变量进行回归，将产生虚假回归，这会使回归模型的估计结果无意义。因此，在做进一步分析前，必须检验时间序列的平稳性，对数据进行单位根检验和协整检验。采用 Dickey 和 Fuller 的增广单位根（ADF）检验法对时间序列的平稳性进行验证，其结果如表 5 - 7 所示。

表 5 - 7　　单位根检验结果

变量	ADF统计值	概率	临界值			检验类型（c，t，k）	结论
			1%	5%	10%		
lnAQI	-0.760393	0.7857	-4.297073	-3.212696	-2.747676	（1，0，1）	不平稳
lnCUV	-3.375031	0.1066	-5.124875	-3.933364	-3.420030	（1，1，0）	不平稳
lnTV	-1.589073	0.4546	-4.200056	-3.175352	-2.728985	（1，0，0）	不平稳
lnSV	-2.098601	0.2480	-4.200056	-3.175352	-2.728985	（1，0，0）	不平稳
DlnAQI	-3.725509	0.0018	-2.816740	-1.982344	-1.601144	（0，0，0）	平稳
DlnCUV	-5.523375	0.0019	-4.297073	-3.212696	-2.747676	（1，0，0）	平稳
DlnTV	-2.911637	0.0783	-4.297073	-3.212696	-2.747676	（1，0，0）	平稳
DlnSV	-4.309760	0.0098	-4.297073	-3.212696	-2.747676	（1，0，0）	平稳

注：变量前加 D 表示一阶差分，检验类型括号中的 c、t 及 k 分别表示常数项、趋势项和滞后阶数，c 为 0 表示不含常数项，为 1 表示带有常数项；t 为 0 表示不含趋势项，为 1 表示带有趋势项。

由表 5 - 7 可知，lnAQI、lnCUV、lnTV 和 lnSV 的 ADF 统计值均大于显著性水平为 10% 的临界值，表明序列不平稳；四个变量经过一阶差分后在 10% 的显著性水平下都是平稳的，因此可以认为这四个变量同为一阶单整 I（1），可进行协整检验。目前协整检验较常用的方法是 E—G 两步法和 Johansen 极大似然估计法（简称 JJ 检验法），由于 E—G 两步法主要是对两个变量的协整检验，而对于多变量之间的协整关系一般采用 JJ 检验法，因此，采用 JJ 检验法来进行协整检验，选择趋势假设为有截距、无趋势项，显著水平为 5%，协整检验的结果见表 5 - 8。

表 5 - 8　　协整检验结果

Hypothesized No. of CE（s）	Eigenvalue	Trace Statistic	0.05 Critical Value	Prob. **
None *	0.972146	60.91071	47.85613	0.0019
At most 1	0.821443	21.52227	29.79707	0.3259
At most 2	0.139158	2.570926	15.49471	0.9829
At most 3	0.080455	0.922639	3.841466	0.3368

续 表

Hypothesized No. of CE (s)	Eigenvalue	Max – Eigen Statistic	0.05 Critical Value	Prob. **
None *	0.972146	39.38844	27.58434	0.0010
At most 1	0.821443	18.95134	21.13162	0.0983
At most 2	0.139158	1.648287	14.26460	0.9966
At most 3	0.080455	0.922639	3.841466	0.3368

从表5-8可以看出，在不存在协整关系的原假设下，Johansen最大特征检验和迹检验结果均在5%显著性水平下大于其各自的临界值，故拒绝原假设，说明lnAQI与lnCUV、lnTV、lnSV之间存在长期协整关系，可进一步对它们进行因果关系检验。

3. Granger **因果关系检验**

协整检验仅说明了变量之间的长期均衡关系，但要证明变量之间是否存在确定性的相互关系，需要通过Granger因果检验来判断。Granger因果检验的实质是检验一个变量X的滞后变量是否对另一变量Y有显著解释能力，如有，则表明Y受到X的滞后影响，即变量X是Y的原因。运用Granger因果检验判断工业固体废弃物处理与城市雾霾之间的因果关系，检验结果见表5-9。

由表5-9可以看出，在5%显著水平下，lnCUV在滞后期为1、2时是lnAQI的Granger原因；lnTV在滞后期为3时是lnAQI的原因；lnSV在滞后期为1时是lnAQI的原因。也就是说，工业固体废弃物综合利用量以及工业固体废弃物贮存量对于城市雾霾的影响，从滞后1期（年）开始显现，而工业固体废弃物处置量对于城市雾霾的影响，从滞后3期（年）开始显现，说明工业固体废弃物不同的处理方式对城市雾霾影响具有不同的时滞性。此外，通过表5-9我们可以看出，在5%显著水平下，在滞后期为1、2、3时，lnAQI都不是lnCUV、lnTV和lnSV的原因，这说明工业固体废弃物处理与城市雾霾之间不存在双向因果关系，城市雾霾对工业固体废弃物处理过程不存在显著影响。因此，Granger因果检验结果表明：工业固体废弃物处理会对城市雾霾造成影响，四个变量之间存在确定性的相互关系，可以继续对模型进行回归分析。

表 5-9 Granger 因果关系检验

滞后期	原假设 H0	*F* 统计量	*P* 值	结论
1	lnCUV 不是 lnAQI 的 Granger 原因	23.9896	0.0012	拒绝
	lnAQI 不是 lnCUV 的 Granger 原因	0.21778	0.6532	接受
	lnTV 不是 lnAQI 的 Granger 原因	1.61559	0.2394	接受
	lnAQI 不是 lnTV 的 Granger 原因	1.36336	0.2766	接受
	lnSV 不是 lnAQI 的 Granger 原因	7.92104	0.0227	拒绝
	lnAQI 不是 lnSV 的 Granger 原因	0.16796	0.6927	接受
2	lnCUV 不是 lnAQI 的 Granger 原因	27.7211	0.0020	拒绝
	lnAQI 不是 lnCUV 的 Granger 原因	0.16730	0.8505	接受
	lnTV 不是 lnAQI 的 Granger 原因	1.00335	0.4302	接受
	lnAQI 不是 lnTV 的 Granger 原因	0.60982	0.5794	接受
	lnSV 不是 lnAQI 的 Granger 原因	3.01826	0.1381	接受
	lnAQI 不是 lnSV 的 Granger 原因	0.07874	0.9254	接受
3	lnCUV 不是 lnAQI 的 Granger 原因	3.94615	0.2088	接受
	lnAQI 不是 lnCUV 的 Granger 原因	0.57148	0.6864	接受
	lnTV 不是 lnAQI 的 Granger 原因	84.3984	0.0117	拒绝
	lnAQI 不是 lnTV 的 Granger 原因	0.65974	0.6492	接受
	lnSV 不是 lnAQI 的 Granger 原因	1.22005	0.4800	接受
	lnAQI 不是 lnSV 的 Granger 原因	10.4652	0.0885	接受

4. 模型估计结果及分析

利用 Eviews7.2 软件对模型进行处理，模型估计结果如表 5-10 所示。

表 5-10 回归结果

变量	系数估计值	标准差	*t* 统计量	*P* 值
lnCUV	-0.251686	0.059084	-4.259806	0.0028
lnTV	-0.097607	0.022662	-4.307105	0.0026
lnSV	0.014947	0.006900	2.166401	0.0622
C	6.520482	0.398804	16.35010	0.0000
拟合优度	0.915648	因变量均值		4.229045
调整后的拟合优度	0.884016	因变量标准差		0.075637

续　表

变量	系数估计值	标准差	t 统计量	P 值
回归标准误差	0.025759	Akaike 信息准则		-4.218854
残差平方和	0.005308	Schwarz 准则		-4.057218
似然值	29.31312	Hannan—Quinn 标准		-4.278697
F 统计量	28.94695	DW 统计量		2.360414
统计量的 P 值	0.000120			

由模型估计结果可以看出，拟合优度和调整后的拟合优度分别为0.9156、0.884，说明拟合度良好；各变量 T 值的绝对值分别为4.2598、4.3071和2.1664，均大于2，通过检验；F 值为28.9469，在1%的显著性水平上，大于其临界值 $F(3, 8)=7.59$，通过检验；统计量的 P 值为0.00012，说明回归方程整体通过了1%的显著性检验。因此回归方程显著成立，回归模型为：

$$\ln AQI = 6.520482 - 0.251686\ln CUV - 0.097607\ln TV + 0.014947\ln SV \tag{5-3}$$

由回归模型式（5-3）可以看出：工业固体废弃物贮存量的系数为正，说明工业固体废弃物贮存后所带来的二次污染会加重城市雾霾问题，且工业固体废弃物贮存量每增加100%，AQI指数将增加1.49%。工业固体废弃物综合利用量和工业固体废弃物处置量的系数为负，说明对工业固体废弃物进行综合利用和处置都能缓解城市雾霾问题，但是其影响程度不同。工业固体废弃物综合利用量每增加100%，AQI指数将减少25.17%，工业固体废弃物处置量每增加100%，AQI指数将减少9.76%，也就是说，工业固体废弃物综合利用对城市雾霾的影响力更大。同时，由之前Granger因果关系检验我们可以看出，工业固体废弃物处置处理的时滞性也较强，这说明工业固体废弃物综合利用处理的效率要高于工业固体废弃物处置处理。造成上海市工业固体废弃物处置处理效率偏低的原因主要在于：一方面，我国没有专门针对一般工业固体废弃物的焚烧标准，只有污泥的焚烧标准和危险废弃物焚烧标准，虽然在上海像冶炼废渣、粉煤灰、炉渣、脱硫石膏等一般工业固体废弃物都进入了综合利用的渠道，但是还是有不少工业固体废弃物如废塑料、废橡胶、废纸类、废木材等一般工业固体废弃物会被送入焚烧厂进行焚烧，焚烧标准的缺失使得上海工业固体废弃物的整体焚烧效率不高；另一方面，上海市固体废弃物处置中心（一期）是目前上海唯一的安全填埋场，除了要处理工业固体废弃物外，还要同时处理焚烧飞灰、生活危险废弃物及其他危险废弃物，而二期工程于2012年12月才开始申报承建，巨大的填埋压力也影响了对工业固体废弃物进行填埋处理的效率。因此，这也进一步说明模型的估计结果与目前上海市工业固体废弃物处理的现状是相符的。

5.2.2　研究结论

我国工业固体废弃物处理方式主要有综合利用、处置和贮存三种方式，基于近12年上海市相关统计数据，对这三种工业固体废弃物处理方式与城市雾霾问题之间的关系进行了实证研究，研究结果表明上海市工业固体废弃物处理对雾霾问题存在如下影响：工业固体废弃物处理与城市雾霾之间存在长期稳定均衡关系，对工业固体废弃物进行综合利用能有效缓解城市雾霾问题，且其影响作用在短期内就能显现；工业固体废弃物处置处理对城市雾霾也有缓解作用，但受工业固体废弃物的处置现状约束，其时效性和影响力都要弱于工业固体废弃物综合利用处理，时滞性较强，其效果不能在短期内体现；工业固体废弃物贮存后所带来的污染在一定程度上会恶化城市雾霾问题，贮存量越高，城市雾霾问题会越为严重。基于上述研究结果，文章提出以下对策和建议。

第一，推动工业固体废弃物综合利用技术创新和实际应用。工业固体废弃物综合利用是对固体废弃物进行“无害化、资源化和减量化”处理的重要手段，综合利用不但可缓解雾霾污染，而且能产生可观经济效益。近年来，我国在利用工业固体废弃物制备新型功能材料等高值利用技术方面有了较大的发展，但是部分技术尚处于实验室研究阶段，投入实际应用较少。因此，在积极推进工业固体废弃物综合利用技术创新研究的同时，还应当鼓励这些技术在综合利用环节的实际应用，以进一步提高工业固体废弃物综合利用量和综合利用率。

第二，健全工业固体废弃物处置的相关法规和基础设施建设。一方面，我国应建立并完善一般工业固体废弃物焚烧标准，加强对焚烧企业的监督；另一方面，针对目前上海市还没有工业固体废弃物填埋场，大量工业固废混入生活垃圾填埋场处理的问题，建议可以在工业集中区新建专门的工业固体废弃物填埋场以满足工业固废安全填埋需求，通过工业固体废弃物处置效率和处置能力的提高，增强工业固体废弃物处置的时效性和对雾霾天气的缓解作用。

第三，规范工业固体废弃物贮存管理。受工业固体废弃物累计堆放量大、缺乏监管等多种因素影响，包括上海在内，我国每年都有大量工业固体废弃物处于露天堆放的贮存状态。因此，必须加强对工业固体废弃物贮存管理体系的规范和监管，根据工业固体废弃物特点的不同对其进行分类贮存，尤其像冶炼渣、化工渣、燃煤灰渣、废矿石、尾矿等工业固废必须堆放在专用的贮存设施或场所，并定期对贮存场地进行环境影响评价，对于不符合环境保护标准的工业固体废弃物贮存场地应限期及时改造，以避免粉尘、二氧化硫和氮氧化物等大气污染物的产生。

第四，推行清洁生产，从源头减少工业固体废弃物的产生量。可以通过制定补贴政策、税收扶持政策、贷款优惠等政策激励和引导企业清洁生产进程，积极推广先进生产工艺、技术、设备和材料在企业中的应用，从根本上减少雾霾来源。

5.3 能源效率视角下的物流产业雾霾效应与结构调整

低碳物流的提出主要归结于社会和政府对发展低碳经济的倡导，而“低碳经济”这一术语最早出现在2003年英国政府发表的《我们未来的能源：创建低碳经济》白皮书中，这一概念的实质是关注能源使用效率和能源消耗结构的问题，以能源的制度创新和技术创新作为核心，把促进社会可持续发展、缓解气候变化带来的负面影响作为最终目标，因而提升能源效率，有效缓解城市雾霾效应。物流业作为经济社会的支柱产业，其行业特性要求物流各个作业环节都需要能源的支持才能完成，特别是车辆运输和配送作业环节，消耗大量的石化燃料。2007年IPCC第四次评估报告中就指出在1970—2004年，温室气体排放最大增幅主要来自能源供应、交通运输和工业，其中2004年交通运输行业占到全行业温室气体排放源的13.1%，而交通运输作为物流产业的核心业务之一，基于此，发展低碳物流，减少高碳排放能源的消耗比重对于我国实现2020年单位国内生产总值（GDP）二氧化碳排放比2005年下降

40% ~45% 的节能减排目标具有积极意义。

在现有的文献中，戴定一（2008）是国内早期研究低碳物流的学者，他首次提出低碳经济需要现代物流的支撑，并从技术层面、规划层面和政策层面对物流中的低碳经济问题进行研究。因为低碳物流还是一个新兴的研究领域，低碳物流定义还没有统一标准，但 Huang（2010）、王维婷（2011）和李亚杰（2011）都认为节能减排是实行低碳物流的重要宗旨。陈喜波（2011）、钟新周（2012）根据低碳物流的特性提出了低碳物流的影响因素，主要包括物流信息化、人才培养、基础设施、政策环境和逆向物流等。发展低碳物流对策建议方面，学者主要从制定低碳物流行业标准、加强政府宏观规划、应用低碳物流技术与装备、树立低碳理念、物流集约化管理等方面进行研究。另外，还有学者围绕相关模型分析低碳物流的实现途径，主要涉及运输与配送路径的选取、厂址区位选择等。低碳物流发展模式方面，董千里（2010）提出低碳物流在货运方面的运作模式，从物流高级化角度强调通过监控管理以及统筹规划的集成管理思想来提高物流运作效率，进而实现物流的低碳效应。姜燕宁（2012）则围绕物流技术、规划、政策三个方面提出发展低碳物流的服务创新模式。

通过查阅已有的文献，很少有涉及物流业能源消耗结构方面的研究，周叶（2011）通过测算我国物流业中不同能源碳排放系数分析各省物流节能减排情况，得出西部的物流作业 CO_2 排放量要远低于中东部省份，但单位货物周转 CO_2 排放量西部却高于中东部省份的结论，这为本项目研究低碳物流能源消耗情况提供了思路及测算方法。本项目将通过构建超越对数生产函数模型对我国现代物流走低碳化道路的能源消耗情况进行分析，以期为政府部门、企业发展低碳物流进行科学决策提供有益参考。

5.3.1 物流产业能源效率测算

为了方便计算，超越对数函数自变量由特殊符号代替，根据《中国统计年鉴》《中国能源统计年鉴》等资料来源获得 1994—2010 年各变量数据。经过计算，相关系数值基本在 0.82 以上，变量间的多重共线性较为显著。为了使最小二乘（OLS）估计结果更合理，本项目采用岭回归方法解决多重共线性问题进行估计，利用统计软件 SPSS18.0 计算得出不同变量在一定岭参数

（K 值）范围内的系数变化情况，绘成岭迹图以及 R^2 与 K 值关系图，如图 5－1、图 5－2 所示。

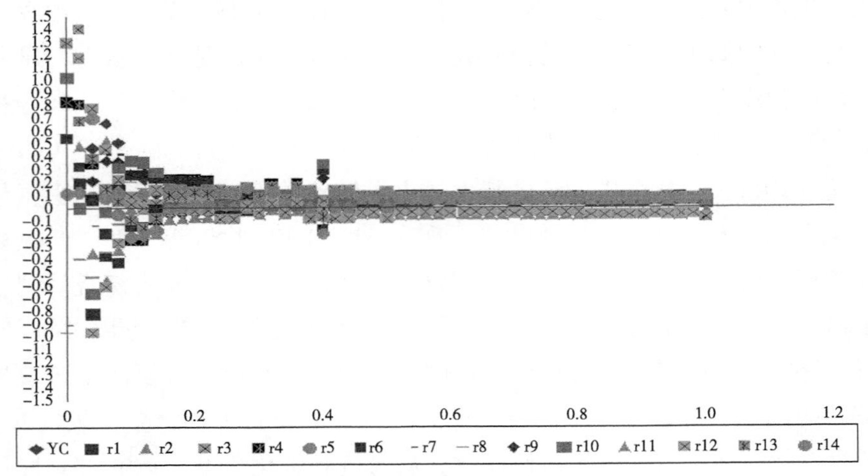

图 5－1　自变量的岭迹图

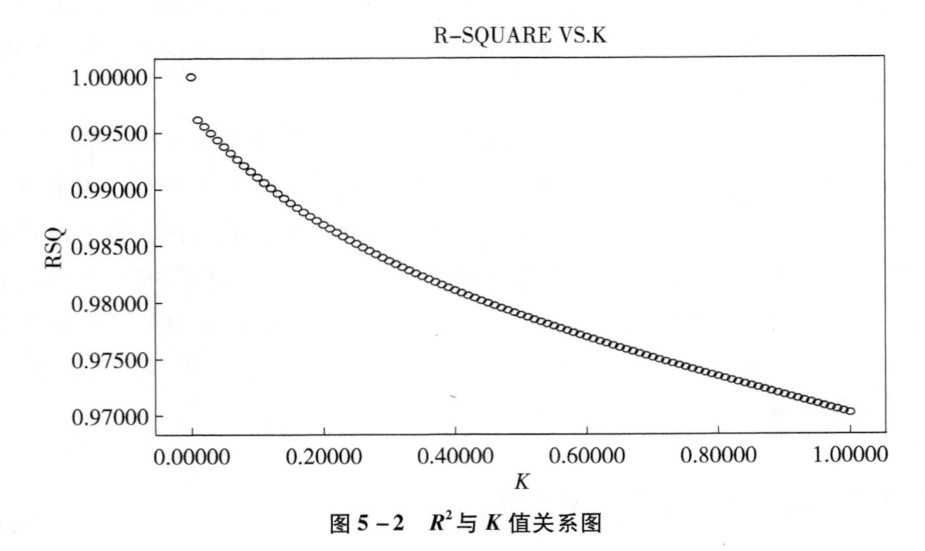

图 5－2　R^2 与 K 值关系图

根据图 5－1 所示各自变量的岭迹图可以看出当 K 值在 0.2 附近时，各变量的岭回归系数估计趋于稳定，没有呈现剧烈波动，根据图 5－2 也可看出在 K 值从 0.2 以后 R^2 呈较平稳下降过程。用 $K=0.2$ 计算方差膨胀因子得出结果如表 4－1 所示，各 *VIF* 值均小于 5，说明所对应的 K 值的岭估计就会相对稳定。综上所述，给定 $K=0.2$，其可决系数 $R^2=0.9868$，根据 1994—2010 年的物流业各能源消耗情况数据进行计算，最终得到岭回归估计结果如表 5 - 11 所示。

表 5 - 11　　岭回归估计结果

变量＼回归系数	回归系数标准误差	标准化回归系数	*T* 统计量	*VIF* 值
6. 1433	3. 3547	0. 0000	1. 8312	
0. 1540	0. 0907	0. 1477	1. 6981	0. 9458
0. 0297	0. 0417	0. 0286	0. 7127	0. 3795
-0. 0454	0. 1135	-0. 0243	-0. 3999	0. 2755
0. 0668	0. 0559	0. 0487	1. 1939	0. 1786
0. 0371	0. 0196	0. 0866	1. 8938	0. 0159
-0. 0063	0. 0372	-0. 0165	-0. 1692	0. 2821
0. 0044	0. 0023	0. 0532	1. 9562	0. 0203
0. 0045	0. 0017	0. 1033	2. 6272	0. 3989
0. 0140	0. 0385	0. 0326	0. 3628	0. 3013
0. 0049	0. 0037	0. 0725	1. 3102	0. 2473
0. 0070	0. 0024	0. 1090	2. 8861	0. 5895
0. 0024	0. 0022	0. 0410	1. 0976	0. 0460
-0. 0020	0. 0089	-0. 0150	-0. 2265	0. 2097
0. 0075	0. 0052	0. 0638	1. 4377	0. 0483
0. 0145	0. 0064	0. 1803	2. 2487	0. 2471

注：*VIF* 值通过 MLATLAB 编程求得，Adjusted R^2 = 0. 80，标准误差估计：0. 28044。

从表 5 - 11 可以看出岭回归后所得的统计检验结果并不理想，但岭回归方法的运用主要是能否有效地克服共线性和所得参数是否具有合理性。表 5 - 11中基本所有变量的回归系数为正，煤炭及其交叉影响项的系数除外，这主要是因为物流业的能源消耗统计数据显示，1994—2010 年，物流业煤炭能源的消耗量是在不断降低的，其他能源消耗量则都在上升，所以该参数估计值与物流业能源消耗的实际情况相符，因此可以认为模型的参数估计结果是有意义的。

根据上面得到的模型参数的估计值，可以计算得到物流业 1994—2010 年的不同能源投入的产出和替代弹性以及它们的技术进步差异水平，如图 5 - 3、

图 5 –4、图 5 –5 所示。

1. 物流业能源产出弹性分析

从图 5 –3 中可以看出，1994—2010 年，我国物流业不同能源要素的产出弹性都处于增长的态势，从大到小依次为：天然气、电力、石油、煤炭。这符合天然气、电力作为清洁能源的利用效率要比石油、煤炭这些高碳排放能源的利用效率要高的实际情况，特别是在物流领域，天然气能源产出弹性远远高于石油、煤炭的产出弹性。1994 年，天然气的产出弹性为 0.47，到 2010 年达到了 0.68，提高了 30.9%，并且从 2002 年开始，这种差距在不断拉大；电力的产出弹性值一直保持在 0.3 这一相对稳定状态，虽然石油、煤炭能源的产出弹性也一直都维持平稳状态，但都在 0.1 以下水平，其中，物流业煤炭能源的产出弹性虽在缓慢增长但还是一直为负，这说明天然气能源使用对发展低碳物流是有益的，而煤炭能源的使用则会产生副作用，物流业天然气的产出弹性快速增长也说明该行业在能源使用效率方面显著提高。

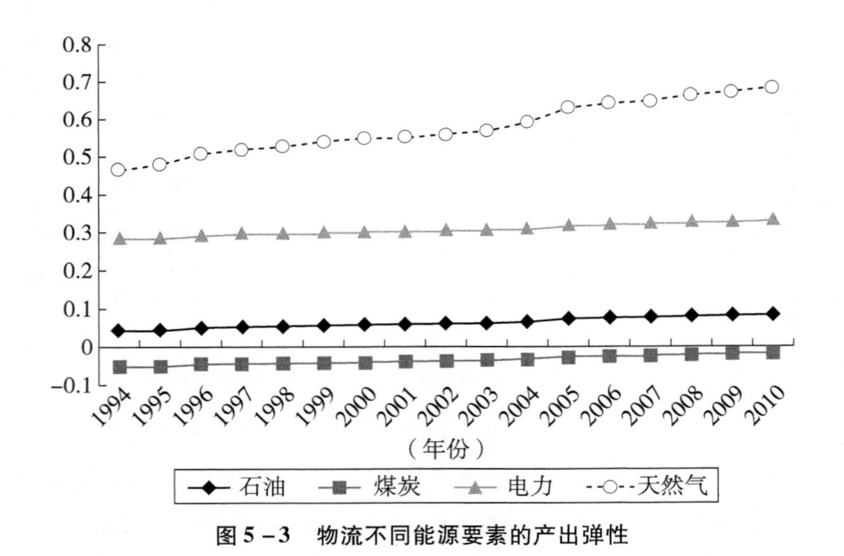

图 5 –3 物流不同能源要素的产出弹性

2. 物流业能源替代弹性分析

从图 5 –4 中可以看出，电力与天然气的替代弹性是小于 1 的，这说明作为清洁能源的电力和天然气，在物流业这两种能源是不需要相互替代的，而是应该共同发展这两种清洁能源；石油与电力、石油与天然气、煤炭与天然气、煤炭与电力之间的替代弹性系数都很接近，且都大于 1，说明以天然气、电力为代表的清洁能源与石油、煤炭为代表的高碳排放能源之间可以进行有效的能源替代；其中煤炭与电力的替代性相对高点，可能的原因是电力能源中有相当一部分是通过使用煤炭进行火力发电的，导致这两种能源之间存在较高的替代弹性。物流业能源要素替代弹性最高的是石油与煤炭，基本维持1.10以上水平，从2002年开始，二者之间的能源替代弹性变得越来越高，到2010年，两者的替代弹性达到历年来的最高值1.19，这主要是因为石油和煤炭能源都属于高碳排放的化石燃料。

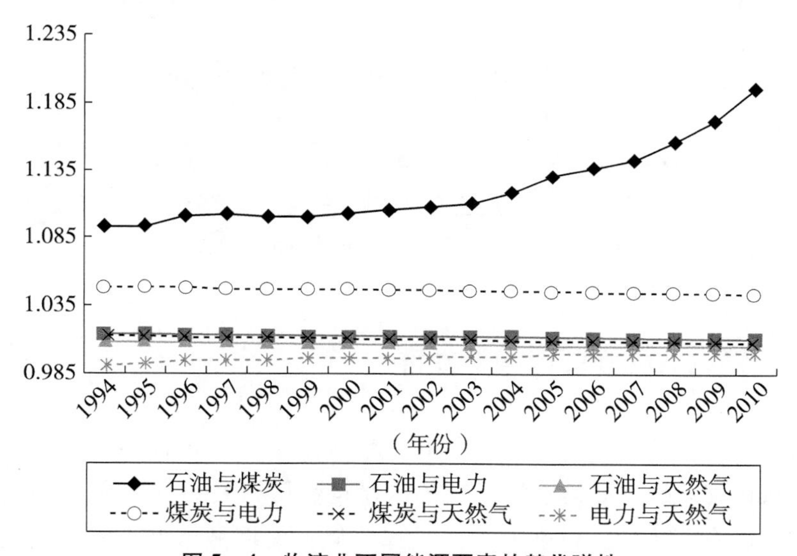

图5－4　物流业不同能源要素的替代弹性

3. 物流业能源技术进步差异分析

从图5－5中可以看出，目前物流业能源技术进步由高到低依次为：电力、煤炭、天然气、石油。电力和煤炭的技术进步是最快的，电力技术进步符合我国对清洁能源的发展需求，但煤炭技术的快速进步却与前面煤炭能源的产出弹性为负的结论似乎相矛盾，可能有以下几点原因：①煤炭能源的使用长期处于粗放型，大量煤炭未经脱硫等加工处理直接燃烧排放，造成环境污染严重和利用效率低下，所以煤炭利用的技术起点较低，可改进的空间较大；②图5－5显示电力的技术进步比煤炭快，而图5－4又提到它们之间具有高替代性，所以即使煤炭的技术进步速度较快，但受到了电力的影响，产出弹性系数不高。石油的技术进步速度一直处于逐年下降的趋势，特别是从2002年开始，石油的技术进步开始大幅减缓，天然气的技术进步则开始迅速提升。

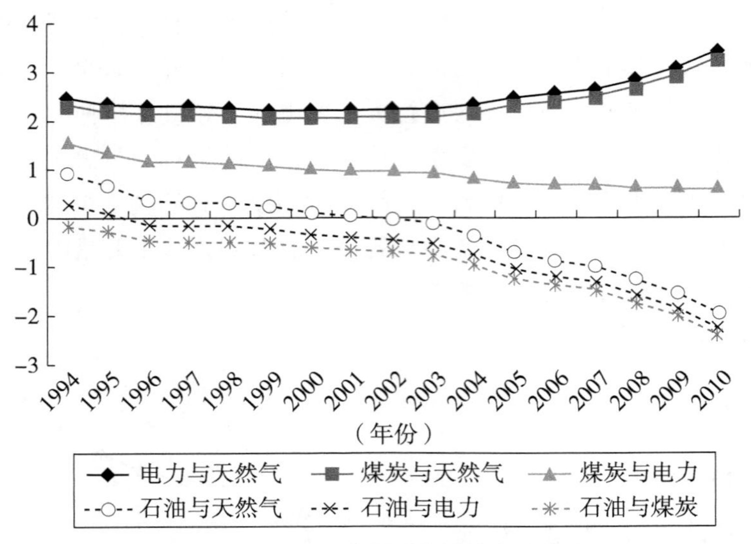

图5－5　物流不同能源要素的技术进步差异

5.3.2　物流业能源结构调整分析

城市集群各城市间的经济辐射和扩散效应取决于物流系统的发达程度。可见，城市集群的发展与物流系统的构建是密切相关的。当前，城市群无疑将为长江经济带建设提供强有力的支撑，但在发挥城市群之间的衔接作用，使长江经济带成为一个有机整体的同时，必须协调好物流系统、城市化发展与生态环境之间的关系。近年来，各种环境问题越来越激烈化，大气、水、固体废弃物等污染，以及过度消耗、开采，导致生态环境遭到严重破坏，生物物种越来越少，不可再生资源越来越濒临枯竭。因此，伴随城市化发展潜在的环境问题不容忽视。本项目就是希望通过分析长江经济带物流系统、城市化发展和环境系统的耦合数量关系，引导长江经济带走向更为良性、经济的可持续发展道路。

目前，对于长江经济带的研究主要集中于空间结构、区域差异、产业分工与合作，而对长江经济带的城市化与生态环境协调关系的研究较少涉及（马建等，2012）。

实际上，对于城市化与生态环境协调发展的问题早就引起了学者们的关注，这一直是区域管理和可持续发展研究的一个核心问题（宋建波等，

2010)。近年来成熟型城市群如长三角、珠三角、京津冀出现大范围雾霾天气表明，我国东部发达地区在城市群培育和发展过程中存在着严重的经济社会发展与资源环境不协调问题（卢伟，2014)。而整个城市化过程就是城市化的各个层面与生态环境的综合协调、交互胁迫的耦合发展过程（乔标，方创琳，2005)。城市化与生态环境系统要素之间的耦合是复杂的，主要表现在城市化对生态环境的胁迫作用和生态环境对城市化的约束作用两个方面（刘耀彬，李仁东，宋学峰，2005)。城市化与生态环境之间的关系就是在城市化的诸多方面与生态环境的众多因子的相互作用、相互耦合中形成的，这里更多体现城市化与生态环境耦合性特征（刘耀彬，宋学锋，2005)。

如果我们的分析再深入一个层面，就会发现，城市化与生态环境的相互作用关系随着城市化的不断发展、区域经济的不断增强以及生态环境的变化而呈现出明显的阶段性特征（陈晓红等，2011)。这是由于在各阶段城市的产业结构不同，各种环境要素在城市发展中的作用不同，被破坏的程度不同，生态环境的主要问题和特征也就随之而不同（黄金川，方创琳，2003)。它们之间的相互作用、互相关联的特点也异常明显，城市化进程中的生态环境问题只能靠城市化的充分发展得到解决（刘耀彬，2006)。城市化与资源环境之间的协同性特征，一方面，耦合系统要求在资源环境承载范围内发展社会经济，追求社会经济利益的最大化；另一方面，资源环境承载力是动态的，是依靠城市化过程中社会经济发展和投资水平不断提高的（宋超山等，2010)。正确认识城市化与生态环境交互胁迫的动态耦合规律和协调性（乔标，方创琳，2005)，科学处理和协调快速发展的城市化与日益严峻的环境状况之间的关系，尽快采取措施促使城市化与环境系统向耦合协调方向发展（吴玉鸣，柏玲；2011)。

从上述研究明显可以发现，对城市和生态系统的协调发展的研究非常缺乏，尤其是针对长江经济带区域特征明显背景下，如何避免高生态消耗，促进人类发展的城市化模式，对于促进长江经济带物流业、城市化与生态环境的协调发展具有重大意义。

工业发展与和城市化双重驱动背景下，植根于能源的巨大需求和消耗以及对生态环境和资源的剥夺，势必对生态系统和资源环境承载力带来巨大压力（王少剑等，2015)，对此，有必要对长江经济带能源消耗的类型及消耗量进行比较分析，以挖掘出形成城市雾霾的真实原因，为构建长江经济带物流一体化过程中，从而对消耗能源方面有清晰的认识。

1. **长江经济带省市煤炭消耗比较**

从图 5 - 6 可以看出，江苏省的煤炭消耗量在近十年中一直处于长江经济带首位，每年煤炭消耗量均超过一亿吨，且每年消耗量的增长速度也处于较高水平；其次就是湖北省、浙江省及安徽省的煤炭消耗量，处于较高水平；而上海市、江西省及重庆市的煤炭消耗量相比较之下处于较低水平，除上海市的变化趋势并不是特别明显，其他省市的煤炭消耗量基本都处于逐年增长的趋势。

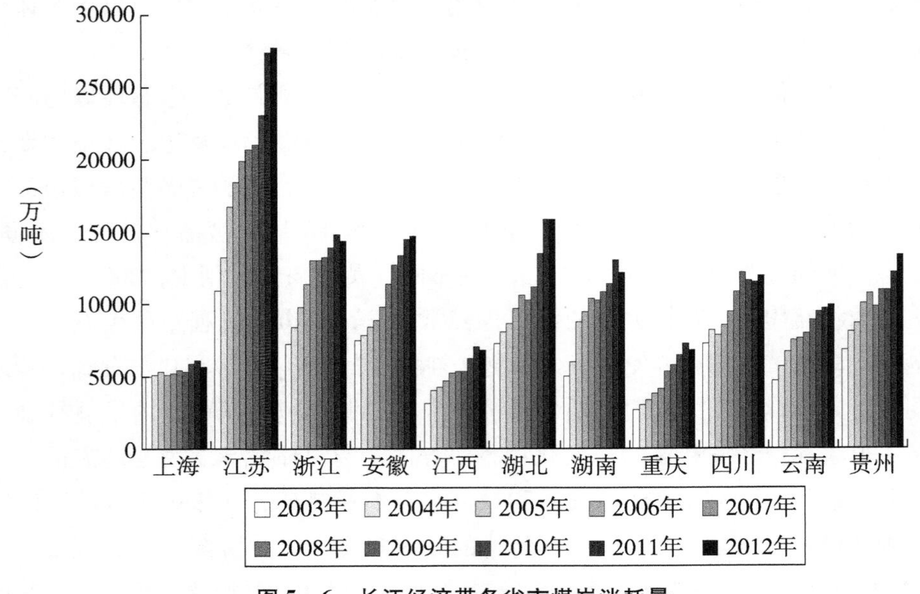

图 5 - 6　长江经济带各省市煤炭消耗量

2. **长江经济带省市焦炭消耗比较**

从图 5 - 7 可以看出，江苏省的焦炭消耗量在长江经济带各省市排首位，其每年的增长速度也较快；其次就是云南省与四川省的焦炭消耗量，但其消耗量较江苏省还是较低的；而重庆市、浙江省及贵州省焦炭的消耗量处于较低水平，每年消耗量基本处于五百万吨以下。

3. **长江经济带省市原油消耗比较**

从图 5 - 8 可以看出，江苏省与浙江省原油的消耗量在长江经济带各省市中处于前两位，两者的消耗量均处于较高水平，且有逐年增长的趋势；其次就是上海市的原油消耗量同样处于较高水平，但其增长速度较江苏省与浙江

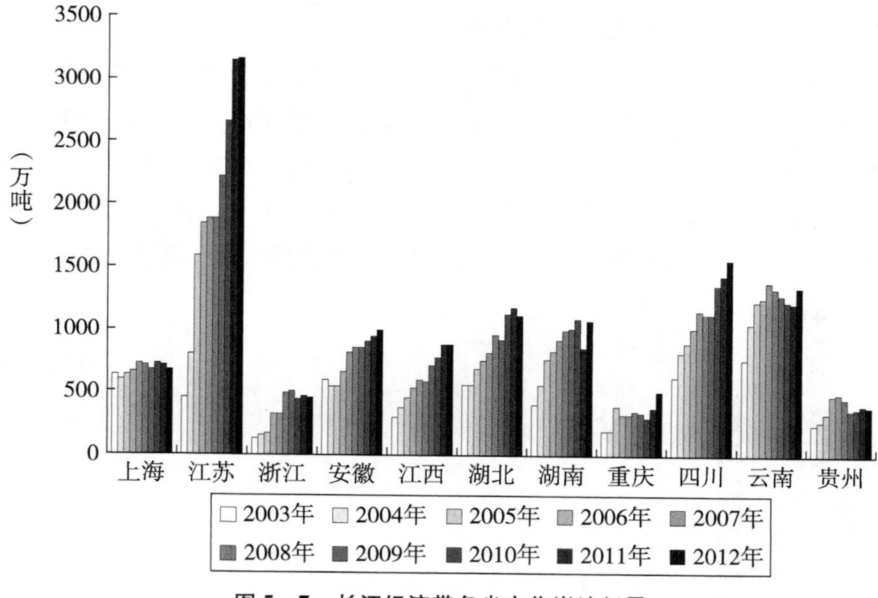

图5－7 长江经济带各省市焦炭消耗量

省还是较低的；其余省市的原油消耗量明显低于前三位省市，均处于较低水平，其中，重庆市、云南省及贵州省尤为突出，重庆市与云南省十年内原油消耗量基本为零，而贵州省近十年中并未消耗原油。

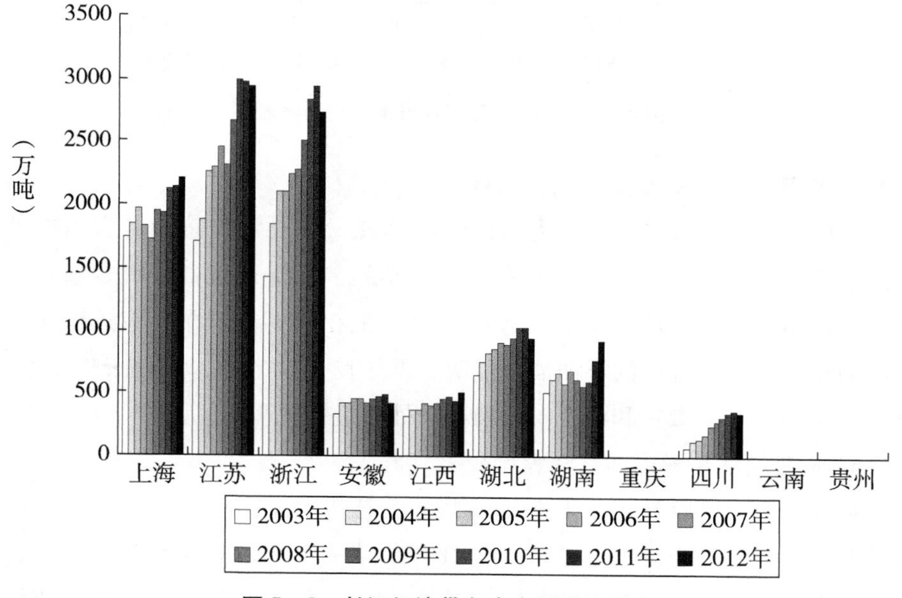

图5－8 长江经济带各省市原油消耗量

4. **长江经济带省市燃料油消耗量比较**

从图5－9可以看出，上海市的燃料油消耗量处于长江经济带各省市中的最高水平，且近十年间每年的消耗量均远高于其他省市；其次就是浙江省与江苏省的燃料油消耗量处于较高水平，但远低于上海市的消耗量；其余省市的燃料油消耗量明显低于前三位省市，均处于较低水平，其中，重庆市和云南省的消耗量处于最低水平，每年的燃料油消耗量都低于十万吨。

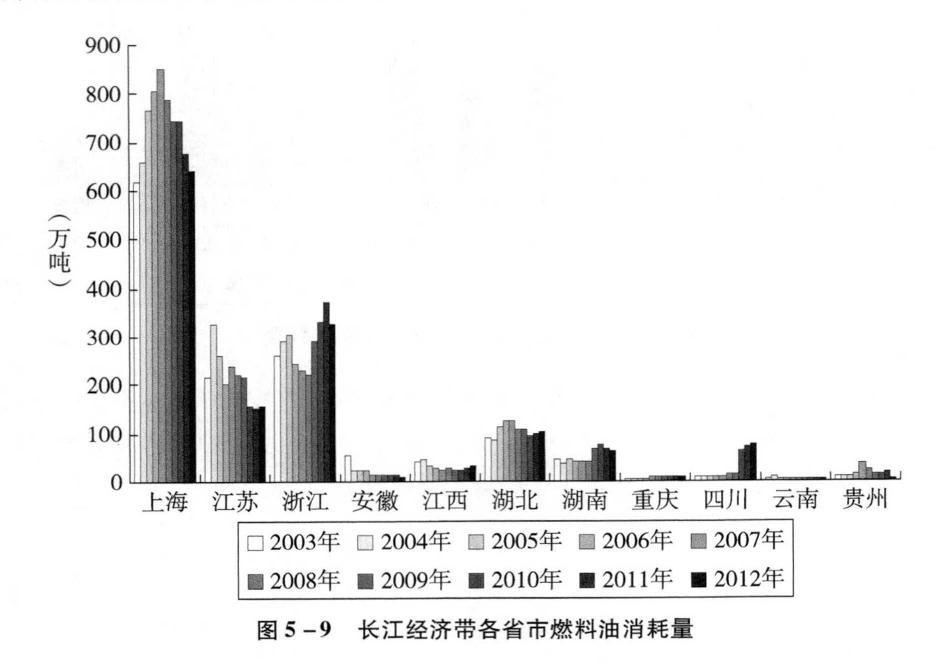

图5－9　长江经济带各省市燃料油消耗量

5. **长江经济带省市煤油消耗比较**

从图5－10可以看出，上海市的煤油消耗量在长江经济带各省市中处于最高水平，且近十年间在逐年上升中，每年的消耗量均远高于其他省市；其次就是四川省的煤油消耗量处于较高水平，虽在逐年上升中，但远低于上海市的消耗量；其余省市的煤油消耗量明显低于前两位省市，均处于较低水平，其中，贵州省、安徽省和江西省的消耗量处于最低水平。

6. **长江经济带省市柴油消耗比较**

从图5－11可以看出，上海市的柴油消耗量处于波动上升的趋势；江苏省的柴油消耗量处于上升的趋势；浙江省的柴油消耗量处于较高的水平，且有逐年上升的趋势；安徽省的柴油消耗量处于上升的趋势，且在2012年增长

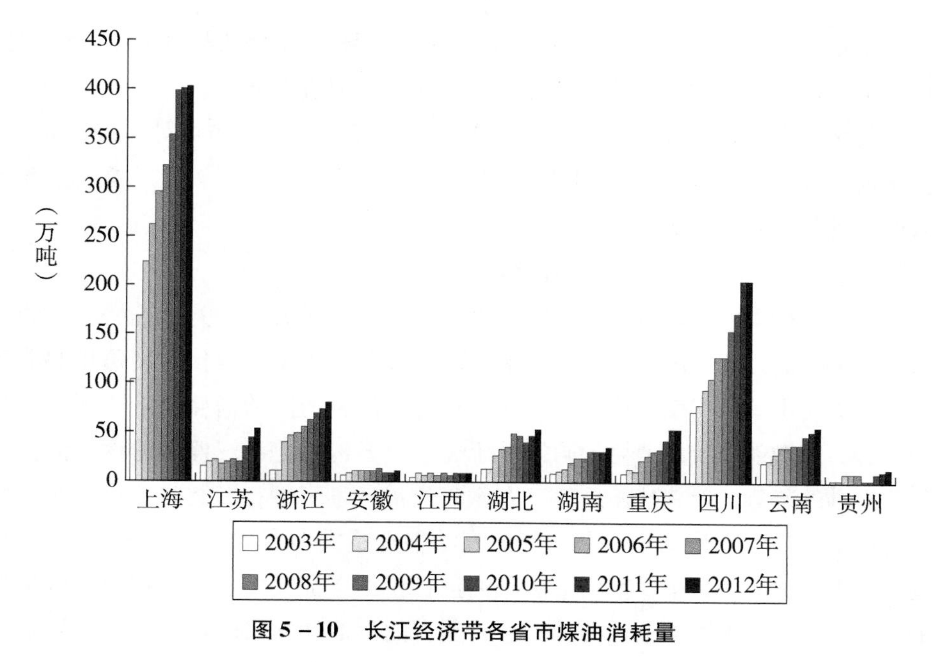

图 5－10　长江经济带各省市煤油消耗量

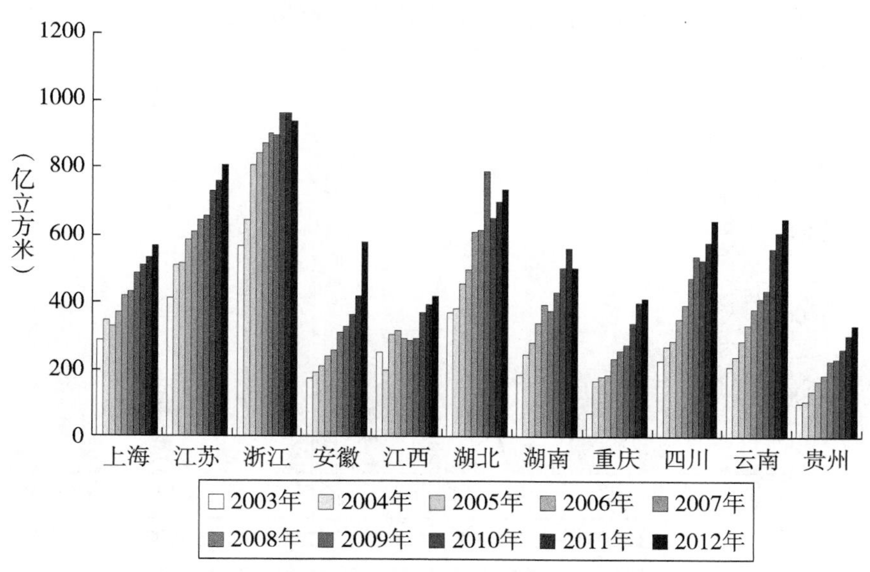

图 5－11　长江经济带各省市柴油消耗量

速度最快；江西省的柴油消耗量处于波动中上升的趋势；湖北省的柴油的消耗量总体上处于上下波动中；而湖南省的柴油消耗量处于先上升后下降的趋势；重庆市的柴油消耗量处于上升的趋势；四川省与云南省的柴油消耗量同

重庆市变化趋势基本一致，处于逐年上升的趋势；而贵州省的煤油消耗量虽处于上升的趋势，但消耗水平较四川省与云南省还是较低的。

其中，浙江省的柴油消耗量大体上在长江经济带各省市中处于较高水平；其次就是江苏省与湖北省；其余省市的柴油消耗量也相差不大，其中，贵州省的柴油消耗量处于最低水平。

7. **长江经济带省市汽油消耗比较**

从图5－12可以看出，上海市的汽油消耗量处于波动上升的趋势，且处于较高水平；上海市的汽油消耗量在长江经济带各省市中居首位，其每年的消耗量均远远高于其他省市的消耗量；江苏省与浙江省的汽油消耗量处于逐年上升的趋势；安徽省的汽油消耗量同样处于逐年上升的趋势；江西省的汽油消耗量处于上升的趋势，但其消耗量低于安徽省的消耗量水平；湖北省的汽油的消耗量总体上处于上下波动中；湖南省的汽油消耗量同湖北省变化趋势大致一致，均处于上下波动的趋势；重庆市的汽油消耗量处于波动中上升的趋势；四川省的汽油消耗量处于逐年上升的趋势；云南省的汽油消耗量较四川省的消耗量还是较低的，但也处于逐年上升的趋势；贵州省的煤油消耗量处于上升的趋势。

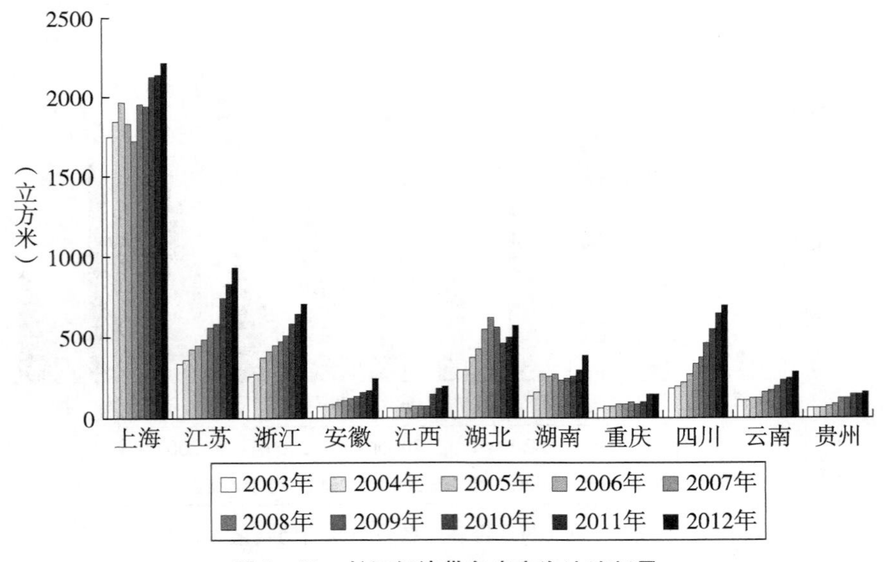

图5－12　长江经济带各省市汽油消耗量

8. **长江经济带省市天然气消耗比较**

从图5－13可以看出，上海市的天然气消耗量总体上处于上升趋势；江苏省的天然气消耗量处于上升趋势，且增长速度快；浙江省的天然气消耗量的变化趋势同上海市一致，处于逐年上升的趋势；安徽省的天然气消耗量水平较低，但处于上升趋势；江西省的天然气消耗量处于上升趋势，但其消耗量水平较低；湖北省的天然气消耗量同样处于较低的水平，但总体上是处于上升趋势；湖南省的天然气的消耗量处于较低的水平，但处于缓慢上升的趋势；重庆市的天然气的消耗量保持每年上升的趋势；四川省的天然气的消耗量处于较高的水平，但在保持逐年增长；云南省的天然气的消耗量处于较低的水平，但处于上下波动的趋势；贵州省的天然气的消耗量变化趋势同云南省一致，也处于较低的水平，且处于上下波动的趋势。

我们可以进一步看出，四川省的天然气消耗量居长江经济带首位，且每年的天然气消耗量均高于其他省市，其增长速度也较快；其次就是重庆市与江苏省，其中，重庆市每年消耗量都有增加，但增长速度不是很快，而江苏省虽然前两年消耗量较低，但其增长速度较重庆市来说更快一些，数据显示在2012年其天然气消耗量超过重庆市；其余省市除云南省与贵州省每年消耗量基本保持不变外，均处于上升趋势，但江西省的天然气消耗量明显偏低。

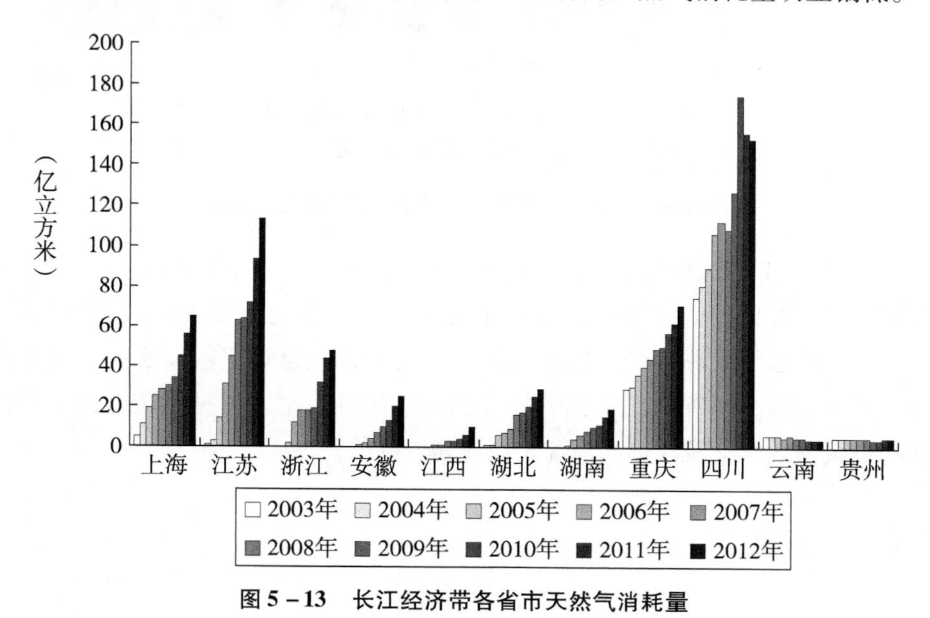

图5－13　长江经济带各省市天然气消耗量

综上所述，一是当前长江经济带并未改变以煤炭消费为主的能源结构，这势必对长江经济带城市雾霾带来巨大压力；二是上海市的能源结构明显得到进一步优化，在2003年上海市的煤炭消耗量所占比例为49.52%，在2012年比例为45.72%，而其他省份，如江西省能源结构还需进行调整，其在2003年煤炭消耗量所占比例为76.14%，而在2012年比例为76.83%。

为了更直观地展示各省市碳排放量的数据并加以比较，下面将用图5－14展示各省市二氧化碳排放量的变化趋势，从而可以看出不同地区城市雾霾污染的程度。

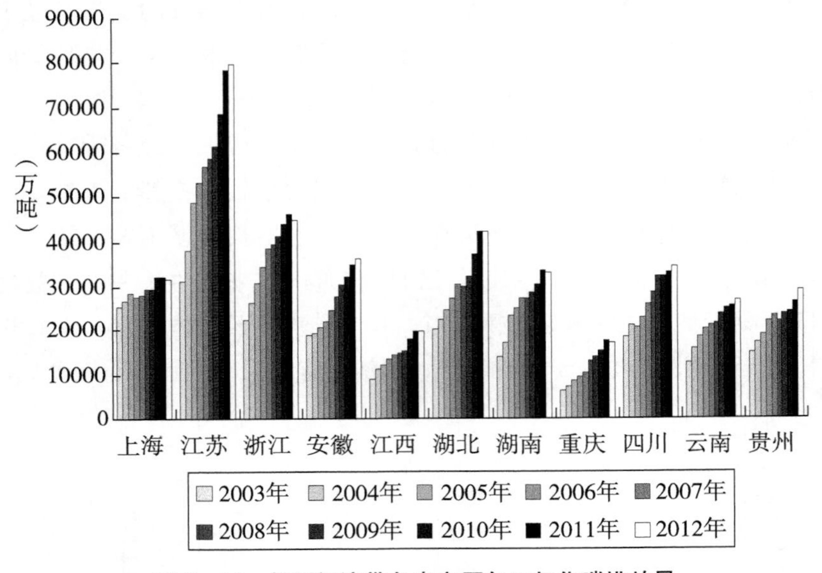

图5－14　长江经济带各省市历年二氧化碳排放量

从图5－14可以看出，各省市的二氧化碳排放量基本上都是处于逐年上升的趋势，可见各省市低碳发展水平还是较低，节能减排工作还有待加强。通过比较各省市发现，江苏和浙江的二氧化碳排放量处于较高水平，而重庆市、云南省和江西省的二氧化碳排放量处于较低水平，可见重庆，云南和江西的低碳发展水平较江苏和浙江来说还是较高的。

5.3.3　研究结论

长江经济带物流业的增长值不断加大，说明长江经济带物流业的产值不断加大，长江经济带物流业正在不断地发展壮大，从2006—2011年，长江经济带物流业产值净增长84.5%，增长幅度非常大。如图5－15所示。

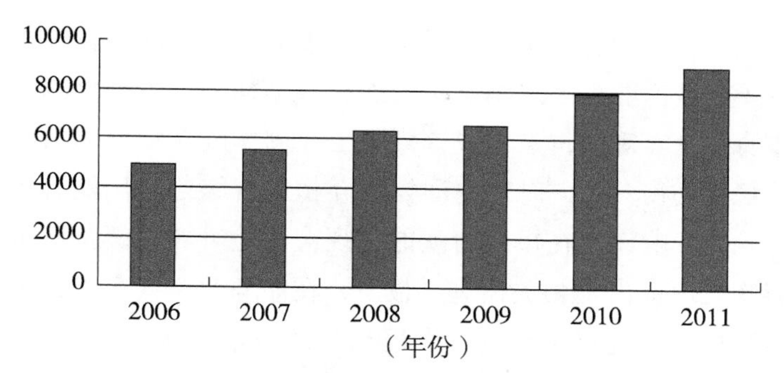

图 5－15　长江经济带物流历年增长量的变化趋势图

资料来源：国家统计局历年统计年鉴。

在长江经济带物流业高速发展的同时，增加了碳排放量，图 5－16 为长江经济带物流业 2006—2011 年的碳排放量。长江经济带物流业碳排放量在不断地增加，从 2006—2011 年 6 年，长江经济带物流业碳排放量增加了 55.5%，增长幅度较大。

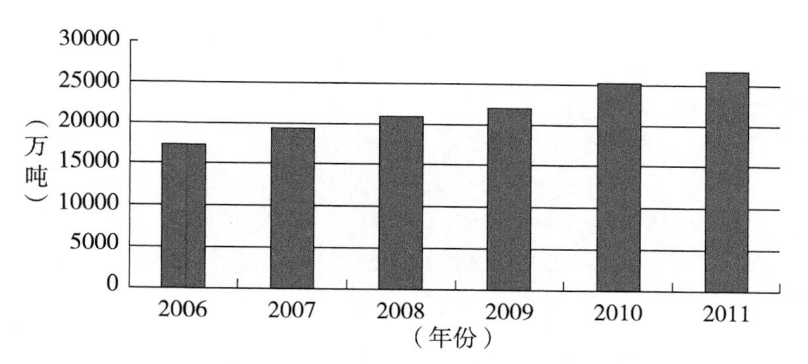

图 5－16　2006—2011 年长江经济带物流业碳排放量

5.4　本章小结

本章重点对物流产业生态对城市雾霾的影响进行实证分析。首先，对物流产业自身的能源效率和结构进行测算，对以碳排放为重点的物流产业能源消耗进行分析，研究发现中西部地区铁路运输、公路运输建设与城市雾霾问题分别存在负相关与正相关的关系，公路运输建设的快速扩张在一定程度上会恶化城市雾霾问题，而铁路运输的合理建设、效率的提高可以缓解城市雾霾问题。其次，对物流产业生态系统与城市雾霾之间的相关性进行了定量分析，建立了物流产业生态影响雾霾的面板数据模型；依赖物流产业完成任务的工业本身也是雾霾的重点形成因素，工业固体废弃物处理与城市雾霾之间存在长期稳定均衡关系，对工业固体废弃物进行综合利用能有效缓解城市雾霾问题，且其影响作用在短期内就能显现，依此对如何缓解城市雾霾的工业固体废弃物处理提出了相关措施。最后，在能源效率视角下，对物流产业雾霾效应与结构调整进行了研究，发现长江经济带物流业的增长值不断加大，但同时增加了碳排放量，2006—2011 年共 6 年的时间里，长江经济带物流业产值净增长 84. 5%，排放量增加了 55. 5%，因此需要物流产业低碳化运营。

6 物流产业生态系统优化路径分析

物流产业生态系统的实施主体为物流企业，通过实施逆向物流对废弃物进行回收并再利用，降低物流产业对城市雾霾的影响。然而，为保证逆向物流的有效实施，必须确保逆向物流的获利性。本章将从政府监管、逆向物流定价、逆向物流回收模式等几个方面研究物流产业生态系统的实施路径。

6.1 加强物流产业生态化的政府监管

6.1.1 政府监管在城市雾霾改善中的角色

近年来，中国各地区爆发了严重的雾霾事件，尤其是华北地区。给居民的交通安全和居民身体健康产生了很大的负面影响。据研究证明，雾霾是由大量人为排放的污染物在特定的气象条件下积聚造成的，其中高浓度的细颗粒物（粒径小于或等于2.5μm的颗粒物，简称PM2.5）或气溶胶污染是雾霾的根本成因。雾霾对居民健康的影响已成为公众极为关心的问题，引起了政府及社会各界的广泛讨论及高度关注。雾霾天气对居民健康的影响主要表现在：对呼吸系统的影响，容易引起支气管炎、肺炎、肺气肿等呼吸道疾病；对心脑血管的影响，增加了原有心血管疾病患者发生急性呼吸道感染的机会；对眼鼻喉的影响，吸入悬浮物颗粒对眼、鼻、咽喉有刺激作用，会使眼产生干、涩、痒、流泪、畏光等症状，发生结膜炎；对情绪的影响，在雾霾天，终日雾霾缭绕，会使人处于抑郁状态，情绪低沉，很容易感到疲惫。因此，雾霾天气的出现给政府及居民带来了一系列民生健康问题。如何减少大气污染及雾霾天气的发生，探讨雾霾的成因及其治理就显得刻不容缓。

许多学者均对城市雾霾产生的原因进行研究分析，发现城市面积、机动车量、尾气排放和工业化水平是影响雾霾的主要原因。而针对治理雾霾的对策主要有完善相关法律法规、建立联防联控机制、营造环保氛围和调整经济结构等措施。基于前面学者对雾霾的研究，将焦点集中在政府监管和企业污染排放方面，从博弈论的角度，促使政府引导企业实施清洁生产，达到减少污染排放的目的。

随着我国经济的不断发展，国民经济数量持续增长，但是经济质量还未达到一定水平，经济发展过程中带来的环境破坏与污染问题依旧存在，企业生产中对社会与环境造成的产生了许多负面影响，政府对企业生产中污染排放的监管存在着一些问题。

1. 企业环保意识薄弱，生产方式粗放

很多企业还处于高投入、高污染、高消耗、低产出的粗放型生产方式。诸如钢铁、炼油厂、建材和纺织等行业本身不符合产业政策和节能减排要求，属于高能源消耗产业，其能源燃烧是污染排放的主要来源。而企业一味追求经济利益最大化，环保意识非常薄弱，环境守法意识较差，对污染治理的工作不够重视，更不愿意对污染治理进行大量资金投入。因为增加污染处理的资金投入将降低企业利润，与企业的经济利益产生冲突；同时，许多企业往往对环保法律没有深入了解，忽视了环境保护的重要性。

2. 政府监管能力薄弱，执法队伍执法力量有待加强

政府环保监管机制不健全，监管能力十分薄弱。目前，全国污染企业超过了100万家，而全国监管人员只有10万多名，平均一个人要监管10多家企业。随着新环保法的颁布，环保人员执法权利增加，但是执法人员能力有限，基层执法亟须磨合。由于执法的特殊性，对专业知识要求较高，需要优秀、专业的执法队伍。我国各区县环保部门监察大队的人数不等，监察力度、执行效率差异巨大，人员编制问题成为新环保法“落地”的一大制约因素。政府施压，公众误解，企业抗法都在一定程度上政府监管队伍带来了压力。

3. 政府监管部门执法不严，监管不力

（1）一些地方政府仍然片面注重追求和盲目攀比国民经济增长速度，以企业纳税额为主要业绩考核指标，使得地方政府支持甚至纵容一些纳税大户，其中包括不少高耗能、高污染企业。因此对于这些高污染排放的企业不仅没有受到应有的惩罚，反而给予这些企业提供保护，从而造成资源浪费和环境污染。

（2）政府环保执法部门执法“软”“拖”“避”。主要表现在地方环保部门对于污染排放企业处罚太“软”，环境违法处罚力度不够，从而使得环境违法成本低。环保执法“拖”表现在环保部门在展开环保检测时，应该抓紧时间深入调查，尽快排除污染，否则每多拖一天，污染排放就增加一些。环保执法“避”体现在当一些地方环保部门接到举报材料后并未落实检查执法，甚至隐瞒违法事实，政府部门的这种庇护行为无疑助长了企业违法的侥幸心理。

4. 环保法律法规体系不健全

对政府来说，国家未建立一套完善的环保法律法规，虽然国家政府建立了有关的环保法律，但是还未形成一套全面、完整的环保法律体系，相关的法律法规也还存在较多缺陷，往往使得企业的违法成本较低，而守法成本较高，从而也大大降低了企业治理污染的动力，致使相关的环保法律法规并未发挥充分的作用。

5. 政府对企业污染治理不够重视，未形成完整的污染治理补偿机制

一些企业已经意识到了环保的重要性，并且对污染治理设施已有一定投入，但对设施设备还缺乏相应的维护管理，使得污染治理设施难以充分发挥正常的治污效果，基于对设施的维护管理需要一定投入，这会增加企业的成本，使得企业不愿对日常维护有所投入。这主要是因为政府对企业的污染治理缺乏相应的补偿，还未建立一套完善的污染治理补偿机制。

6.1.2 政府监管对城市雾霾改善的博弈论分析

雾霾的危害是典型的“公地悲剧”“监管失效”和“市场失灵”现象。为遏制大气污染进一步恶化，需要政府环保监管部门“有形的手”，加大环境监管力度，这对企业修建污染处理设施，减少污染排放起着极为重要的主导作用。从博弈角度出发，政府环境监管部门的严厉执法将引导企业实施清洁生产、减少污染排放，从而为改善环境质量奠定基础。

1. 政府监管部门实施惩罚

假定每一个企业都是合法生产经营者，政府和企业间的信息是不完全的。由此我们进一步模型假设：政府为了消除企业造成的污染需要投资 M；政府监管部门检查企业是否排放污染的成本为 C；企业为了达到污染处理的目的，

投入的固定成本为 H；企业销售产品的收益为 R；假如政府监管部门发现企业排放污染，给予企业惩罚，惩罚金额为 K。因此，这个博弈的参与人是政府环保监管部门和企业。政府监管部门的战略选择是检查或不检查，企业的选择是修建污染处理设施处理污染或不修建不处理污染。假设 $C \leqslant K$ 在政府和企业的博弈演变关系，如表 6－1 所示。

表 6－1　　$C \leqslant K$ 时政府和企业的博弈演变关系

政府行为 \ 企业行为	处理污染	不处理污染
检查	$-C, R-H$	$-M+K-C, R-K$
不检查	$0, R-H$	$-M, R$

从表 6－1 所示的政府与企业博弈中，用 θ 表示政府监管部门检查的概率，γ 表示企业修建污染处理设施的概率。给定 γ，政府监管部门选择检查（$\theta=1$）和不检查（$\theta=0$）的期望收益分别为：

$$\Pi_G(1,\gamma) = (-M+K-C)(1-\gamma) - C\gamma = K-M-C+(M-K)\gamma$$

$$\Pi_G(0,\gamma) = -M(1-\gamma) + 0 \times \gamma = -M + M\gamma$$

解 $\Pi_G(1,\gamma) = \Pi_G(0,\gamma)$，得 $\gamma^* = 1 - \frac{C}{K}$。即：如果企业修建污染处理设施的概率大于 γ^*，政府监管部门的最优选择是不检查；如果企业修建污染处理设施的概率小于 γ^*，政府监管部门的最优选择是检查；如果企业修建污染处理设施的概率等于 γ^*，政府监管部门随机地选择检查或不检查。

给定 θ，企业选择修建（$\gamma=1$）和不修建（$\gamma=0$）的期望收益分别为：

$$\Pi_r(\theta,1) = (R-H)\theta + (R-H)(1-\theta) = R-H$$

$$\Pi_G(\theta,0) = (R-K)\theta + R(1-\theta) = R-K\theta$$

解 $\Pi_r(\theta,1) = \Pi_r(\theta,0)$，得 $\theta^* = \frac{H}{K}$。即：如果政府监管部门检查的概率小于 θ^*，企业的最优选择是不修建污染处理设施；如果政府监管部门检查的概率大于 θ^*，企业的最优选择是修建污染处理设施；如果政府监管部门检查的概率等于 θ^*，企业随机地选择修建或不修建。

从以上政府监管部门与企业的博弈分析可得到以下结论。

（1）企业是否修建污染处理设施取决于政府检查企业污染排放的成本和

政府监管部门对企业的惩罚力度。政府检查企业污染排放的成本越高，则企业修建污染处理设施的概率越低，这表明当企业意识到政府为了检查是否排放污染而付出的检查成本很高，企业将认为政府环保监管部门会疏于检查，所以使得企业修建污染处理设施的概率就会减小；政府环保监管部门对企业污染排放行为的惩罚越高，则其修建污染处理设施的概率越高，这表明当政府监管部门的惩罚力度达到一定程度时，企业也将意识到一旦政府环保监管部门检查到企业有污染排放行为，企业将受到非常大的惩罚，而使得企业修建污染处理设施的概率增加。

（2）企业是否修建污染处理设施以消除污染排放，与企业修建污染处理设施成本无关，与企业的销售收益无关。

（3）政府是否检查以发现企业污染排放的概率取决于企业修建污染处理设施的成本和政府监管部门对企业的惩罚力度。企业修建污染处理设施的成本越高，则政府环保部门检查的概率越高。这表明政府环保部门认识到企业会因为修建污染处理设施的成本过高而不修建，所以政府环保监管部门会加大检查力度；政府环保监管部门对企业污染排放行为的惩罚越高，则其检查的概率越低。这表明当政府环保监管部门的惩罚力度加大，企业意识到排放污染的惩罚成本加大，使得企业修建污染处理设施的概率增加，从而政府监管部门的检查概率相应减少。

2. 政府监管部门实施奖励和惩罚

假定政府监管部门为了鼓励企业修建污染处理设施，实施奖惩机制，如果企业修建污染处理设施，则给予企业奖励，否则给予企业惩罚，假设奖惩力度一样，奖惩金额为 K。其他假设同上所设。因此，政府和企业的博弈演变关系如表 6－2 所示。

表 6－2　　政府和企业的博弈演变关系

企业行为 / 政府行为	处理污染	不处理污染
检查并实施奖惩	$-K-C, R+K-H$	$-M+K-C, R-K$
不检查	$0, R-H$	$-M, R$

同理：表 6－2 所示的政府与企业博弈中，用 θ 表示政府监管部门检查的概率，γ 表示企业修建污染处理设施的概率。给定 γ，政府监管部门选择检查

（$\theta=1$）和不检查（$\theta=0$）的期望收益分别为：

$$\Pi_G(1,\gamma)=(-K-C)\gamma+(-M+K-C)(1-\gamma)=K-M-C+(M-2K)\gamma$$

$$\Pi_G(0,\gamma)=-M(1-\gamma)+0\times\gamma=-M+M\gamma$$

解$\Pi_G(1,\gamma)=\Pi_G(0,\gamma)$，得$\gamma^{**}=\frac{1}{2}+\frac{2M-C}{2K}$。即：如果企业修建污染处理设施的概率大于$\gamma^{**}$，政府监管部门的最优选择是不检查；如果企业修建污染处理设施的概率小于γ^{**}，政府监管部门的最优选择是检查；如果企业修建污染处理设施的概率等于γ^{**}，政府监管部门随机地选择检查或不检查。

给定θ，企业选择修建（$\gamma=1$）和不修建（$\gamma=0$）的期望收益分别为：

$$\Pi_r(\theta,1)=(R+K-H)\theta+(R-H)(1-\theta)=K\theta+R-H$$

$$\Pi_G(\theta,0)=(R-K)\theta+R(1-\theta)=R-K\theta$$

解$\Pi_r(\theta,1)=\Pi_r(\theta,0)$，得$\theta^{**}=\frac{H}{2K}$。即：如果政府监管部门检查的概率小于$\theta^{**}$，企业的最优选择是不修建污染处理设施；如果政府监管部门检查的概率大于θ^{**}，企业的最优选择是修建污染处理设施；如果政府监管部门检查的概率等于θ^{**}，企业随机地选择修建或不修建。

从以上政府监管部门与企业的博弈分析可得到以下结论。

（1）企业是否修建污染处理设施取决于政府消除污染的成本、政府检查企业污染排放行为的成本和政府监管部门对企业的惩罚力度。政府消除污染的成本越高，企业修建的概率越高。这表明当政府消除污染的成本越高时，必然使得政府监管部门加大检查力度，从而企业修建污染处理设施的概率加大。政府环保监管部门检查企业污染排放的成本及对企业污染排放行为的惩罚力度对企业是否修建污染处理设施的影响与第一种情形相同。

（2）政府是否检查以发现企业污染排放的概率取决于企业修建污染处理设施的成本和政府监管部门对企业的惩罚力度。企业修建污染处理设施的成本越高，则政府环保部门检查的概率越高；政府环保监管部门对企业污染排放行为的奖惩越高，则其检查的概率越低。

（3）两种情形分析。以上二种情形的博弈分析可见：政府如果对不修建污染处理设施的企业实施严厉的惩罚，将促使企业选择处理污染的生产方式；

当惩罚力度较轻，而企业修建处理污染的设施成本过高时，企业理性的选择排污生产。如果政府对污染处理的企业给予奖励，但奖励力度不大，企业修建处理污染的设施成本过高的情况下，企业同样选择排污生产；当奖励力度达到一定程度时，企业选择修建污染处理设施。同时也可以看出，政府监管部门实施奖惩和奖励相结合的方式，比仅采用惩罚的效果要好。因此，严格的政府监管、加大奖惩力度是促使企业采用消除污染生产的自律行为的重要条件。

6.2　督促企业逆向物流运营生态化

6.2.1　基于公平关切的逆向物流定价策略[①]

近年来，越来越多的企业开始关注废旧产品的回收，注重环境保护，资源循环使用，努力使其成为企业的利润增长点之一。而逆向物流是指企业从消费者手中回收使用过的废旧产品进行的一系列活动。因此，关于逆向物流的相关研究也得到了国内外学者的广泛关注。主要有：基于单一制造商和单一零售商构成的逆向物流系统，顾巧论等（2005）应用博弈理论研究废旧产品回收数量超过或低于需求底线时，制造商和零售商的定价策略。王玉燕等（2006）基于单一制造商和单一零售商构成的正向供应链、逆向物流系统进行了逆向物流成员的定价研究。贺祎培（2007）基于单一制造商和单一回购商构成逆向物流系统，应用博弈论对逆向物流定价策略进行研究，并对各种定价策略的效率以及利润分配情况进行了分析说明。陈秋双、顾巧论（2009）在贺祎培（2007）的基础上，研究了对制造商有最低回收量约束情形下的制造商和回收商的定价策略问题。孙多青、马晓英（2013）为解决多个零售商参与下的逆向物流中的定价策略和利润分配问题，运用 Stackelberg 博弈理论，求出了逆向物流中各成员在非合作和合作两个博弈结构下的最优定价策略。

行为学者研究发现，在现实生活中人们往往对公平性表现出极大的关注，

① 此部分内容来自论文《基于公平关切的逆向供应链定价决策研究》，发表于《华东经济管理》。

即公平关切。人们不仅关注自身的利益，还会关注周围其他人的利益。在公平关切行为倾向的作用，人们有可能会在感到不公平时以己方利益受损为代价采取行动达到惩罚对方的目的。Pavlov 和 Katok（2009）研究了公平性对于渠道协调的影响，他们的模型同时考虑了公平关切和有限理性，并且假定参与者的公平关切是私有信息。王磊、成克河（2012）将公平关切概念引入双渠道供应链，研究公平观念如何影响渠道定价策略，分析了制造商的最优批发价格、最优网络直销价格及零售商的最优零售价格，并探讨了决策者的公平偏好度对各决策变量的影响。张克勇、吴燕（2013）把零售商公平关切行为倾向引入到逆向物流的定价决策中，分别针对制造商考虑和不考虑零售商公平关切性两种不同情形构建了相应定价决策模型，利用博弈理论对模型进行分析求解。

从目前的研究可以看出，研究逆向物流的文献较多，但研究公平关切情形下的逆向物流的研究较少，并且这方面的论文主要考虑的是制造商和零售商逆向物流情形下的定价决策，而对于公平关切情形下制造商和回收商的定价决策则很少。本项目在公平关切背景下，研究逆向物流系统中制造商与回收商的关系，分别探讨制造商公平关切、回收商公平关切情形下对逆向物流中制造商和回收商利益及整个逆向物流系统利益的影响。

考虑由一个制造商、一个回收商构成的逆向物流：制造商和回收商构成合作关系，回收商以一定的回收价格从消费者手中收购废旧产品，然后制造商从回收商处收购废旧产品；制造商将回收的废旧产品进行处理，并利用处理后的废旧产品作为原材料，重新进行再生产。最后制造商将生产的新产品销售给消费者，废旧产品重新进入回收再制造领域。

模型的基本假设如下。

①回收废旧产品需要的固定投资因为回收商网络已建成，忽略不计。

②假设再制造产品与新产品的质量和性能一样，没有区别。制造商销售给消费者的销售价格为 p ，由于销售价格由市场决定，为固定值。回收再制造对于市场容量没有影响。

③回收商用于回收废旧产品的单位可变成本（包括分拣、物流等成本）为 c_r 。制造商利用回收的废旧产品进行再制造的单位可变成本为 c_m 。

④制造商从回收商收购废旧产品的回收价格 w ，为制造商的决策变量；回收商收购消费者的废旧产品的回收价格为 r ，为回收商的决策变量。且有

$p > w > r$，$p - w - c_m \geqslant 0$，$w - r - c_r \geqslant 0$。

⑤设废旧产品的回收量 $q(r)$ 为回收商的回收价格的线性增函数，设为 $q(r) = \alpha + \beta r$，$\alpha > 0$，$\beta > 0$，其中 α 为不依赖于回收价格的基本回收量，β 表示回收量对于回收价格 r 的敏感系数。

⑥分别以 Π_m，Π_r 表示逆向物流系统中制造商和回收商获取的利润，因此，由以上假设，回收商、制造商的利润分别为：

$$\Pi_r = (w - r - c_r)(\alpha + \beta r) \tag{6-1}$$

$$\Pi_m = (p - w - c_m)(\alpha + \beta r) \tag{6-2}$$

假设制造商为主导方，回收商作为跟从方，那么，决策顺序为：制造商首先确定废旧产品的回购价格，然后回收商确定自己的回收价格。易知式（6-1）是关于变量 r 的严格凹函数，故有唯一最大值。根据逆向归纳法可求得制造商与回收商决策的最优解。由一阶条件 $\partial\Pi_r/\partial r = 0$ 得回收商回收价：

$$r = \frac{\beta(w - c_r) - \alpha}{2\beta} \tag{6-3}$$

将式（6-3）代入式（6-2）中，并令 $\partial\Pi_m/\partial w = 0$，得到供应链成员公平中性情形下制造商最优报价：

$$w^* = \frac{\beta(p - c_m + c_r) - \alpha}{2\beta} \tag{6-4}$$

由式（6-4）代入式（6-3），得到回收商最优回收价：

$$r^* = \frac{\beta(p - c_m - c_r) - 3\alpha}{4\beta} \tag{6-5}$$

由式（6-5）得到回收商最优回收量：

$$q^* = \frac{\beta(p - c_m - c_r) + \alpha}{4} \tag{6-6}$$

由式（6-1）式（6-2）可得制造商、回收商的利润：

$$\Pi_m^* = \frac{[\beta(p - c_m - c_r) + \alpha]^2}{8\beta} \tag{6-7}$$

$$\Pi_r^* = \frac{[\beta(p - c_m - c_r) + \alpha]^2}{16\beta} \tag{6-8}$$

（1）回收商公平关切时逆向物流定价策略。

本节假设回收商公平关切，制造商公平中性，通过引入参考点依赖来描述回收商的公平关切效用函数，以对方利润作为己方利润的参考点。根据

Kahneman 和 Tversky 的观点，经济主体在面对同等的利润和损失时的敏感程度是不一致，即反 S 型曲线。为了计算简便考虑，假设决策者面对同等利润和损失的敏感程度，即直线型。为刻画该效用函数，引入参数 λ_r 作为回收商公平关切系数，得到回收商的公平关切效用函数：

$$U_r = \Pi_r - \lambda_r(\Pi_m - \Pi_r) = (1 + \lambda_r)\Pi_r - \lambda_r\Pi_m \tag{6-9}$$

其中，U_r 表示回收商的效用，$\lambda_r(\lambda_r > 0)$ 表示回收商公平关切系数，$\Delta = \Pi_m - \Pi_r$ 表示效用偏差，当 $\lambda_r > 0$ 时，回收商的效用随着△的增大而减小；当 $\lambda_r = 0$ 时，回收商为公平中性，回收商的效用与△无关。

同理，假设制造商为主导方，回收商作为跟从方，决策顺序为：制造商首先确定废旧产品的回购价格，然后回收商确定自己的回收价格，双方形成 Stackerlberg 博弈关系。根据逆向归纳法可求得该博弈的均衡解。

基于上述分析，式（6－12）效用函数表述为：

$$\begin{aligned} U_r &= (1 + \lambda_r)(w - r - c_r)(\alpha + \beta r) - \lambda_r(p - w - c_m)(\alpha + \beta r) \\ &= [(1 + \lambda_r)(w - r - c_r) - \lambda_r(p - w - c_m)](\alpha + \beta r) \end{aligned} \tag{6-10}$$

回收商的效用函数对 r 求导，并令 $\partial U_r/\partial r = 0$，得到回收商的回收价：

$$r = \frac{(1 + \lambda_r)(\beta w - \beta c_r - \alpha) - \lambda_r\beta(p - w - c_m)}{2(1 + \lambda_r)\beta} \tag{6-11}$$

将式（6－11）代入式（6－5），并令 $\partial \Pi_m/\partial w = 0$，得到回收商公平关切情形下制造商最优回收价：

$$w^{**} = \frac{(1 + 3\lambda_r)\beta(p - c_m) + (1 + \lambda_r)\beta c_r - (1 + \lambda_r)\alpha}{2(1 + 2\lambda_r)\beta} \tag{6-12}$$

将式（6－12）代入式（6－11），得到回收商公平关切情形下回收商的最优报价：

$$r^{**} = \frac{\beta(p - c_m - c_r) - 3\alpha}{4\beta} \tag{6-13}$$

由假设：$q(r) = \alpha + \beta r$ 与式（6－16）得到回收商公平关切下回收商最优回收量：

$$q^{**} = \frac{\beta(p - c_m - c_r) + \alpha}{4} \tag{6-14}$$

由式（6－2）、式（6－12）、式（6－13）、式（6－14）得制造商的利润及回收商的效用：

$$\Pi_m^{**} = \frac{(1+\lambda_r)\left[\beta(p-c_m-c_r)+\alpha\right]^2}{8\beta(1+2\lambda_r)} \quad (6-15)$$

$$U_r^{**} = \frac{(1+\lambda_r)\left[\beta(p-c_m-c_r)+\alpha\right]^2}{16\beta} \quad (6-16)$$

结论：回收商公平关切情形下，回收商的报价及回收量与其公平关切程度无关。

证明：可知 $r^* = r^{**} = \frac{\beta\ (p-c_m-c_r)\ -3\alpha}{4\beta}$，$q^* = q^{**} = \frac{\beta\ (p-c_m-c_r)\ +\alpha}{4}$，均与公平关切系数 λ 无关。

结论 1：表明回收商公平关切程度并不影响其自身的回收价格，从而也不影响废旧产品的回收量。

结论 2：回收商公平关切时制造商的回收价高于回收商公平中性时制造商的回收价，并随着公平关切程度的增大而增大。

证明：由式（6－4）、式（6－12）式可知：

$$\Delta w = w^{**} - w^* = \frac{\lambda_r\left[\beta(p-c_m-c_r)+\alpha\right]}{2(1+2\lambda_r)\beta} \quad (6-17)$$

由于 $\lambda_r > 0, p-c_m-c_r > 0, \beta > 0$，所以 $\Delta w > 0$；又因为

$$\partial w^{**}/\partial\lambda_r = \frac{\beta(p-c_m-c_r)+\alpha}{2\beta\,(1+2\lambda_r)^2} \quad (6-18)$$

故有 $\partial w^{**}/\partial\lambda_r > 0$。

结论 2 表明回收商公平关切时，回收商增加了与制造商的谈判能力，使得制造商不得不让步，提高其回收价格，并且随着回收商公平关切程度增大，制造商的回收价格也增大。所以回收商公平关切心态对制造商的利益产生了不利影响，缩小了制造商的利润空间；对回收商的绩效有利。

结论 3：回收商公平关切时制造商利润小于回收商公平中性时制造商的利润，且随着回收商公平关切程度增大而减小；回收商公平关切时，回收商绩效大于回收商公平中性时回收商的绩效，且随着回收商公平关切程度的增大而增大。

证明：由式（6－7）、式（6－15）可得：

$$\Delta\Pi_m = \Pi_m^{**} - \Pi_m^* = -\frac{\lambda_r}{1+2\lambda_r}\frac{\left[\beta(p-c_m-c_r)+\alpha\right]^2}{8\beta} \quad (6-19)$$

由于 $\lambda_r > 0, \beta > 0$，由式（6－19）可知 $\Delta\Pi_m < 0$，且有

$$\frac{\partial \Pi_m^{**}}{\partial \lambda_r} = -\frac{[\beta(p - c_m - c_r) + \alpha]^2}{8\beta(1 + 2\lambda_r)^2} < 0 \tag{6-20}$$

可得：

$$\Delta U_r = U_s^{**} - U_s^{*} = \frac{\lambda_r [\beta(p - c_m - c_r) + \alpha]^2}{16\beta} > 0 \tag{6-21}$$

$$\frac{\partial U_r^{**}}{\partial \lambda_r} = \frac{[\beta(p - c_m - c_r) + \alpha]^2}{16\beta} > 0 \tag{6-22}$$

结论3表明回收商公平关切影响到逆向物流系统内部利益的分配。当回收商的公平程度增加时，回收商获取的逆向物流系统利润增加，这主要是回收商的公平关切程度越大，回收商的讨价还价能力就越大，从而获取的绩效就越多。相对应地，回收商公平关切使得制造商不得不提高废旧产品的回收价格，从而使得制造商的绩效降低。

（2）制造商公平关切时逆向物流定价策略。

本节假设制造商公平关切，回收商公平中性，通过引入参考点依赖来描述制造商的公平关切效用函数，以对方利润作为己方利润的参考点。为刻画该效用函数，引入参数 $\lambda_m > 0$，作为制造商公平关切系数，得到制造商的公平关切效用函数：

$$\begin{aligned} U_m &= \Pi_m - \lambda_m(\Pi_r - \Pi_m) = (1 + \lambda_m)\Pi_m - \lambda_m\Pi_r \\ &= (1 + \lambda_m)(p - w - c_m)(\alpha + \beta r) - \lambda_m(w - r - c_r)(\alpha + \beta r) \end{aligned} \tag{6-23}$$

假设制造商为主导方，回收商作为跟从方，决策顺序为：制造商首先确定废旧产品的回购价格，然后回收商确定自己的回收价格，双方形成 Stackerlberg 博弈关系。根据逆向归纳法可求得该博弈的均衡解。

对 w 求导，并令 $\partial U_m / \partial w = 0$，得到制造商公平关切情形下制造商的最优回收价：

$$w^{***} = \frac{(1 + \lambda_m)\beta(p - c_m) + (1 + 2\lambda_m)\beta c_r - (1 + 2\lambda_m)\alpha}{(2 + 3\lambda_m)\beta} \tag{6-24}$$

得到制造商公平关切情形下回收商的最优回收价：

$$r^{***} = \frac{(1 + \lambda_m)\beta(p - c_m - c_r) - (3 + 5\lambda_m)\alpha}{2\beta(2 + 3\lambda_m)} \tag{6-25}$$

由式（6－25）求得制造商公平关切情形下最优回收量：

$$q^{***} = \frac{(1+\lambda_m)[\beta(p-c_m-c_r)+\alpha]}{2(2+3\lambda_m)} \tag{6-26}$$

得到回收商的利润和制造商的效用：

$$U_m^{***} = \frac{(1+\lambda_m)^2[\beta(p-c_m-c_r)+\alpha]^2}{4\beta(2+3\lambda_m)} \tag{6-27}$$

$$\Pi_r^{***} = \frac{(1+\lambda_m)^2[\beta(p-c_m-c_r)+\alpha]^2}{4\beta(2+3\lambda_m)^2} \tag{6-28}$$

结论4：制造商公平关切时，制造商的回收价低于制造商公平中性时制造商的回收价，并随着公平关切程度的增大而减小。

证明：

$$\Delta w = w^{***} - w^{*} = \frac{-\lambda_m[\beta(p-c_m-c_r)+\alpha)]}{2(2+3\lambda_m)\beta} \tag{6-29}$$

由于$\lambda_m > 0, p-c_m-c_r > 0, \alpha > 0, \beta > 0$,所以$\Delta w < 0$。且有

$$\frac{\partial w^{***}}{\partial \lambda_m} = \frac{-[\beta(p-c_m-c_r)+\alpha]}{\beta(2+3\lambda_m)^2} < 0 \tag{6-30}$$

结论4表明由于制造商公平关切，制造商会降低回收价格以提高自身收益，降低回收商收益。

结论5：制造商公平关切情形下，回收商的回收价和回收量均低于制造商公平中性时的回收价和回收量，并随着公平关切程度的增加而减小。

证明：由式（6-13）、式（6-25）可知，

$$\Delta r = r^{***} - r^{*} = \frac{-\lambda_m[(p-c_m-c_r)+4\alpha]}{4\beta} \tag{6-31}$$

由于$\lambda_m > 0, p-c_m-c_r > 0, \alpha > 0$，所以$\Delta r < 0$，且有

$$\partial r^{***}/\partial \lambda_m = \frac{-[\beta(p-c_m-c_r)+\alpha]}{2\beta(2+3\lambda_m)^2} < 0 \tag{6-32}$$

可知：

$$\Delta q = q^{***} - q^{*} == \frac{-\lambda_m[(p-c_m-c_r)+\alpha]}{4(2+3\lambda_m)} < 0 \tag{6-33}$$

$$\partial q^{***}/\partial \lambda_m = \frac{-[\beta(p-c_m-c_r)+\alpha]}{2(2+3\lambda_m)^2} < 0 \tag{6-34}$$

结论5表明当制造商具有公平关切时，使得回收商降低其废旧产品回收价格，并由此造成了废旧产品的回收量降低，即制造商公平关切不利于废旧

产品回收。

结论6：制造商公平关切情形下，回收商利润小于制造商公平中性时回收商的利润，且随着制造商公平关切程度的增大而减小；制造商的绩效高于制造商公平中性时制造商的绩效，且随着制造商公平关切程度增大而增加。

证明：可知：

$$\Delta U_m = U_m^{***} - U_m^{*} = \frac{\lambda_m(2\lambda_m + 1)}{2 + 3\lambda_m}\frac{[\beta(p - c_m - c_r) + \alpha]^2}{8\beta} \quad (6-35)$$

由于 $\lambda_m > 0,\beta > 0$ 所以 $\Delta U_m > 0$ ，且有：

$$\frac{\partial U_m^{***}}{\partial \lambda_m} = \frac{(\lambda_m + 1)(3\lambda_m + 1)[\beta(p - c_m - c_r) + \alpha^2]}{4\beta(2 + 3\lambda_m)^2} \quad (6-36)$$

可知：

$$\Delta \Pi_r = \Pi_r^{***} - \Pi_r^{*} = \frac{-\lambda_m(5\lambda_m + 4)[\beta(p - c_m - c_r) + \alpha]^2}{16\beta(2 + 3\lambda_m)^2} > 0 \quad (6-37)$$

$$\frac{\partial \Pi_r^{***}}{\partial \lambda_m} = \frac{-(1 + \lambda_m)[\beta(p - c_m - c_r) + \alpha]^2}{2\beta(2 + 3\lambda_m)^3} < 0 \quad (6-38)$$

结论6表明制造商公平关切对制造商本身绩效有利，对回收商绩效不利。由于制造商的销售价格变，制造商通过降低回收价格，从而使得制造商的绩效得到增加。回收商因为制造商的回收价格降低，虽然回收商对消费者的回收价格也随之降低，使得回收商的绩效减少，即回收商没有足够的动力去回收废旧产品。

结论7：制造商效用随着制造商公平关切程度递增的速率大于回收商效用随着回收商公平关切程度递增的速率；制造商利润随着回收商公平关切程度递减的速率大于回收商利润随着制造商公平关切程度递减的速率。

证明：计算制造商效用和回收商效用对于公平关切程度递增的速率，可得：

$$MU_r = \frac{\partial U^{**}}{\partial \lambda} = \frac{[\beta(p - c_m - c_r) + \alpha]^2}{16\beta} \quad (6-39)$$

$$MU_m = \frac{\partial U_m^{***}}{\partial \lambda} = \frac{(\lambda + 1)(3\lambda + 1)[\beta(p - c_m - c_r) + \alpha]^2}{4\beta(2 + 3\lambda)^2} \quad (6-40)$$

为了判断制造商效用和回收商效用随着公平关切程度递增的速率大小，故可知：

$$MU_m - MU_r = \frac{\lambda(3\lambda + 4)[\beta(p - c_m - c_r) + \alpha]^2}{16\beta(2 + 3\lambda_m)^2} \tag{6-41}$$

容易看出 $MU_m - MU_r \geqslant 0$ 。

计算制造商和回收商利润对于公平关切程度递减的速率，可得：

$$M\Pi_m = \frac{\partial \Pi_m^{**}}{\partial \lambda} = -\frac{[\beta(p - c_m - c_r) + \alpha]^2}{8\beta(1 + 2\lambda)^2} \tag{6-42}$$

$$M\Pi_r = \frac{\partial \Pi_r^{***}}{\partial \lambda} = \frac{-(1 + \lambda)[\beta(p - c_m - c_r) + \alpha]^2}{2\beta(2 + 3\lambda)^3} \tag{6-43}$$

由于只考虑速率的大小，故取绝对值进行比较。

$$|M\Pi_m| - |M\Pi_r| = \frac{(11\lambda^3 + 22\lambda^2 + 16\lambda + 4)[\beta(p - c_m - c_r) + \alpha]^2}{8\beta(1 + 2\lambda)^2(2 + 3\lambda)^3} \tag{6-44}$$

容易看出 $|M\Pi_m| - |M\Pi_r| > 0$ 。

结论 7 表明：①制造商效用对于公平关切程度更加敏感。只要制造商的公平关切系数有微小变动，其效用增加量更大。②制造商利润对于公平关切程度同样更加敏感。只要回收商公平关切系数有微小变动，其利润减少量更大。从以上分析可看出，不管是回收商公平关切，还是制造商公平关切，制造商对于公平关切程度比回收商更敏感。

（3）数据仿真分析。

相关参数设置如下：$p = 100$, $c_m = 40$, $c_r = 10$, $\alpha = 200$, $\beta = 20$ 。

关于回收商公平关切敏感性分析。

供应链利润等于制造商利润和回收商利润之和。由于回收商回收价与回收商公平关切程度无关，所以根据计算得，$r^{**} = 8.75$, $q^{**} = 275$ 。当 λ_r 变化时，根据上述式可得到表 6－3。

表 6－3　关于回收商公平关切的敏感性

λ_r 取值	制造商回收价	制造商利润	回收商利润	回收商效用	供应链利润
0	32.50	7562.50	3781.25	3781.25	11343.75
0.1	34.79	6932.29	4411.46	4159.38	11343.75
0.3	37.66	6144.53	5199.22	4915.63	11343.75
0.5	39.38	5671.88	5671.88	5671.88	11343.75
0.8	40.96	5235.58	6108.17	6806.25	11343.75
1.2	42.21	4893.38	6450.37	8318.75	11343.75
1.5	42.81	4726.56	6617.19	9453.13	11343.75

根据计算结果可知：

回收商公平关切对制造商和回收商的回收价格的影响：回收商公平中性（$\lambda_r=0$）时，回收商的回收价、回收量和回收商公平关切情形下相等，回收商公平关切不会影响回收商回收价和回收量。这表明：回收商公平关切不会对消费者的利益产生影响，也不会影响到废旧产品市场的回收量。回收商公平关切情形下，制造商回收价大于回收商公平中性情形下的回收价，且制造商的回收价随着回收商公平关切程度的增加而增加，这表明，回收商公平关切使得制造商采取提高回收价格的措施，从而达到提高回收商回收废旧产品积极性的目的。

对制造商和回收商的绩效影响：回收商公平关切时，回收商绩效大于回收商公平中性（$\lambda_r=0$）时回收商绩效，且回收商绩效随着公平关切程度的增加而增加；回收商公平关切时，制造商利润小于回收商公平中性时制造商利润，且随着公平关切程度增加而减少。这表明回收商公平关切对回收商自身有利，却对制造商产生了不利影响。并且随着回收商公平关切程度越大，回收商获利越多，制造商获利越少，两者之间获利相差越大。

关于制造商公平关切的敏感性分析。

根据上述公式可得到表 6－4。

表 6－4　　关于制造商公平关切的敏感性

λ_m 取值	制造商回收价 w^{**}	第三方回收商回收价 q^{**}	最优回收量 q^{**}	制造商效用	制造商利润	第三方回收商利润	供应链利润
0	32.50	8.75	275	7562.50	7562.50	3781.25	11343.75
0.1	31.30	8.15	263	7957.07	7548.20	3459.59	11007.80
0.3	29.66	7.33	247	8814.22	7481.57	3039.39	10520.96
0.5	28.57	6.79	236	9723.21	7408.16	2778.06	10186.22
0.8	27.50	6.25	225	11137.50	7312.50	2531.25	9843.75
1.2	26.61	5.80	216	13072.32	7215.24	2334.34	9549.59
1.5	26.15	5.58	212	14543.27	7159.76	2237.43	9397.19

根据表 6－4 数据可以得到：

制造商公平关切对制造商和回收商的回收价格影响：制造商公平关切时，制造商的回收价小于制造商公平中性时制造商回收价，这表明制造商公平关切时，通过降价措施达到提高效用的目的；回收价、回收量均小于制造商公平中性情形下的回收价格和回收量。这表明：制造商公平关切时，回收商也必须通过降低回收价来减少利润损失，同时消费者因为回收价格低而选择不卖废旧品，从而造成市场回收量也减少，从而不利于保护环境。

制造商公平关切对制造商和回收商的绩效影响：制造商公平关切时，制造商绩效大于制造商公平中性（$\lambda_m = 0$）时制造商绩效，且制造商绩效随着公平关切程度的增加而增加；制造商公平关切时，回收商利润小于制造商公平中性时回收商利润，且随着公平关切程度增加而减少。这表明制造商公平关切，降低回收价格以提高自身的绩效，却对回收商产生了不利影响。并且随着制造商公平关切程度越大，制造商获利越多，回收商获利越少。所以，当制造商公平关切程度过大时，回收商可能会因为获利小而放弃收购废旧品，从而造成废旧产品得不到循环使用，使得环境得不到保护。可得到表6-5。

表6-5　　回收商公平关切和制造商公平关切两种情形对比

公平关切系数	回收商公平关切情形			制造商公平关切情形		
	制造商利润递减的速率	回收商效用递增的速率	供应链利润	制造商效用递增的速率	回收商利润递减的速率	供应链利润
0	7562.50	3781.25	11343.75	3781.25	3781.25	11343.75
0.1	5251.74	3781.25	11343.75	4088.61	2734.86	11007.80
0.3	2954.10	3781.25	11343.75	4442.18	1612.41	10520.96
0.5	1890.63	3781.25	11343.75	4630.10	1058.31	10186.22
0.8	1118.71	3781.25	11343.75	4781.25	639.20	9843.75
1.2	654.20	3781.25	11343.75	4880.90	378.95	9549.59
1.5	472.66	3781.25	11343.75	4922.34	275.38	9397.19

根据表6-5数据可得出以下结论。

当回收商公平关切时，由于制造商的销售价格、回收商的回收价格和回收量不变，所以供应链系统整体利润不会受到回收商公平关切程度的影响，保持不变，利润只是在回收商与制造商之间进行重新分配。这表明回收商公平关切并不影响供应链整体收益，可以通过利用利益分配机制来引导供应链系统的利益再分配。当制造商公平关切时，供应链系统整体利润受制造商公平关切程度的增加而减少，使得供应链系统整体收益受损，且随着制造商公平关切程度的增大，整个供应链系统的渠道效率损失增大。这表明制造商公平关切损害了供应链系统的收益，需要通过协调机制来鼓励供应链系统成员企业提高效益。

制造商效用随着制造商公平关切程度递增的速率大于回收商效用随着回收商公平关切程度递增的速率。这表明制造商效用对于公平关切程度变化更加敏感。只要制造商的公平关切系数有微小变动，其效用增加量更大。制造商利润随着回收商公平关切程度递减的速率大于回收商利润随着制造商公平关切程度递减的速率。这表明制造商利润对于公平关切程度同样更加敏感。只要回收商公平关切系数有微小变动，其利润减少量更大。从以上分析可看出，不管是回收商公平关切，还是制造商公平关切，制造商对于公平关切程度比回收商更敏感。

本项目将公平关切行为引入由一个制造商和一个回收商构成的逆向物流系统中。分别研究了回收商公平关切和制造商公平关切时，对于制造商及回收商的回收价格、制造商利润、回收商利润及整个供应链效用的影响情况。研究表明：①回收商公平关切时，会促使制造商提高其废旧产品回收价格，从而使得制造商利益受损；回收商对于消费者的回收价格不变，不影响废旧产品的回收量，但是制造商回收价格增大，使得回收商获得更多的渠道利润，提高了自身的绩效。但回收商公平关切不影响整个供应链系统的整体利益。②当制造商公平关切时，制造商降低其废旧产品的回收价格，从而使制造商的利益得到提高；回收商因为制造商的废旧产品的回收价格降低，从而使得回收商利益受损，并降低了整个供应链系统的利益。③制造商效用随着制造商公平关切程度递增的速率大于回收商效用随着回收商公平关切程度递增的速率；制造商利润随着回收商公平关切程度递减的速率大于回收商利润随着制造商公平关切程度递减的速率。制造商对于公平关切程度比回收商更敏感，应尽可能减少公平关切对制造商的影响。

6.2.2 再制造逆向物流的回收模式选择[①]

资源紧缺的加剧和人们环保意识的不断增强，促使越来越多的企业选

---

① 此部分内容来自论文《WTP差异下再制造闭环供应链的回收模式选择》，已发表于《管理学报》。

择回收再制造。这一方面可以使企业的运营符合相关的环保政策；另一方面企业通过回收再制造，还可以降低成本及提高利润。如：早在1991年，施乐（Xerox）公司就通过将租赁合约到期的复印机进行再制造而获得约2亿美元的成本节约；柯达（Kodak）公司也将废旧相机回收再制造而获取额外的利润。在我国，2005年国家发改委等六部委联合发布了开展循环经济试点工作通知，再制造成为四个领域之一，2009年1月1日开始施行的《循环经济促进法》进一步将再制造纳入法律范畴进行规范。

实施逆向物流管理是企业进入再制造的重要途径。逆向物流不仅包含了从“资源—制造—消费”的正向供应链，还包括从“废旧产品—回收—再制造”的逆向物流，是正向和逆向物流的有机结合。逆向物流管理中回收模式的决策直接影响到逆向物流的效率，受到学者们的广泛关注。Savaskan（2004）对三种分散式供应链回收模式（包括制造商回收、分销商回收和第三方回收）进行了分析，并与集成式供应链下的渠道收益、批发价、零售价和回收率进行了比较，结果表明零售商负责回收的回收模式是最优选择。姚卫新（2004）以再制造为研究对象，将逆向物流的回收模式分为第三方回收、零售商回收及生产商负责回收三种进行了分析与比较。魏洁、李军（2005）研究了生产商延伸责任约束下的三种逆向物流回收模式，在假定需求函数为非线性的基础上进行了比较分析。王发鸿、达庆利（2006）对电子行业的再制造逆向物流中三种回收处理模式的决策模型进行了研究，结果表明，从收益决策出发，自建回收处理系统总可以获得最大收益并可以以最低价格参与竞争。Savaskan（2006）将他的结论推广到单一制造商与两竞争零售商时的情形，发现回收模式的选择依赖于零售商的竞争程度，当零售商竞争比较激烈时，制造商将选择直接回收，否则选择零售商间接回收。姚卫新、陈梅梅（2007）将逆向物流中的渠道参与者生产商、零售商、客户、从事逆向物流的第三方进行全部或部分组合而成的五种模式进行了分析。樊松、张敏洪（2008）通过建立回收率随回收价格变动的单一制造商和零售商的最优利润模型，研究了逆向物流中回收模式的选择问题。计国君（2009）研究了需求不确定情况下新品与再制造品存在价差时的逆向物流回收策略。邢光军、林欣怡、达庆利（2009）在具有两个零售商的价格竞争环境下，分别对生产商回收、零售商回收及第三方回收等三种模式下的生产商逆向物流回收模式决策进行了研究。周永圣、汪寿阳（2010）分析比较了当退役产品的再利用价值极少时，在政府监控下，回收模式的选择对供应链的正向渠道的决策及退役产品回收率的影响。韩小花（2010）采用 Stackelberg 博弈，在竞争的制造商共用零售商的市场结构下，研究了逆向物流回收渠道的决策过程。Schulman（2010）研究了双边垄断模式下回收渠道结构对供应链效益及回收政策的影响。

根据 Guide VDR 和 Jiayi Li（2010）的结论，消费者对新产品及再制造产品的消费者支付意愿（Willing to Pay，WTP）存在显著差异，并对制造商的决策产生显著的影响，然而已有关于回收模式决策的文献中大多假定再制造产品与新产品无差异。基于此，本项目在假定新产品及再制造产品 WTP 存在差异的前提下，以制造商为主导的单一制造商和单一零售商构成的再制造逆向物流为对象，研究制造商的回收模式选择问题。具体而言，考虑了如下三种回收模式：制造商直接从消费者处回收 EOL（End of Life）产品、制造商委托零售商从消费者处回收 EOL 产品及制造商委托第三方回收商从消费者处回收 EOL 产品。文中从回收率最大化、对消费者最有利及制造商利润最优三个方面对上述三种回收模式进行比较分析，为制造商进行回收模式的选择提供理论参考。

（1）问题描述。

本项目分别在制造商直接回收（Manufacturer Take - Back，MT）、制造商委托零售商回收（Retailer Take - Back，RT）、制造商委托第三方回收（Third Party Take - Back，TPT）三种情形下建立单一制造商和单一零售商的逆向物流模型。在正向供应链中，制造商分别以新材料和回收的 EOL 产品生产新产品和再制造产品；零售商分别以 w_n 和 w_r 从制造商处批发新产品和再制造产品，然后分别以价格 p_n 和 p_r 销售给消费者，销售量相应分别为 q_n 和 q_r。逆向物流中，当回收商为零售商或第三方回收商时，制造商以单位价格 b 向回收商回购 EOL 产品，同时对回购的 EOL 产品进行再制造。将回收商为制造商时制造商及零售商利润分别表示为 Π_M^{MT} 及 Π_R^{MT}；回收商为零售商时制造商及零售商利润分别表示为 Π_M^{RT} 及 Π_R^{RT}；回收商为第三方回收商时制造商、零售商和第三方回收商利润分别表示为 Π_M^{TPT}、Π_R^{TPT} 和 Π_{TP}^{TPT}。

（2）模型假设。

为更清楚地对模型进行解释，作如下相应假设：

假设1：假定新产品单位可变成本为 c_n，再制造产品单位可变成本为 c_r，并假定 $c_n > c_r > 0$，这反映了再制造的成本节约优势；$\Delta = c_n - c_r$ 表示回收再制造产品比新产品节约的单位成本。

假设2：消费者新产品与再制造产品的认知存在差异，即消费者对新产品与再制造产品的 WTP 不同。按照 $0 < \beta < 1$，即消费者对新产品的认知价值不低于再制造产品的结论，假定市场容量为 Q，当新产品与再制造产品的 WTP 分别为 1 和 β 时，新产品及再制造产品的需求函数分别为：$p_n = Q - q_n - \beta q_r$，$p_r = \beta(Q - q_n - q_r)\ 0 < \beta < 1$。

假设3：假定 EOL 产品的回收率为 τ，$0 \leqslant \tau \leqslant 1$；回收的 EOL 产品全部实施再制造。回收商回收 EOL 产品的固定投资为 $I(\tau) = c_l\tau^2$，其中 $c_l > 0$ 为规模参数；给定回收率 τ，参数 c_l 越大，回收商投入的固定投资越大。回收商回收总成本可以表示为 $C(\tau) = I(\tau) + A\tau(q_n + q_r)$，$A$ 表示回收 EOL 产品的单位成本。为使分析有意义，假定 $b > A$，即制造商对 EOL 产品付给回收商的单位转移支付大于回收商的单位回收成本。

假设4：仅研究单一制造商及单一零售商所构成的逆向物流，其中制造商为 Stackelberg 领导者，对渠道有足够的影响力；且参与人均为风险中性以及完全信息。

假设5：假定回收 EOL 产品数量足以满足制造商生产再制造产品的需求。

（3）制造商负责回收模式（MT）。

此时制造商负责回收 EOL 产品并进行再制造，制造商为 Stackelberg 领导者，先进行新产品及再制造产品的批发价和回收率的决策；然后由零售商进行新产品和再制造产品的零售价的决策。由逆向归纳法，先考虑零售商的最优决策：

$$\underset{p_n,p_r}{\mathrm{Max}}\Pi_{\mathrm{R}}^{\mathrm{MT}} = (p_n - w_n)\left(Q - \frac{p_n - p_r}{1-\beta}\right) + (p_r - w_r)\frac{\beta p_n - p_r}{\beta(1-\beta)} \qquad (6-45)$$

考虑式（6-45）的一阶条件可得零售商的反应函数为：$p_n = \dfrac{Q + w_n}{2}$，$p_r = \dfrac{\beta Q + w_r}{2}$。

制造商的利润为新产品及再制造产品的利润之和减去回收总成本，其决策问题为：

$$\underset{w_n,w_r,\tau}{\operatorname{Max}}\Pi_{M}^{MT}=(w_n-c_n)\left(Q-\frac{p_n-p_r}{1-\beta}\right)+(w_r-c_r)\frac{\beta p_n-p_r}{\beta(1-\beta)}-c_l\tau^2-A\tau\left(Q-\frac{p_r}{\beta}\right)$$
(6－46)

将零售商的反应函数代入制造商利润函数，并考虑式（6－4）的一阶条件可得：

$w_n^{*MT}=\dfrac{[(1+\beta)A^2-8\beta c_l]Q+(c_n-c_r)A^2-8\beta c_n c_l}{2(A^2-8\beta c_l)}$，$w_r^{*MT}=\dfrac{\beta(A^2Q-4\beta c_l Q-4c_r c_l)}{A^2-8\beta c_l}$

$\tau^{*MT}=\dfrac{A(\beta Q-c_r)}{A^2-8\beta c_l}$。代入零售商的反应函数可得，

$p_n^{*MT}=\dfrac{[(3+\beta)A^2-24\beta c_l]Q+(c_n-c_r)A^2-8\beta c_n c_l}{4(A^2-8\beta c_l)}$，$p_r^{*MT}=\dfrac{\beta(A^2Q-6\beta c_l Q-2c_r c_l)}{A^2-8\beta c_l}$

进一步可分别得出制造商及零售商的最优利润为：

$$\Pi_M^{*MT}=\frac{[(1-\beta)A^2-8\beta c_l]Q^2-2[(c_n-c_r)A^2-8\beta c_n c_l]Q}{8(A^2-8\beta c_l)}+\frac{(c_n-c_r)^2A^2-8c_l[\beta(c_n-c_r)^2+(1-\beta)c_r^2]}{8(1-\beta)(A^2-8\beta c_l)}$$

$$\Pi_R^{*MT}=\frac{[64\beta^2c_l^2-16\beta(1-\beta)A^2c_l+(1-\beta)A^4]Q^2}{16(A^2-8\beta c_l)^2}-\frac{[64\beta^2c_n c_l^2-16\beta c_l(c_n-c_r)A^2+(c_n-c_r)A^4]Q}{8(A^2-8\beta c_l)^2}+\frac{64[\beta(c_n-c_r)^2+(1-\beta)c_r^2]c_l^2-16\beta(c_n-c_r)^2A^2c_l+(c_n-c_r)^2A^4}{16(1-\beta)(A^2-8\beta c_l)^2}$$

（4）制造商委托零售商回收模式（RT）。

此时由零售商负责回收 EOL 产品，并交付制造商进行再制造，制造商对 EOL 产品给予 b 的单位转移支付。制造商先进行新产品及再制造产品的批发价的决策，然后由零售商进行新产品和再制造产品的零售价及回收率的决策。零售商的问题为：

$$\underset{p_n,p_r,\tau}{\operatorname{Max}}\Pi_R^{RT}=(p_n-w_n)\left(Q-\frac{p_n-p_r}{1-\beta}\right)+(p_r-w_r)\frac{\beta p_n-p_r}{\beta(1-\beta)}-c_l\tau^2+(b-A)\tau\left(Q-\frac{p_r}{\beta}\right)$$
(6－47)

考虑式（6－47）的一阶条件可得零售商的反应函数为：

$$p_n=\frac{[(1+\beta)(b-A)^2-4\beta c_l]Q+[(b-A)^2-4\beta c_l]w_n-(b-A)^2w_r}{2[(b-A)^2-4\beta c_l]}$$

$$p_r = \frac{\beta[(b-A)^2Q - 2\beta c_lQ - 2c_lw_r]}{(b-A)^2 - 4\beta c_l}, \tau = \frac{(b-A)(w_r - \beta Q)}{(b-A)^2 - 4\beta c_l}。$$

制造商的利润为新产品及再制造产品的利润之和减去 EOL 产品的转移支付，其优化问题为：

$$\underset{w_n,w_r}{\mathrm{Max}}\Pi_M^{RT} = (w_n - c_n)\left(Q - \frac{p_n - p_r}{1-\beta}\right) + (w_r - c_r)\frac{\beta p_n - p_r}{\beta(1-\beta)} - b\tau\left(Q - \frac{p_r}{\beta}\right) \tag{6-48}$$

将上述零售商反应函数代入式（6－48），由其一阶条件可得制造商新产品及再制造品的最优批发价为：

$$w_n^{*RT} = \frac{[4\beta c_l + (\beta b + A)(b-A)]Q + 4\beta c_n c_l - (b-A)(bc_r - Ac_n)}{2(4\beta c_l + bA - A^2)},$$

$$w_r^{*RT} = \frac{\beta(4\beta c_l + b^2 - A^2)Q + 4c_r[\beta c_l - (b-A)^2]}{2(4\beta c_l + bA - A^2)}$$。将制造商的最优批发价代入零售商反应函数，可得零售商新产品和再制造产品的最优零售价及回收率为：

$$p_n^{*RT} = \frac{[12\beta c_l + (3+\beta)A(b-A)]Q + 4\beta c_n c_l + (c_n - c_r)A(b-A)}{4(4\beta c_l + bA - A^2)},$$

$$p_r^{*RT} = \frac{\beta(3\beta c_l + bA - A^2)Q + \beta c_r c_l}{4\beta c_l + bA - A^2}, \tau^{*RT} = \frac{(b-A)(\beta Q - c_r)}{2(4\beta c_l + bA - A^2)}$$。进一步可分别得出制造商及零售商的最优利润为：

$$\Pi_M^{*RT} = \frac{[4\beta c_l + (1-\beta)(bA - A^2)]Q^2 - 2[(c_n - c_r)(bA - A^2) + 4\beta c_n c_l]Q}{8(4\beta c_l + bA - A^2)} + \frac{4[\beta(c_n - c_r)^2 + (1-\beta)c_r^2]c_l + (bA - A^2)(c_n - c_r)^2}{8(1-\beta)(4\beta c_l + bA - A^2)}$$

$$\Pi_R^{*RT} = \frac{[16\beta^2 c_l^2 + 4(b-A)\beta c_l(2A - \beta b - \beta A) + (1-\beta)(bA - A^2)^2]Q^2}{16(4\beta c_l + bA - A^2)^2} - \frac{[16\beta^2 c_n c_l^2 + 4\beta(b-A)(2Ac_n - bc_r - Ac_r)c_l + (c_n - c_r)(bA - A^2)^2]Q}{8(4\beta c_l + bA - A^2)^2} + \frac{16\beta[\beta(c_n - c_r)^2 + (1-\beta)c_r^2]c_l^2 + 4(b-A)[2\beta A(c_n - c_r)^2 - (1-\beta)(b-A)c_r^2]c_l}{16(1-\beta)(4\beta c_l + bA - A^2)^2} + \frac{(c_n - c_r)^2(bA - A^2)^2}{16(1-\beta)(4\beta c_l + bA - A^2)^2}$$

（5）制造商委托第三方回收模式（TPT）。

此时由第三方回收 EOL 产品，并获得由制造商给予的单位转移支付 b，第三方进行回收率的决策；零售商仅负责销售，决策变量为新产品和再制造产品的零售价；制造商则对新产品和再制造产品的批发价进行决策。

对于零售商而言，由于仅负责销售，不参与回收过程，所以与制造商负责回收模式（MT）时的决策问题完全一致。对于第三方回收商，其利润为从制造商处获得的转移支付减去回收成本及回收固定投资，其决策问题是：

$$\underset{\tau}{\mathrm{Max}}\Pi_{\mathrm{TP}}^{\mathrm{TPT}} = b\tau\left(Q - \frac{p_r}{\beta}\right) - c_l\tau^2 - A\tau\left(Q - \frac{p_r}{\beta}\right) \tag{6-49}$$

由其一阶条件可得第三方回收商的反应函数为 $\tau = \frac{1}{2c_l}(b - A)\left(Q - \frac{p_r}{\beta}\right)$。此时零售商的问题与模型 MT 完全一致，同理有 $p_n = \frac{Q + w_n}{2}$，$p_r = \frac{\beta Q + w_r}{2}$，因此 $\tau = \frac{1}{2c_l}(b - A)\left(\frac{Q}{2} - \frac{w_r}{2\beta}\right)$。在此基础上最大化制造商的利润：$\underset{w_n,w_r}{\mathrm{Max}}\Pi_{\mathrm{M}}^{\mathrm{TPT}} = (w_n - c_n)\left(Q - \frac{p_n - p_r}{1 - \beta}\right) + (w_r - c_r)\frac{\beta p_n - p_r}{\beta(1 - \beta)} - b\tau\left(Q - \frac{p_r}{\beta}\right)$，将零售商及第三方回收商的反应函数代入并求解该最优化问题可得新产品及再制造产品的最优批发价为：

$$w_n^{*\mathrm{TPT}} = \frac{[4\beta c_l + b(1 + \beta)(b - A)]Q + 4\beta c_n c_l + (c_n - c_r)b(b - A)}{2(4\beta c_l + b^2 - bA)},$$

$w_r^{*\mathrm{TPT}} = \frac{\beta[2\beta c_l + b(b - A)]Q + 2\beta c_r c_l}{4\beta c_l + b^2 - bA}$。因此可得零售商的最优零售价及最优回收率分别为 $p_n^{*\mathrm{TPT}} = \frac{[12\beta c_l + (3 + \beta)b(b - A)]Q + 4\beta c_n c_l + (c_n - c_r)b(b - A)}{4(4\beta c_l + b^2 - bA)}$，$p_r^{*\mathrm{TPT}} = \frac{\beta[3\beta c_l + b(b - A)]Q + \beta c_r c_l}{4\beta c_l + b^2 - bA}$，$\tau^{*\mathrm{TPT}} = \frac{(b - A)(\beta Q - c_r)}{2(4\beta c_l + b^2 - bA)}$。进一步可分别得出制造商及零售商的最优利润为：

$$\Pi_{\mathrm{M}}^{*\mathrm{TPT}} = \frac{[4\beta c_l + (1 - \beta)(b^2 - bA)]Q^2 - 2[(c_n - c_r)(b^2 - bA) + 4\beta c_n c_l]Q}{8(4\beta c_l + b^2 - bA)} + \frac{4[\beta(c_n - c_r)^2 + (1 - \beta)c_r^2]c_l + b(b - A)(c_n - c_r)^2}{8(1 - \beta)(4\beta c_l + b^2 - bA)}$$

$$\Pi_R^{*TPT} = \frac{[16\beta^2 c_l^2 + 8\beta(1-\beta)(b^2-bA)c_l + (1-\beta)(b^2-bA)^2]Q^2}{16(4\beta c_l + b^2 - bA)^2} - \frac{[16\beta^2 c_n c_l^2 + 8\beta(c_n - c_r)(b^2-bA)c_l + (c_n-c_r)(b^2-bA)^2]Q}{8(4\beta c_l + b^2 - bA)^2} + \frac{16\beta[\beta(c_n-c_r)^2 + (1-\beta)c_r^{\ 2}]c_l^2 + 8\beta(c_n-c_r)^2(b^2-bA)c_l + (c_n-c_r)^2(b^2-bA)^2}{16(1-\beta)(4\beta c_l + b^2 - bA)^2}$$

（6）三种回收模式的比较。

为使回收率有意义，须使得 $0 \leqslant \tau^{*MT}, \tau^{*RT}, \tau^{*TPT} \leqslant 1$。由 $\tau^{*RT}, \tau^{*TPT} \geqslant 0$ 可得 $\beta Q - c_r \geqslant 0$，代入 $\tau^{*MT} \geqslant 0$ 有，$8\beta c_l \leqslant A^2$。由 $\tau^{*MT}, \tau^{*RT}, \tau^{*TPT} \leqslant 1$ 可得，$(b-A)(\beta Q - c_r - 2A) \leqslant 8\beta c_l \leqslant A^2 - A(\beta Q - c_r)$。综上所述可得假设6。

假设6：要使回收率有意义，假定 $(b-A)(\beta Q - c_r - 2A) \leqslant 8\beta c_l \leqslant A^2 - A(\beta Q - c_r)$，以及 $\beta Q - c_r \geqslant 0$。

命题1 三种回收模式下的回收率有如下关系：$\tau^{*MT} \geqslant \tau^{*RT} \geqslant \tau^{*TPT}$。

证明 由于 $b > A$，$\beta Q - c_r \geqslant 0$，所以 $(b-A)(\beta Q - c_r) \geqslant 0$。且 $2(4\beta c_l + bA - A^2) \leqslant 2(4\beta c_l + b^2 - bA)$，因此 $\frac{(b-A)(\beta Q - c_r)}{2(4\beta c_l + bA - A^2)} \geqslant \frac{(b-A)(\beta Q - c_r)}{2(4\beta c_l + b^2 - bA)}$，即 $\tau^{*RT} \geqslant \tau^{*TPT}$。另外，$\tau^{*MT} - \tau^{*RT} = \frac{(\beta Q - c_r)[8b\beta c_l + A^2(b-A)]}{2(A^2 - 8\beta c_l)(4\beta c_l + bA - A^2)}$，显然有 $\tau^{*MT} - \tau^{*RT} \geqslant 0$。因此 $\tau^{*MT} \geqslant \tau^{*RT} \geqslant \tau^{*TPT}$，命题1得证。

由命题1可知，当消费者对新产品和再制造产品的 WTP 存在差异时，从回收率最优的角度而言，制造商回收模式是最有效率的，能产生最大的社会效益。因此，从回收率最优的角度，制造商应选择直接回收。

命题2 三种回收模式的新产品零售价关系为 $p_n^{*MT} \geqslant p_n^{*TPT} \geqslant p_n^{*RT}$，再制造产品零售价关系为 $p_r^{*MT} \geqslant p_r^{*TPT} \geqslant p_r^{*RT}$。

证明 $p_n^{*MT} - p_n^{*TPT} = \frac{\beta c_l[(b-A)^2 + b^2](\beta Q - c_r)}{4(A^2 - 8\beta c_l)(4\beta c_l + b^2 - bA)}$，由于 $b > A$，$8\beta c_l \leqslant A^2$，且 $\beta Q - c_r \geqslant 0$，显然有 $p_n^{*MT} - p_n^{*TPT} \geqslant 0$，即 $p_n^{*MT} \geqslant p_n^{*TPT}$。此外，$p_n^{*TPT} - p_n^{*RT} = \frac{\beta c_l(b-A)^2(\beta Q - c_r)}{4(4\beta c_l + b^2 - bA)(4\beta c_l + bA - A^2)} \geqslant 0$，从而 $p_n^{*TPT} \geqslant p_n^{*RT}$。因此有 $p_n^{*MT} \geqslant p_n^{*TPT} \geqslant p_n^{*RT}$。同理易得 $p_r^{*MT} \geqslant p_r^{*TPT} \geqslant p_r^{*RT}$，命题2得证。

命题2说明，三种回收模式中，制造商负责回收时新产品及再制造产品的零售价格最高，零售商负责回收时的零售价格最低；这说明零售商负责回收对消费者最有利，从该角度来说，制造商应该选择委托零售商回收。

命题3 三种回收模式下制造商的利润关系满足 $\Pi_M^{*MT} \leqslant \Pi_M^{*TPT} \leqslant \Pi_M^{*RT}$ 。

证明 由于 $\Pi_M^{*MT} - \Pi_M^{*TPT} = \dfrac{-[(b-A)^2+b^2](\beta Q - c_r)^2 c_l}{2(4\beta c_l + b^2 - bA)(A^2 - 8\beta c_l)} \leqslant 0$ ，因此 $\Pi_M^{*MT} \leqslant \Pi_M^{*TPT}$ ；并且 $\Pi_M^{*TPT} - \Pi_M^{*RT} = \dfrac{-(b-A)^2(\beta Q - c_r)^2 c_l}{2(4\beta c_l + b^2 - bA)(4\beta c_l + bA - A^2)} \leqslant 0$，因此 $\Pi_M^{*TPT} \leqslant \Pi_M^{*RT}$ 。即 $\Pi_M^{*MT} \leqslant \Pi_M^{*TPT} \leqslant \Pi_M^{*RT}$ ，命题3得证。

由命题3可知，当消费者对新产品和再制造产品的WTP存在差异时，从制造商利润最大化的角度出发，零售商回收模式是最优的。因此，从制造商利润最大化的角度而言，制造商应选择委托零售商进行EOL产品的回收。

（7）数据仿真分析。

为了更好地说明上述各项命题，下面通过一则数值例子来进行验证。取参数值 $Q = 120$ ，$\beta = 0.6$ ，$c_n = 80$ ，$c_r = 50$ ，$c_l = 60$ ，$b = 50$ ，$A = 40$ ，最优解的结果见表6－6。

表6－6　三种回收模式下决策变量的最优解

变量	制造商回收	零售商回收	第三方回收
w_n	113.4146	110.1103	108.5404
w_r	74.4146	71.1103	69.5404
p_n	116.7073	114.0441	114.2702
p_r	73.2073	70.5441	70.7702
τ	0.6707	0.2022	0.1708
Π_M	79.1159	127.9412	123.7966
Π_R	53.0544	51.7044	53.1457

由表6－6可以看出：

①对于命题1，$\tau^{*MT} = 0.6707 > \tau^{*RT} = 0.2202 > \tau^{*TPT} = 0.1708$ ，显然制造商回收时的回收率最高，从回收率最优的角度，制造商应该选择自行直接回收模式；命题1得到验证。

②对于命题2，$p_n^{*MT} = 116.7073 > p_n^{*TPT} = 114.2702 \geqslant p_n^{*RT} = 114.0441$，并且 $p_r^{*MT} = 73.2073 \geqslant p_r^{*TPT} = 70.7702 \geqslant p_r^{*RT} = 70.5441$ 。显然零售商负责

回收时新产品及再制造产品的价格均为最低，此时对消费者最有利。从消费者受益的角度，制造商应该选择委托零售商回收模式；命题2得到验证。

③对于命题3，$\Pi_M^{*MT}=132.1703\leqslant\Pi_M^{*TPT}=178.6928\leqslant\Pi_M^{*RT}=179.6456$，零售商负责回收时制造商的利润最高；从利润最优的角度出发，制造商应该选择委托零售商负责回收模式；命题3得到验证。

在假设消费者对新产品及再制造产品的WTP值存在差异的基础上，以制造商主导的再制造逆向物流为研究对象，对制造商直接回收、制造商委托零售商回收、制造商委托第三方回收三种不同的回收模式进行了比较分析。分析结果表明，从回收率最高的角度来看，制造商直接回收模式最优；但从对消费者最有利及制造商利润最大化的角度来看，委托零售商回收模式则是最优的选择。分析结果为制造商进行回收模式的选择提供了理论参考。

本项目还可作进一步的拓展。比如对于再制造产品，不同的消费者对再制造产品的WTP也存在差异，并非如所作的假设为固定值β，此时将如何影响制造商对回收模式的选择，需要进行深入研究。此外，再制造产品的需求往往具有不确定性，此时回收模式的选择又会发生怎样的变化，并未对此进行考虑，这将是后续研究的方向。

6.3　本章小结

本章重点就物流产业生态系统的实施路径进行分析，紧贴产业生态学的理论，在政府监管、企业运营提出相应措施。首先在政府监管上，分析了政府监管在城市雾霾改善中的积极作用，对引入政府角色参与雾霾改善进行了博弈论分析；然后从基于公平关切的新视角提出逆向物流定价策略，最后对再制造逆向物流的回收模型进行了选择分析。

7 缓解城市雾霾压力的物流产业生态系统政策措施

根据上述研究，物流产业与城市雾霾之间存在一定的相关性，为缓解城市雾霾压力，下面将从政府层面、物流产业行业层面、物流企业运营层面、物流园区运营层面，提出相关政策建议。

7.1 加强政府监管，制定物流产业减少雾霾行动规划

基于政府环保监管部门对企业污染排放监管存在的问题及政府监管部门与污染排放企业之间的博弈分析，雾霾治理关乎区域乃至国家经济和社会的发展，需要统筹考虑，统一规划，采取以经济手段为主、多种手段并用的雾霾治理对策。

7.1.1 进一步健全和完善物流网络体系

实现铁路运输与公路运输建设的协调发展。虽然铁路运输一直是我国大宗货物运输的主要运输方式，但受货运站固定不灵活等因素影响，无法实现真正“门到门”服务，短距离运输效率低下。所以，在公路运输的发展上，应减少与目前已有铁路运输线路网络存在竞争性、重复性的平行建设，增加对铁路运输起到辅助和衔接作用的高速公路和高等级公路建设，即通过公路运输建设来进一步带动铁路运输效率的提高、铁路运输能耗的减少。

当前，中西部地区铁路线路分布的合理性远远落后于东部发达省区，2012 年，东部地区铁路路网密度为 246. 6 千米/万平方千米，是中西部地区铁路路网密度的 2. 2 倍。如雾霾较为严重的四川省，铁路路网密度仅为 72. 16

千米/万平方千米，远低于当地的公路路网密度（6051.55千米/万平方千米），这也使四川的省内运输以及省际运输都主要由公路承担完成。因此，中西部地区铁路运输建设的重点是要加快健全和完善当地的铁路运输网络，形成以铁路运输为主导，公路运输为依托的公铁联运体系，通过铁路运输网络的不断完善来逐步缓解当地城市雾霾问题。

7.1.2　完善物流产业的环境监管，减缓高雾霾效应

监测和监管制度是大气污染防治的坚实基础和有力保障。一是建立排污跟踪系统。对于一些污染物流排放严重的行业及企业进行重点监测与监管，政府各监管部门，尤其是环保部门应该保持连续监测，保证污染物排放数据能够及时、完整和准确地收集并在各部门中得到共享，以便为采取监管措施提供依据。二是启动雾霾监测与数值预报模型系统研究，以超级计算机和海量数据库存储量为支撑平台，致力于实现全国、区域和城市联动的雾霾预报与预警。建立区域环境信息公开与共享机制，区域内的各个省市要依托现有的网络设施加强区域之间信息的公开与共享机制，打造区域内各省市之间、各企业之间以及企业与民众之间的交流平台。平台要强化信息披露，定期发布各省市空气质量状况、主要污染物排放情况、重点行业及企业的减排工作以及本区域大气治理任务完成情况等相关信息。对于新建项目要在网上进行公告，重大项目还需召开有专家及普通民众参加的听证会，广泛征求各方意见，接受社会监督。

对城市雾霾空间格局进行分析发现，随着时间的推移，我国各地区的城市雾霾的空间分异特征发现，低城市雾霾区域江苏、浙江、安徽、福建、江西、山东、河南、湖北、湖南、广东、广西、海南、重庆、四川、贵州、云南、陕西、甘肃、青海19个省市逐步跨入中度城市雾霾型或者较高城市雾霾型行列；低城市雾霾型区域降至为0个。内蒙古、山西及东北地区等能源生产大省或老工业基地均处于较高城市雾霾型地区或者高城市雾霾型地区。可见，从中国城市雾霾空间分异演变过程，不难发现，我国已有全面迈入高雾霾锁定的趋势。利用Moran's I指数计算1995—2010年中国省区城市雾霾的空间自相关性，结果发现中国城市雾霾具有较强的空间自相关性，并且空间依赖性逐渐加强，LL低值区呈现空间集聚现象。通过Moran's I散点图进行空间

内生分组，将我国省域划分为 HH、HL、LH 和 LL 四组，空间俱乐部收敛的估计结果表明，HH 和 HL 地区处于在城市雾霾发散，但发散趋势不显著；LH 地区也存在城市雾霾收敛，但收敛趋势不明显；LL 地区城市雾霾存在空间俱乐部收敛；当目标区域 β 值较低时，将对邻居存在正的示范效用，促进城市雾霾的收敛，因此，在一个区域内部里建立一个低碳经济示范区，将有利于区域间城市雾霾差距缩小。在一个区域俱乐部内部，建立一个低碳、绿色经济示范区，这将对相邻地区产生良性的溢出效应。

7.1.3 推进物流行业低碳化发展约束准则

基于物流行业特性决定了在今后较长的时期内，石油的消耗在物流能源消耗结构中依然占据主导地位，这就需要考虑建立物流业的油气供应安全保障机制，防止行业出现“油荒”危机，确保物流作业各个环节的节能降耗改革措施能够稳定有序地进行，并适时推进低碳物流行业标准的制定。目前我国物流行业还未能形成一套标准的低碳物流作业考核体系，物流企业一般只是在响应政府部门“节能减排”的号召下单独进行探索。对此可以由有关政府部门组织协调，积极借鉴国外低碳物流作业考核标准，物流行业协会负责具体落实和实施行业规则，制定出一套符合本国物流发展行情的低碳物流作业标准，为有条件逐步推进低碳物流发展提供行业约束准则。

从长期来说，石油、煤炭这些碳排放量大，污染较严重的能源随着低碳物流的发展其能源消耗比重在逐渐下降，而天然气比重则在快速上升，物流业的碳强度和能耗强度都有了大幅下降，未来物流业的低碳效应会日益显著。从短期来说，现阶段要积极发展低碳物流，对物流业能源结构的优化应该以天然气为基础，以石油为中心，同时要重视新能源和可再生能源的开发，走低碳、高效、优质的可持续发展道路。具体措施包括以下几点：①由于行业的特性决定物流业会在较长时间内石油消耗依然占据主导，这就要建立物流业油气供应安全保障机制，防止行业“油荒”现象的出现，确保物流作业各个环节稳定、有序进行，这样也才有条件逐步推进低碳物流的发展。②借助能源替代技术的不断进步，积极倡导行业对清洁能源的使用，特别是鼓励以混合动力、新能源电池和电动汽车的运输工具的研发与应用，同时有关部门需采取措施强制淘汰高耗能的运输工具和技术，对物流企业购置新型低碳的运输工具要提供一定的财政支持和低息贷款。

在研究物流业 CO_2 排放增长和产出增长的关系时，研究者一定要考虑到可能存在的非线性关系。为了研究物流业 CO_2 排放增长率与产出增长率之间长期和短期关系，我们发现传统的线性关系是不适合的。我们的结论对于政策当局也是十分重要的。正如格兰杰因果检验所表明的，不论经济所处的增长阶段如何，能源消耗和物流业 CO_2 排放仅在短期会影响产出增长，而在长期不是产出增长的格兰杰原因。这一结果表明中国可以实行能源保护政策以降低物流业 CO_2 排放，不用担心损害长期的经济增长路径。减少物流业 CO_2 排放的能源保护政策对于产出增长率的不利影响应该被限制在短期，这种政策不会损害长期的经济增长。此外，我们发现当初始增长率相对低的时候，产出增长率并不会在短期增加物流业 CO_2 排放。然而，在长期不论经济初始条件如何产出增长都会增加物流业 CO_2 排放。在不同的经济增长阶段和不同的地区，物流业 CO_2 排放增长与产出增长之间的关系是不同的。这就要求政府在制定节能减排措施的时候要考虑到地区差异，重点解决经济发达地区物流业的 CO_2 排放问题，制定既有利于经济发达地区的发展，又有利于物流业 CO_2 排放的降低的措施。最终促进物流业 CO_2 排放与经济增长的环境库兹涅茨曲线的实现。

7.2 转变物流产业粗放模式，加快物流产业生态化进程

7.2.1 治理物流活动中的雾霾主要污染物

改变过去大气污染控制以二氧化硫和工业细粉尘为主的单一格局。对雾霾主要污染物，尤其是对细颗粒物来源进行综合治理。首先，建立覆盖全国范围的雾霾污染监测系统，增加监测点数量和监测指标数量，将细颗粒物、臭氧、一氧化碳、挥发性有机物及其他新增污染物纳入监测范围，开展全指标监测，建设雾霾污染物排放基础数据库。其次，重点解决煤炭燃烧污染问题，强制要求燃煤企业安装无害化排放设施和环保除尘设施，出台燃煤设施污染物排放新标准，增设污染物排放指标，严格污染物排放限值。最后，加

快能源结构调整，搞好煤炭的高效清洁利用，实施煤炭消费总量控制，加快风能、水电、天然气、煤层气、页岩气、生物质能、风能、太阳能、核能等清洁能源的发展，加大管道输送天然气的进口。

7.2.2 促进物流相关产业转型升级

改变传统的高投入、高污染、高消耗、低产出的粗放型生产方式，减少因粗放的生产方式造成的大量排污，由粗放型生产方式转变为集约型生产方式能够更加适应可持续发展的要求。要加快对污染企业的调整和转移，而不是简单地将这些企业迁到别的地区而任其污染，是提高传统产业自身的创新发展能力，加大企业技术改造的力度，推动产业转型升级，淘汰一些产能落后、高能耗、高污染、高排放的产业，促进全产业链整体升级。要大力发展节能环保产业，使得企业规划、建设过程中配套环保设计。

7.2.3 提升物流产业能源效率

提升能源效率能有效缓解城市雾霾效应。物流业作为经济社会的支柱产业，其行业特性要求物流各个作业环节都需要能源的支持才能完成，特别是车辆运输和配送作业环节，消耗大量的石化燃料。因此，物流产业需要调整能源消费结构，转变能源消费结构。可以减少原煤直接燃烧的数量，使用二次能源或清洁能源，以减少对环境的污染和减轻对运输的压力。从长远来看，努力调整和优化能源结构，实现能源供给和消费的多元化，以应对能源消费日益扩大的趋势。通过提高水电、石油、天然气等优质能源消费比重和提高单位能耗来解决能耗利用率低和能耗对环境的压力，进一步缓解城市雾霾压力。

7.2.4 构建逆向物流延伸责任分担机制

通过构建基于再制造产品批发价协议的生产者延伸责任分担机制。在该分担机制下，再制造产品批发价表现为回收系统固定投资 I 的函数。通过这种定价方式，制造商能有效地将延伸责任传导至零售商，而零售商随之提高新产品和再制造产品的零售价，从而将延伸责任传导至消费者，使得供应链成员及消费者均分担了延伸责任。通过理论证明及数值分析表明，在实施延伸责任分担机制后，制造商和零售商的收益均比不实施延伸责任分担机制时有所增加，从而说明了以该定价机制实现EPR的合理性。比如对于再制造产品，不同的消费者的WTP值β并不一定是一致的，可能会有不同的评价和偏好，此时将如何影响延伸责任分担机制，需要进行深入研究。此外，回收系统比较复杂，回收率τ依赖于许多因素，往往具有不确定性，此时延伸责任分担机制又会发生怎样的变化，并未对此进行考虑，这将是后续研究的重点。对制造商直接回收、制造商委托零售商回收、制造商委托第三方回收三种不同的回收模式进行了比较分析。分析结果表明，从回收率最高的角度来看，制造商直接回收模式最优；但从对消费者最有利及制造商利润最大化的角度来看，委托零售商回收模式则是最优的选择。分析结果为制造商进行回收模式的选择提供了理论参考。

当回收商公平关切时，由于制造商的销售价格、回收商的回收价格和回收量不变，所以供应链系统整体利润不会受到回收商公平关切程度的影响，保持不变，利润只是在回收商与制造商之间进行重新分配。这表明回收商公平关切并不影响供应链整体收益，可以通过利用利益分配机制来引导供应链系统的利益再分配。当制造商公平关切时，供应链系统整体利润受制造商公平关切程度的增加而减少，使得供应链系统整体收益受损，且随着制造商公平关切程度的增大，整个供应链系统的渠道效率损失增大。这表明制造商公平关切损害了供应链系统的收益，需要通过协调机制来鼓励供应链系统成员企业提高效益。

制造商效用随着制造商公平关切程度递增的速率大于回收商效用随着回收商公平关切程度递增的速率。这表明制造商效用对于公平关切程度变化更加敏感。只要制造商的公平关切系数有微小变动，其效用增加量更大。制造商利润随着回收商公平关切程度递减的速率大于回收商利润随着制造商公平关切程度递减的速率。这表明制造商利润对于公平关切程度同样更加敏感。只要回收商公平关切系数有微小变动，其利润减少量更大。从以上分析可看出，不管是回收商公平关切，还是制造商公平关切，制造商对于公平关切程度比回收商更敏感。

回收商公平关切时，会促使制造商提高其废旧产品回收价格，从而使得制造商利益受损；回收商对于消费者的回收价格不变，不影响废旧产品的回收量，但是制造商回收价格增大，使得回收商获得更多的渠道利润，提高了自身的绩效。但回收商公平关切不影响整个供应链系统的整体利益；当制造商公平关切时，制造商降低其废旧产品的回收价格，从而使制造商的利益得到提高；回收商因为制造商的废旧产品的回收价格降低，从而使得回收商利益受损，并降低了整个供应链系统的利益。制造商效用随着制造商公平关切程度递增的速率大于回收商效用随着回收商公平关切程度递增的速率；制造商利润随着回收商公平关切程度递减的速率大于回收商利润随着制造商公平关切程度递减的速率。制造商对于公平关切程度比回收商更敏感，应尽可能减少公平关切对制造商的影响。

7.3 提高物流企业自身治理水平，减少环境污染

7.3.1 物流企业推广清洁能源、技术

随着天然气、电力等清洁能源利用技术的不断进步，应该积极倡导物流行业对清洁能源的使用，特别是鼓励科研单位、物流企业对混合动力、新能源电池和电动汽车等运输工具的研发与应用，作为国内物流巨头的顺丰集团近期已经率先投入10辆纯电动汽车在北京地区试点进行揽货和配送环节的物流作业，后期将向其他地区进行推广，这是物流企业发展低碳物流的重大改革创新举措。企业在推进发展低碳物流的过程中，政府部门则需加强引导，采取措施有序引导淘汰高耗能的运输工具和技术，对物流企业购置、开发低碳环保的运输工具可以提供必要的财政支持和低息贷款，形成以企业为市场主导，政府为支撑服务的高效联动机制，推广清洁能源、技术在物流业的使用，从根本上实现物流的低碳化。

（1）我国物流碳足迹的 CO_2 排放量一直呈现上升趋势，这主要是因为需要大量能源作为支撑的物流业近年来发展迅速，并且在未来相当长时期内物流业还将高速发展，可以预见物流碳足迹规模上将继续保持增长，从不同省域碳足迹的规模来看，可以分为四个层次：从增速来看，涨幅最快的主要集中在西北地区，比如宁夏、内蒙古、青海，反映出西北地区物流业发展迅速，

能源需求量大；涨幅相对缓慢的是上海和广东等，主要是因为这些沿海地区物流业已经比较发达，物流碳足迹已达到一定规模，处于发展成熟期，进而增长相对缓慢。还有一类以江西、甘肃等地区为代表，这些省份不仅物流业发展相对落后，而且发展潜力具有局限性，在一段时期内其物流业的碳足迹不会有太大变化。

（2）通过对物流碳足迹节能减排“双强度”预测，“十二五”期间我国未能完成物流业“碳强度比 2010 年降低 17%，能耗强度下降 16%”的既定目标，但是已经接近既定目标；“十三五”期间则可以顺利实现物流业“碳强度比 2010 年下降 23%，能耗强度下降 24%”的既定目标。按不同省域划分的研究结果显示全国一半省份在未来“十二五”和“十三五”期间可以完成物流碳足迹节能减排“双强度”目标，大部分省市的“双强度”值是在下降的。这主要得益于高碳排放能源比重下降较快使得物流能耗结构将会更加优化，促使碳足迹的涨幅减缓，能耗强度目标的完成则主要归功于行业管理水平的提高和新型节能技术的应用使得物流的能源利用效率得到优化。

我国发展低碳物流在“十二五”和“十三五”期间能源消耗结构得到不断优化，石油、煤炭等高碳排放的能源消耗比重在逐年下降，特别是“十三五”期间，以天然气为代表的清洁能源在发展低碳物流中变得日益重要。

（3）“十二五”期间我国未能完成物流业“碳强度比 2010 年降低 17%，能耗强度下降 16%”的既定目标，但是“十三五”期间可以顺利实现物流业“碳强度比 2005 年下降 45%，能耗强度下降 48%”的既定目标。从研究结果来看，“十三五”期间因发展低碳物流过程中天然气能源使用比重大幅上升，高碳排放能源比重下降较快使得物流能耗结构比“十二五”期间更加优化，促使这期间 CO_2 排放量出现大幅度下降，这也就顺利完成了物流业“十三五”期间碳强度的既定目标；而“十三五”期间能耗强度目标的完成则主要归功于能源技术水平的提高和管理水平的完善使得这期间发展低碳物流过程中能源利用效率更高。

公路运输对于城市雾霾的影响主要源于其运输车辆的尾气排放，因此应当积极推进新能源汽车的开发和在公路运输环节的应用，对于进行新能源汽车开发的企业以及采用新能源汽车的运输企业，政府都应当给予相关优惠政策（如减轻税收负担或进行政府补贴）。目前适合较长距离公路运输的新能源汽车主要有燃料电池汽车、氢动力汽车、燃气汽车等。尤其是燃气汽车在中国发展较为迅速，技术也较为成熟，其中 LNG（液化天然气）汽车在以年均20%以上的销售速度增长，CNG（压缩天然气）汽车销量年均增长速度在30%以上；如新疆金豹物流有限公司就将原有的运输车辆全部改造或更新为以 LNG 为燃料的车辆并取得了良好的经济效益，这是其他省区可以借鉴的。

7.3.2 推动物流企业废弃物综合利用技术创新

与物流企业相关的工业固体废弃物综合利用是对固体废弃物进行“无害化、资源化和减量化”处理的重要手段，综合利用不但可缓解雾霾污染，而且能产生可观经济效益。近年来，我国在利用工业固体废弃物制备新型功能材料等高值利用技术方面有了较大的发展，但是部分技术尚处于实验室研究阶段，投入实际应用较少。因此，在积极推进工业固体废弃物综合利用技术创新研究的同时，还应当鼓励这些技术在综合利用环节的实际应用，以进一步提高工业固体废弃物综合利用量和综合利用率。

一方面，我国应建立并完善一般工业固体废弃物焚烧标准，加强对焚烧企业的监督；另一方面，针对目前上海市还没有工业固体废弃物填埋场，大量工业固废混入生活垃圾填埋场处理的问题，建议可以在工业集中区新建专门的工业固体废弃物填埋场以满足工业固废安全填埋需求，通过工业固体废弃物处置效率和处置能力的提高，增强工业固体废弃物处置的时效性和对雾霾天气的缓解作用。受工业固体废弃物累计堆放量大、缺乏监管等多种因素影响，包括上海在内，我国每年都有大量工业固体废弃物处于露天堆放的贮存状态。因此，必须加强对工业固体废弃物贮存管理体系的规范和监管，根据工业固体废弃物特点的不同对其进行分类贮存，尤其像冶炼渣、化工渣、燃煤灰渣、废矿石、尾矿等工业固废必须堆放在专用的贮存设施或场所，并定期对贮存场地进行环境影响评价，对于不符合环境保护标准的工业固体废弃物贮存场地应限期及时改造，以避免粉尘、二氧化硫和氮氧化物等大气污染物的产生。推行清洁生产，从源头减少工业固体废弃物的产生量。可以通过制定补贴政策、税收扶持政策、贷款优惠等政策激励和引导企业清洁生产进程，积极推广先进生产工艺、技术、设备和材料在企业中的应用，从根本上减少雾霾来源。

7.4 提升物流园区运营科学水平

7.4.1 加强物流园区科学规划

中华人民共和国《物流术语》国家标准对物流园区作了如下定义：物流园区也称物流基地，是多种物流设施和不同类型物流企业在空间上集中布局的场所，是具有一定规模和综合服务功能的特定区域。物流园区作为物流业发展到一定阶段的必然产物，在日本、德国等物流业较为发达的国家和地区相继出现。日本称物流园区为物流团地（Distribution Park），德国称为货运村（Freight Village）。物流园区是按照规模化、专业化的原则组织运输、仓储、配送和流通加工等物流活动，物流园区内不同业务经营主体可以通过共享相关物流基础设施和相应地配套服务设施，从而发挥物流园区的整体优势和互补优势，实现物流集聚的集约化，规模化效应，并可以促进载体城市持续性发展。

从物流园区本身建设的意义来说，由于需要一定规模的建设投资和相应基本设施的建设，均可实现对地方经济增长的拉动；另外，入驻的物流企业同样在物流园区内进行投资建设仓库、配送中心及货场等设施，也可为地方经济增长做出贡献。

由于物流园区聚集了众多运输、仓库、货代、配送等相关物流企业，所以，可以通过物流功能的整合，减少货物的无效转运、装卸和处理流程，实现各环节的无缝衔接，从而大大缩短物流作业时间，提高物流效率。例如，宜春经济技术开发区范围南氏物流园将宜春市的运输、仓储、配送等物流企业聚集起来，提供一站式物流服务。对于物流园区周边商贸、制造企业以及其他入驻企业来说，一体化的物流服务可以降低其物流运作成本，赢得更多的利润空间，从而获得市场竞争优势。另外，由于物流园区聚集了众多的物流企业，那么物流园区的管理部门可以搭建更好的物流服务平台，通过信息化系统为物流供需双方搭建公共服务平台，实现各种信息共享、发挥物流园区的整合优势，从而可以提供更好的物流服务。

近年来，物流产业得到了快速的发展，虽然行业内已经出现了一些规模较大的物流企业。但是很多物流企业从事的业务还是传统的物流经营，仓库、货运等信息不畅通，各自为政，通过价格战来赢得市场，整个行业呈现出“散、小、乱”状况。通过物流园区的建设，吸引物流企业入驻，整合传统的物流企业，促进其提高运营水平，增加增值服务，扩大经营范围，以使其取得较高的企业资质，打造更多的明星企业。

7.4.2 落实物流园区发展规划保障措施

1. 加强物流园区准确定位、统筹规划

国外物流发达国家发展经验表明，物流园区的建设规划，需要各级地方政府充分考虑当地的经济发展水平、城市规划、产业布局和交通状况，从而能够科学合理地制定物流园区发展总体规划，进一步引导不同类型的物流企业进行合理布局，整合企业资源，从而实现物流园区的规模效益和集聚效应，促进物流园区快速健康发展。同时，物流园区规划过程中，必须展开科学的市场调研，分析当地的物流需求，现有基础设施及未来的发展预期，根据物流供需关系，对物流园区进行准确的功能定位。

2. 加强物流园区审批把关，严抓项目落实

相关政府部门应该在物流园区申报中，严格把关，做好整体规划，力争做到全省一盘棋，防止地方政府大搞政绩工程，也防止“圈占土地”“占而不建”“建而无用”等现象的出现。物流园区规划项目立项后，应监督项目的落实，防止出现“重建设，轻经营”。物流园区的运作经营应按照市场规律，以企业为运作主体，加强政府的引导功能，按照“政府搭台、市场运作、统一规划、分步实施、完善配套、搞好服务”的企业主导型市场化运作模式进行规划建设。

3. 健全物流园区的配套政策

地方政府为了招商引资，除了要给予国内外引进的知名物流企业优惠政策（如土地、税收优惠等）外，还应该加强对现代物流园区发展的整体认识，在市场准入机制、工商登记管理、财政税收、市场规范、融资等方面完善配套的政策保障体系，做好物流园区的管家和引路人，为物流园区的发展和招商引资创造良好的政策环境。

4. 推动信息化建设，搭建物流园区公共信息平台

物流园区信息化建设应该从政府部门、物流企业和客户的实际需求出发，理清政府部门与物流园区、物流企业与客户之间的衔接关系，统筹规划物流园区公共信息平台的功能模块，致力于实现信息发布、信息查询、订单处理一体化、仓库管理智能化、货物跟踪全程化、客户咨询自动化及综合服务等功能，提高物流园区运营效率和物流服务水平。同时，应加大政策扶持力度，把物流园区公共信息平台看作地方经济发展基础设施来进行投入和建设，集中力量建好物流信息公共平台。

5. 建立以产业集群为导向的相互依存的物流园区

物流园区规划建设时，要重视物流企业和相关产业依存关系的建立，尤其是物流业与制造业、物流企业与农业、物流企业与商贸业的联动发展，努力形成制造企业、商贸企业和物流企业之间的专业分工与协作完善的体系。各区市物流园区应避免追求“大而全”，避免物流园区重复建设，从而造成资源浪费，应充分体现商贸型、区域物流组织型、运输枢纽型、综合型等不同类型园区的优势，从而形成各具特色的物流产业群。例如，赣州的橘橙产业、景德镇的陶瓷产业、新余的钢铁产业等。

7.5 本章小结

本章在前几章分析的基础上，提出了缓解城市雾霾压力的政策措施。从完善政府监管制度、做好物流产业规划、提升物流企业治理水平及物流园区运营的科学水平四个方面提出了具有较强针对性的建议，在宏中微三个层面上为保障实现物流产业生态化发展的同时缓解城市雾霾压力奠定理论理论和提出可行性措施。其中，在政府监管层面上，提出进一步健全和完善物流网络体系、完善物流产业的环境监管减缓高雾霾效应、推进物流行业低碳化发展约束准则等几项措施；在物流产业规划方面，提出治理物流活动中的雾霾主要污染物、促进物流相关产业转型升级、提升物流产业能源效率、构建逆向物流延伸责任分担机制等几项措施；在提升物流企业自身治理水平上，提出推广清洁能源技术、废弃物综合利用技术创新等措施；在提升物流园区运营科学水平上，提出加强物流园区科学规划、借鉴国外发达国家物流建设规划经验、落实物流园区发展规划保障措施等对策。

8 总结及展望

8.1 总结

本书内容主要分为六个部分，分别为：物流产业生态系统与城市雾霾的相关理论、中国城市雾霾的空间格局演变、低碳视角下物流产业系统的雾霾效应分析、物流产业活动对城市雾霾的影响分析、物流产业生态系统优化路径分析和缓解城市雾霾压力的物流产业生态系统政策措施，总结如下。

1. 物流产业生态系统与城市雾霾的相关理论

首先，对物流产业生态系统进行了界定，指出物流产业生态系统是以物流为纽带，以物流产业集群为主要形式，围绕物流提供商、需求方、行为组织、政府、社会公众等建立起来的，与生态环境有物质能量交换的产业共生系统，注重物流的生态效益、经济效益和社会效益。并给出了物流产业生态系统的结构和相关特征。

其次，基于产业生态视角对物流活动进行了细分，宏观层面上阐释了国际货物运输、国家流通中包装、全球流通加工对环境产生的影响；中观层面上，论述了物流园区、区域物流产业对环境及雾霾的影响；微观层面上，分析了物流材料、生产过程、物流活动的职能开展、再循环四个层面对城市雾霾的影响机理。

最后，对物流产业生态化缓解城市雾霾的因素进行了分析，从政府规划、企业运营和技术这三个层面着重探讨物流产业生态系统对城市雾霾改善的影响。政府规划层面上，认为政府物流产业生态规划日臻完善，相关政策的制定和出台将趋于更为完善和成熟，这必定为城市雾霾地改善提供有效的政策手段和法律保障；物流产业生态化技术创新方面，对于城市雾霾的改善，将引起物流产业生态系统中一次绿色技术大革命和对传统产业的冲击，靠现代科学技术手段实现产品创新和工艺创新，研究与开发对环境无害化，低污染的技术产品，生产工艺和操作技术，是提高物流产业生态系统环保生产率和加快物流产业生态系统演化进程的有效途径；从企业运营角度来看，追逐利益最大化是其运营的天然动机和发展目标。作为物流产业生态系统中的企业，如要适应将来因城市雾霾治理所带来的政策和市场环境变化，就必须尽早参与改善雾霾问题的探索和实践。而“顺其自然”、“坐以待毙”这些方式最终都将会把企业引入绝境而被系统淘汰。

2. 中国城市雾霾的空间格局演变

中国雾霾集聚区主要发生在京津冀、长三角以及与这两大经济体相连接的中部地区，非均衡性及空间分布的异质性特凸显。为此，加强区域内联手共治，将是促进城市雾霾治理的重要手段。这也就要求识别呈现出城市雾霾空间格局演变态势，探讨城市雾霾的空间分布，为区域之间联手共治的提供现实可能性。污染排放趋同模型，是能有效识别出区域内是否存在趋同的一种理论视角。在探讨存在异质性区域是否存在城市雾霾收敛及其治理策略的制定等方面，亟须将时空结合起来，系统展开我国城市雾霾空间格局演变和俱乐部收敛的实证研究，这将有助于制定科学、合理的区域雾霾治理政策。

以时空效应来研究中国城市雾霾空间俱乐部收敛，实证结果如下：

首先，对城市雾霾空间格局进行分析发现，随着时间的推移，我国各地区的城市雾霾的空间分异特征出现，低城市雾霾区域江苏、浙江、安徽、福建、江西、山东、河南、湖北、湖南、广东、广西、海南、重庆、四川、贵州、云南、陕西、甘肃、青海 19 个省、自治区、直辖市逐步跨入中度城市雾霾型或者较高城市雾霾型行列；低城市雾霾型区域降至为 0 个。内蒙古、山西及东北地区等能源生产大省或老工业基地均处于较高城市雾霾型地区或者高城市雾霾型地区。可见，从中国城市雾霾空间分异演变过程，不难发现，我国已有全面迈入高雾霾型的趋势。

其次，利用 Moran's I 指数计算 1995—2010 年中国省区城市雾霾的空间自相关性，结果发现中国城市雾霾具有较强的空间自相关性，并且空间依赖性逐渐加强，LL 低值区呈现空间集聚现象。通过 Moran's I 散点图进行空间内生分组，将我国省域划分为 HH、HL、LH 和 LL 四组，空间俱乐部收敛的估计结果表明，HH 和 HL 地区处于在城市雾霾发散，但发散趋势不显著；LH 地区也存在城市雾霾收敛，但收敛趋势不明显；LL 地区城市雾霾存在空间俱乐部收敛；当目标区域 β 值较低时，将对邻居存在正的示范效用，促进城市雾霾的收敛，因此，在一个区域内部里建立一个低碳经济示范区，将有利于区域间城市雾霾差距缩小。

最后，针对当前我国城市雾霾差异明显的客观事实，考察了 1995—2010 年我国城市雾霾的空间格局演变过程，构建城市雾霾收敛模型，研究不同城市雾霾的收敛特征，结果表明：随着时间的推移，绝大多数低城市雾霾区域已经跨入中度城市雾霾型地区；中度城市雾霾型地区也已跨入较高城市雾霾型地区或者高城市雾霾型地区。考虑时空效应，中国城市雾霾具有强化了空间自相关性，且空间集聚存在连片分布的特征。通过 Moran's I 指数对我国区域进行内生分组，利用空间面板模型估计结果发现 LL 地区城市雾霾存在空间俱乐部收敛，其他地区收敛趋势并不明显；结论启示了在一个区域俱乐部内部，建立一个低碳、绿色经济示范区，这将对相邻地区产生良性的溢出效应。

3. 低碳视角下物流产业系统的雾霾效应分析

本部分首先基于碳足迹理论对物流产业生态系统自身的效率进行了测算，对不同省份的碳足迹进行分析和进行动态预测；其次在低碳视角下对物流产业的雾霾效应进行测算，提出了低碳下的物流约束性指标，得到了如何实现物流产业低碳化得启示；最后建立面板数据模型针对物流产业雾霾效应和经济增长之间的关系进行了检验，获取了如何保障经济增长的物流产业碳排放政策启示。

测算发现我国物流碳足迹的 CO_2 排放量一直呈现上升趋势，这主要是因为需要大量能源作为支撑的物流业近年来发展迅速，并且在未来相当长时期内物流业还将高速发展，可以预见物流碳足迹规模上将继续保持增长。通过对物流碳足迹节能减排“双强度”预测，“十二五”期间我国未能完成物流业“碳强度比 2010 年降低 17%，能耗强度下降 16%”的既定目标，但是已经接近既定目标；“十三五”期间则可以顺利实现物流业“碳强度比 2010 年下降 23%，能耗强度下降 24%”的既定目标。

然而在不同的经济增长阶段和不同的地区，物流业 CO_2 排放增长与产出增长之间的关系是不同的。这就要求政府在制定节能减排措施的时候，要考虑到地区差异，重点解决经济发达地区物流业的 CO_2 排放问题，制定既有利于经济发达地区的发展，又有利于物流业 CO_2 排放的降低的措施。

4. 物流产业活动对城市雾霾的影响分析

基于2004—2010年我国中西部地区16个省份的面板数据，构建了以PM2.5年均浓度为被解释变量，铁路营业里程、公路里程为解释变量的个体固定效应模型，以此对我国铁路及公路运输建设与城市雾霾问题之间的关系进行了实证分析，得到如下结论：中西部地区铁路运输、公路运输建设与城市雾霾问题分别存在负相关与正相关的关系，公路运输建设的快速扩张在一定程度上会恶化城市雾霾问题，而铁路运输的合理建设、效率的提高可以缓解城市雾霾问题。基于上述研究结果，对于中西部地区的交通基础设施建设和运输规划提出以下政策建议。

第一，合理规划公路运输建设，实现铁路运输与公路运输建设的协调发展。在公路运输的发展上，应减少与目前已有铁路运输线路网络存在竞争性、重复性的平行建设，增加对铁路运输起到辅助和衔接作用的高速公路和高等级公路建设，即通过公路运输建设来进一步带动铁路运输效率的提高、铁路运输能耗的减少。

第二，进一步健全和完善中西部地区的铁路运输网络。中西部地区铁路运输建设的重点是要加快健全和完善当地的铁路运输网络，形成以铁路运输为主导，公路运输为依托的公铁联运体系，通过铁路运输网络的不断完善来逐步缓解当地城市雾霾问题。

第三，积极推进新能源汽车项目建设。公路运输对于城市雾霾的影响主要源于其运输车辆的尾气排放，因此应当积极推进新能源汽车的开发和在公路运输环节的应用，对于进行新能源汽车开发的企业以及采用新能源汽车的运输企业，政府都应当给予相关优惠政策（如减轻税收负担或进行政府补贴）。

5. 物流产业生态系统优化路径分析

物流产业生态系统的实施主体为物流企业，通过实施逆向物流对废弃物进行回收并再利用，降低物流产业对城市雾霾的影响。然而，为保证逆向物流的有效实施，必须确保逆向物流的获利性。

在政府监管层面上，政府如果对不修建污染处理设施的企业实施严厉的惩罚，将导致企业选择处理污染的生产方式；当惩罚力度较轻，而企业修建处理污染的设施成本过高时，企业理性地选择排污生产。如果政府对污染处理的企业给予奖励，但奖励力度不大，企业修建处理污染的设施成本过高的情况下，企业同样选择排污生产；当奖励力度达到一定程度时，企业选择修建污染处理设施。同时也可以看出，政府监管部门实施奖惩和奖励相结合的方式，比仅采用惩罚的效果要好。因此，严格的政府监管、加大奖惩力度是促使企业采用消除污染生产的自律行为的重要条件。

在企业运营层面上，合理的回收再利用模式选择和定价机制是激励企业有效回收的关键，通过对废旧产品的回收再利用，减少废弃物排放，进而降低城市雾霾。在回收模式的选择方面，通过比较分析得出，从回收率最高的角度来看，制造商直接回收模式最优；但从对消费者最有利及制造商利润最大化的角度来看，委托零售商回收模式则是最优的选择。进而从消费者异质角度及公平关切角度给出了回收逆向物流的定价机制和协调策略。

6. 缓解城市雾霾压力的物流产业生态系统政策措施

基于上述分析，分别从宏观政府层面、中观物流产业层面、微观企业层面提出相应政策措施。政府层面上，要加强政府监管，制定物流产业减少雾霾行动规划，进一步健全和完善物流网络体系；完善物流产业的环境监管、减缓高雾霾效应；推进物流行业低碳化发展约束准则。中观物流产业层面，要转变物流产业粗放模式，加快物流产业生态化进程，治理物流活动中的雾霾主要污染物；促进物流相关产业转型升级；构建逆向物流延伸责任分担机制。微观物流企业运营层面上，要提高物流企业自身治理水平、减少环境污染，推广清洁能源、技术；推动物流企业废弃物综合利用技术创新。

8.2 展望

本书研究在理论上，对物流产业生态系统的结构、特征等方面进行了理论解释，探究物流产业生态系统的能源消耗效率、对城市雾霾影响机理，指出物流产业与城市雾霾的相关性，丰富和发展物流经济、产业生态学等方面的研究；在实践上，从政府监管、物流园区、企业运营三个方面提出了具有较强可操作性的措施，有利于促进物流产业生态系统发育，实现物流产业自身良好发展，有利于缓解城市雾霾的进一步加重，有助于保障物流产业生态系统的良性循环，同时缓解城市雾霾的压力。

然而，由于数据的可获取性，课题的实证研究均为宏观层面的研究，得出的结论主要为政府监管提供相应的依据；而中观物流园区层面和微观企业运营层面，由于我国当前没有相关数据的统计，因此该层面物流产业对城市雾霾的影响，尚缺乏相关的数据论证，需要进一步进行深入的研究。后续将对物流园区和物流企业运营中的排放进行监控，获得相应数据，研究中微观层面物流产业对城市雾霾的影响，并给出生态化运营的建议和措施。

参考文献

[1] 冯少荣，冯康巍．基于统计分析方法的雾霾影响因素及治理措施[J]．厦门大学学报（自然科学版），2015（1）：114－121.

[2] 张丽亚，彭文英．首都圈雾霾天气成因及对策探讨[J]．生态经济，2014（9）：172－176.

[3] 刘晓红，隗斌贤．雾霾成因、监管博弈及其机制创新[J]．中共浙江省委党校学报，2014（3）：75－81.

[4] 肖宏伟．雾霾成因分析及治理对策[J]．宏观经济管理，2014（7）：70－71.

[5] 张小红，刘炼烨，陈喜红．长沙地区雾霾特征及影响因子分析[J]．环境工程学报，2014（8）：3361－3366.

[6] 刘德军．雾霾天气防治的路径与对策建议[J]．宏观经济管理，2014（1）：36－38.

[7] 郝江北．雾霾产生的原因及对策[J]．宏观经济管理，2014（3）：42－43.

[8] 蓝庆新，侯姗．我国雾霾治理存在的问题及解决途径研究[J]．青海社会科学，2015（1）：76－80.

[9] 李屹，叶思瑶，章帆．白马湖生态创意园区产业转型调查研究——基于产业生态链视角[J]．知识经济，2011（4）：105－106.

[10] 樊海林，程远．产业生态：一个企业竞争的视角[J]．中国工业经济，2004（3）：29－36.

[11] 张文龙，邓伟根．产业生态化：经济发展模式转型的必然选择[J]．社会科学家，2010（7）：44－48.

[12] 仇方道，沈正平，张纯敏．产业生态化导向下江苏省工业环境绩效比较[J]．经济地理，2014（3）：162－169.

［13］叶焕民，周娜，宗振利．产业生态化的分析角度选择——以山东半岛城市群的产业生态化为例［J］．青岛科技大学学报（社会科学版），2008（3）：56－59.

［14］郭莉，苏敬勤，徐大伟．基于哈肯模型的产业生态系统演化机制研究［J］．中国软科学，2005（11）：156－160.

［15］李慧明，左晓利，王磊．产业生态化及其实施路径选择——我国生态文明建设的重要内容［J］．南开学报（哲学社会科学版），2009（3）：34－42.

［16］刘则渊，代锦．产业生态化与我国经济的可持续发展道路［J］．自然辩证法研究，1994（12）：38－42，57.

［17］李云燕．产业生态系统的构建途径与管理方法［J］．生态环境，2008（4）：1707－1714.

［18］施晓清．产业生态系统及其资源生态管理理论研究［J］．中国人口·资源与环境，2010（6）：80－86.

［19］武春友，邓华，段宁．产业生态系统稳定性研究述评［J］．中国人口·资源与环境，2005（5）：24－29.

［20］李晓华，刘峰．产业生态系统与战略性新兴产业发展［J］．中国工业经济，2013（3）：20－32.

［21］刘力，郑京淑．产业生态研究与生态工业园开发模式初探［J］．经济地理，2001（5）：620－623.

［22］黄欣荣．从自然生态到产业生态——论产业生态理论的科学基础［J］．江淮论坛，2010（3）：11－17.

［23］李虹，董亮．发展绿色就业提升产业生态效率——基于风电产业发展的实证分析［J］．北京大学学报（哲学社会科学版），2011（1）：109－118.

［24］王育民．高科技产业生态与林业产业的竞争力［J］．林业经济，2000（3）：27－33.

［25］李宝林．环保产业生态产业与绿色产业［J］．中国环保产业，2005（9）：22－24.

［26］郭莉，苏敬勤，徐大伟．基于哈肯模型的产业生态系统演化机制研究［J］．中国软科学，2005（11）：156－160.

［27］耿涌，王珺．基于灰色层次分析法的城市复合产业生态系统综合评

价[J]．中国人口·资源与环境，2010（1）：112－117.

[28] 张金环．基于循环经济的产业生态化建设[J]．黑龙江对外经贸，2010（3）：54－55.

[29] 肖勇．江西稀土产业生态发展的构想[J]．企业经济，2011（10）：60－62.

[30] 王晶．鄱阳湖生态经济区产业生态化研究［D］．南昌：江西财经大学，2013.

[31] 王珍珍，陈功玉．制造业与物流业联动发展的竞合模型研究——基于产业生态系统的视角[J]．经济与管理，2009（7）：28－34.

[32] 陆根尧，盛龙，唐辰华．中国产业生态化水平的静态与动态分析——基于省际数据的实证研究[J]．中国工业经济，2012（3）：147－159.

[33] 叶焕民，周娜，宗振利．产业生态化的分析角度选择——以山东半岛城市群的产业生态化为例[J]．青岛科技大学学报（社会科学版），2008（3）：56－59.

[34] 伍琴．产业生态系统的演进及其供应链管理战略［D］．长沙：湖南大学，2006.

[35] 赵皎云．创建合作共赢的物流装备产业生态圈[J]．物流技术与应用，2014（1）：60.

[36] 丁超勋．低碳理念下物流产业的生态化整合路径[J]．物流技术，2010（19）：23－25.

[37] 刘岩．基于生态理论的物流产业成长研究［D］．长春：吉林大学，2014.

[38] 周江，曹瑛．基于物流、信息及促进机构支持的区域产业生态系统[J]．生态经济（学术版），2007（2）：162－164，171.

[39] 陈立，李松志．基于相关性模型的鄱阳湖生态经济区物流产业发展分析[J]．国土与自然资源研究，2012（3）：16－18.

[40] 陈先锋．我国物流产业的产业关联和产业波及分析［D］．广州：暨南大学，2006.

[41] 楚岩枫．我国物流产业系统演化机理研究［D］．南京：南京航空航天大学，2010.

[42] 丁超勋，秦立公．物流产业的生态化整合路径与演化[J]．生态经

济（学术版），2011（1）：277－281.

［43］容和平，王跃婷．物流产业的生态位构建［J］．晋中学院学报，2010（4）：53－58.

［44］何小洲，张伶俐，邓正华．物流产业对区域经济结构的影响效应分析——以重庆市物流产业发展为例［J］．科技管理研究，2007（6）：118－119,129.

［45］杨春河．现代物流产业集群形成和演进模式研究［D］．北京：北京交通大学，2008.

［46］王珍珍，陈功玉．制造业与物流业联动发展的竞合模型研究——基于产业生态系统的视角［J］．经济与管理，2009（7）：28－34.

［47］赵艳．绿色物流［J］．物流技术，1999（1）：40－42.

［48］发展首都绿色流通事业的对策研究课题组．绿色流通与可持续发展［J］．中国物资流通，2000（3）：18－19.

［49］陈达．现代绿色物流管理及其策略研究［J］．中国人口、资源、环境，2001（2）：111－113.

［50］曾国平，谢庆红．绿色物流：未来中国物流业的发展主流［J］．经济师，2001（11）：49－50.

［51］王长琼．绿色物流的内涵、特征及其战略价值研究［J］．中国流通经济，2004（3）：12－14.

［52］马燕．供应链绿色物流管理策略［J］．生态经济（学术版），2005（2）：69－71.

［53］张沈青．我国绿色物流发展中存在的问题及对策探究［J］．当代经济研究，2006（10）：69－71.

［54］刘丽英．大型企业实施绿色物流的战略对策分析［J］．科技管理研究，2013（24）：247－250.

［55］刘畅．我国发展绿色物流的对策研究［J］．物流技术，2015（3）：77－79.

［56］陆凌云．我国农产品绿色物流问题的探讨［J］．安徽农业科学，2007（3）：853－854.

［57］郑颖．农产品绿色物流实施探索［J］．中共福建省委党校学报，2007（10）：37－39.

[58] 韩松. 河南省大宗农产品绿色物流与供应链系统构建研究[J]. 中国流通经济, 2009 (8): 21-24.

[59] 刘玲玲. 低碳经济下的农产品绿色物流新模式[J]. 物流技术(装备版), 2012 (10): 41-43.

[60] 孙曦, 杨为民. 农产品绿色物流体系的构建与实现途径[J]. 江苏农业科学, 2014 (7): 444-457.

[61] 佟芳庭, 王利. 制造业绿色物流发展战略探讨[J]. 江苏商论, 2007 (2): 50-54.

[62] 徐学朝. 我国汽车物流可持续发展之路[J]. 现代物流, 2007 (11): 18-19.

[63] 赵有广, 马琳. 试论建设绿色物流系统[J]. 财贸研究, 2003 (1): 14-19.

[64] 官绪明, 杨坚争. 构架绿色物流体系——打造现代企业持续发展之路[J]. 江苏商论, 2004 (10): 66-67.

[65] 刘春宇. 从环境角度谈绿色物流体系的构建[J]. 经济体制改革, 2005 (2): 153-155.

[66] 郑承志. 构建可持续发展的绿色物流体系[J]. 生产力研究, 2007 (17): 63-64.

[67] 上官绪明. 基于循环经济的绿色物流系统架构研究[J]. 生态经济, 2009 (12): 92-120.

[68] 冯淑贞, 姜彩良, 刘凌. 典型物流园区绿色物流体系构建及发展水平评价 [J]. 物流技术, 2013 (12): 89-91.

[69] 周启蕾, 胡伟, 黄亚军. 绿色物流的外部性及其主体间的博弈分析 [J]. 深圳大学学报(人文社会科学版), 2007 (3): 49-53.

[70] 赵丽君. 基于模糊综合评判法的绿色物流评价研究[J]. 科技管理研究, 2009 (5): 174-177.

[71] 于成学. 企业绿色物流 logistic 模型及其稳定性分析[J]. 武汉理工大学学报, 2009 (6): 315-309.

[72] 肖丁丁, 张文峰. 基于 DEMATEL 方法的绿色物流发展关键因素分析[J]. 工业工程, 2010 (2): 52-57.

[73] 严双. 绿色物流绩效灰色系统分析评价研究[J]. 湖南科技大学学

报（社会科学版），2010（11）：97－99.

［74］邓良，史言信．“十二五”规划期间绿色物流产业合作博弈关系的发展研究［J］．当代财经，2011（5）：92－99.

［75］王浩澂．基于多层次灰色评价法的绿色物流效果评价研究［J］．价格月刊，2012（6）：66－69.

［76］何波．绿色物流网络系统建模与效率边界分析［J］．中国管理科学，2012（6）：138－144.

［77］郭毓东，徐亚纯，郝祖涛．基于AHP和熵值法的绿色物流发展指标权重研究［J］．科技管理研究，2013（18）：57－62.

［78］孙玮珊，杨斌．基于模糊数学的不确定性绿色物流网络设计［J］．合肥工业大学学报（自然科学版），2014（5）：624－630.

［79］张岐山，刘虹，张琳．基于能耗2L－CVRP模型的绿色物流优化研究［J］．东南大学学报（哲学社会科学版），2015（4）：100－106.

［80］许志焱，季建华．城市生态物流建设若干问题及对策研究［J］．科技进步与对策，2005（1）：33－35.

［81］杨建辉，潘虹．浅谈我国生态物流的效益分析［J］．特区经济，2006（7）：349－350.

［82］李怀政．物流与生态环境的相互影响和作用机理［J］．江苏商论，2008（12）：53－55.

［83］张平，李怀政．我国发展生态物流的困境及其制度改进［J］．江苏商论，2009（12）：68－70.

［84］李建丽，真虹，高洁，徐凯．生态物流系统中面向合作的航运环节生态效用分析［J］．中国航海，2010（3）：96－100.

［85］陈大勇，陈梦琳．区域生态物流评价指标体系构建与分析［J］．商业时代，2010（19）：30－32.

［86］谢天慧．区域生态物流评价指标体系构建与分析［J］．物流技术，2014（8）：57－59.

［87］王汉新．城市生态配送系统理论研究［J］．学术论坛．2014（9）：48－52.

［88］威廉·麦克唐纳．从摇篮到摇篮——循环经济设计之探索［M］．上海：同济大学出版社，2005.

[89] T E GRADEL, B R ALLENBY. 产业生态学 [M]. 北京：清华大学出版社，2002.

[90] ASF CHIU, D HUISINGH. Applications of industrial ecology – An overview of the special issue [J]. Journal of Cleaner Production. 2004, 12 (8): 803 – 807.

[91] R A FROSCH, N E GALLOPOULOS. Strategies for manufacturing [J]. scientific America, 1989 (3): 94 – 102.

[92] 李永飞. 考虑雾霾治理的物流业升级研究[J]. 物流科技，2014 (12): 42 – 45.

[93] 刘伟东，崔定军. 雾霾的成因及治理技术浅析[J]. 中国环保产业，2014 (12): 56 – 59.

[94] 刘钢铸，刘成. 百年内燃机的第三次革命——运用油氧共混技术是提高内燃机燃烧效率、减少有害尾气排放和综合治理雾霾污染的有效途径[J]. 科技创业，2014 (5): 177 – 178.

[95] 鲍晓军. 雾霾污染控制与车用汽油清洁化[J]. 自然杂志，2014 (6): 421 – 425.

[96] 安德诺，郭亮，谢仲华. A9 纳米润滑油技术推进雾霾源头治理[J]. 上海节能，2015 (3): 138 – 139.

[97] 李鹏波，姜妍. 基于雾霾背景下城市消极空间的生态吸附墙技术探析[J]. 生态经济，2015 (5): 187 – 190.

[98] 孙坚，耿春雷，张作泰，等. 工业固体废弃物资源综合利用技术现状[J]. 材料导报，2012 (6): 105 – 109.

[99] 廖超如. 低碳经济对物流业的影响及对策[J]. 中小企业管理与科技，2013 (10): 168 – 168.

[100] 王景敏. 广西北部湾经济区城市群物流经济联系的中心性城市分析[J]. 物流工程与管理，2011 (3): 51 – 52.

[101] 隋博文. 城市集群与物流系统的耦合关系研究[J]. 经济研究导刊，2011 (26): 11 – 12.

[102] 卢伟. 推动城市群与资源环境协调发展的思路与对策[J]. 区域经济评论，2014.

[103] 乔标，方创琳. 城市化与生态环境协调发展的动态耦合模型及其

在干旱区的应用[J]．生态学报，2005，26（7）：2183－2190.

[104] 宋建波，武春友．城市化与生态环境协调发展评价研究——以长江三角洲城市群为例[J]．中国软科学，2010.

[105] 刘耀彬，李仁东，宋学峰．中国区域城市化与生态环境耦合的关联分析[J]．地理学报，2005，20（1）：105－112.

[106] 刘耀彬，宋学锋．城市化与生态环境耦合模式及判别[J]．地理科学，2005，4（25）：408－414.

[107] 吴玉鸣，柏玲．广西城市化与环境系统的耦合协调测度与互动分析[J]．地理科学，2011，12（31）：1474－1479.

[108] 池彭军，徐辉，杨志辉．江西省旅游资源环境承载力评价[J]．商场现代化，2006.

[109] 杨玉珍．我国生态、环境、经济系统耦合协调测度方法综述[J]．科技管理研究，2013.

[110] 赵旭，吴孟．区域城市化与城市生态环境耦合协调发展评价——基于全国30个省区市的比较[J]．重庆工商大学学报（西部论坛），2007，17（6）：73－78.

[111] 李照星，李永化．城市化与生态环境耦合协调实证分析——以大连市为例[J]．海南师范大学学报（自然科学版），2013，3（26）：302－313.

[112] 何荣莉．对《总览》（2000年版）评价指标权重的分析[J]．图书与情报，2002.

[113] 黄金川，方创琳．城市化与生态环境交互耦合机制与规律性分析[J]．地理研究，2003，22（2）：211－220.

[114] 陈晓毅．基于熵值法的广西城市化与产业生态化协调发展研究[J]．广西社会科学，2011.

[115] 许宏，周应恒．区域城市化与生态环境耦合规律及协调发展研究——基于云南省的实证[J]．云南财经大学学报，2011.

[116] 刘燕华等. 应对国际 CO_2 减排压力的途径及我国减排潜力分析[J]. 地理学报，2008，63（7）：675－682.

[117] 任保平，宋文月．我国城市雾霾天气形成与治理的经济机制探讨[J]．西北大学学报（哲学社会科学版），2014，44（2）：77－84.

[118] 陈志建，王铮. 中国地方政府碳减排压力驱动因素的省际差

异——基于 STIRPAT 模型［J］．资源科学，2012，34（4）：718－724.

［119］张丽峰．我国产业结构、能源结构和碳排放关系研究［J］．干旱区资源与环境，2011，25（5）：1－7.

［120］王文涛，刘燕华，于宏源．全球气候变化与能源安全的地缘政治［J］．地理学报，2014，69（9）：1259－1267.

［121］马丽梅，张晓．中国雾霾污染的空间效应及经济，能源结构影响［J］．中国工业经济，2014（4）：19－31.

［122］王铮，朱永彬．我国各省区碳排放量状况及减排对策研究［J］．中国科学院院刊，2008，23（2）：109－115.

［123］郑立群．中国各省区碳减排责任分摊——基于公平与效率权衡模型的研究［J］．干旱区资源与环境，2013，27（5）：3－8.

［124］SØRENSEN B. Pathways to climate stabilization［J］. Energy Policy，2008，36（9）：3505－3509.

［125］许广月．碳排放收敛性：理论假说和中国的经验研究［J］．数量经济技术经济研究，2010（9）：31－42.

［126］STRAZICICH M C，LIST J A. Are CO_2 Emission Levels Converging among Industrial Countries?［J］. Environmental and Resource Economics，2003，24（3）：263－271.

［127］JOBERT T，KARAN F，TYKHONENKO A. Convergence of Per Capita Carbon Dioxide Emissions in the EU：Legend or Reality?［J］. Energy Economics，2010（32）：1364－1373.

［128］王铮，刘晓，黄蕊，等．平稳增长条件下中国各省市自治区的排放需求估算［J］．中国科学院院刊，2013，28（1）：85－95.

［129］CRESSIE N A C. Statistics for Spatial Data［J］. Wiley，1993.

［130］覃成林，刘迎霞，李超．空间外溢与区域经济增长趋同——基于长江三角洲的案例分析［J］．中国社会科学，2012（5）：76－94.

［131］BAUMONT B，ERTUR C，GALLO J L. ExploratorySpatial Data Analysis of the Distribution of Regional Per Capita GDP in Europe，1980－1995［J］. Papers in Regional Science，2003（82）：175－201.

［132］WIEDMANN T，MINX J. A definition of 'carbon footprint'［J］. Ecological economics research trends，2007（2）：55－65.

［133］ HUANG Y, BIRD R, BELL M. A comparative study of the emissions by road maintenance works and the disrupted traffic using life cycle assessment and micro - simulation ［J］. Transportation Research Part D, 2009 (14): 197 - 204.

［134］ 刘韵，师华定，曾贤刚. 基于全生命周期评价的电力企业碳足迹评估——以山西省吕梁市某燃煤电厂为例［J］. 资源科学，2011 (4): 653 - 658.

［135］ 曹黎明，李茂柏，王新其，赵志鹏，潘晓华. 基于生命周期评价的上海市水稻生产碳足迹研究［J］. 生态学报，2014 (2): 1 - 2.

［136］ 孙建卫，陈志刚，赵荣钦，等. 基于投入产出分析的中国碳排放足迹研究［J］. 中国人口·资源与环境，2010 (5): 28 - 34.

［137］ 董会娟，耿涌. 基于投入产出分析的北京市居民消费碳足迹研究［J］. 资源科学，2012 (3): 494 - 501.

［138］ 袁宇杰，蒋玉梅. 基于投入产出分析的旅游碳排放核算——以山东省为例［J］. 中南林业科技大学学报（社会科学版），2013 (3): 1 - 5, 8.

［139］ 赵恺彦，吴绍华，蒋费雯，等. 高速公路建设和运营的碳足迹研究——以江苏省为例［J］. 资源科学，2013 (6): 1318 - 1327.

［140］ 卢俊宇，黄贤金，陈逸，等. 基于能源消费的中国省级区域碳足迹时空演变分析［J］. 地理研究，2013 (2): 326 - 336.

［141］ 楚龙娟，冯春. 碳足迹在物流和供应链中的应用研究［J］. 中国软科学，2010, S1: 41 - 47.

［142］ IPCC. 2006 IPCC Guidelines for National Greenhouse Gas Inventories ［EB/OL］. 2007 ［2008 - 07 - 02］. Volume 2, Chapter2, 11 - 38.

［143］ 戴定一. 物流与低碳经济［J］. 中国物流与采购，2008 (21): 24 - 25.

［144］ HUANG HUA. A Study of Developing Chinese Low Carbon Logistics in the New Railway Period. E - Product E - Service and E - Entertainment (ICEEE). International Conference ［C］. Henan, 2010.

［145］ 王国文. 低碳物流与绿色供应链：概念、流程与政策［J］. 开放导报，2010, 2 (4): 37 - 40, 53.

［146］ 李东光. 绿色物流与低碳物流辨析［J］. 中国储运，2010 (12): 92 - 93.

[147] 李一凡，李娜．低碳物流的几点思考[J]．物流科技，2011（1）：51－53.

[148] 陈喜波，兰铁群．刍议我国低碳物流系统建设[J]．物流技术，2011（15）：11－13.

[149] 钟新周．发展低碳物流的影响因素及对策[J]．改革与战略，2012（1）：51－52，59.

[150] 蒋国平，尤大鹏．发达国家发展绿色物流的成功经验及启示[J]．生态经济，2008（4）：102－10

[151] 潘瑞玉．低碳物流及其实现途径研究[J]．生态经济（学术版），2011（1）：273－276.

[152] 温蕾．基于低碳经济下的低碳物流发展研究[J]．经济问题，2012（10）：72－74.

[153] ABDELKADER SBIHI，RICHARD W EGLESE. Combinatorial optimization and Green Logistics [J] . A Quarterly Journal of Operations Research，2007，5（2）：99－116.

[154] BALAN SUNDARAKANI，ROBERT DE SOUZA，M GOH，et al. Modeling Carbon Footprints across the Supply Chain [J] . International Journal of Production Economics，2010，128（1）：43－50.

[155] 夏文汇．基于低碳经济的钢铁生产物流配送模型研究[J]．重庆理工大学学报，2010（10）.

[156] 董千里，董展．物流高级化的低碳物流运作理论与策略研究[J]．中国软科学，2010（S2）：326－332.

[157] 姜燕宁，郝书池．基于低碳经济的物流服务创新研究[J]．湖北社会科学，2012（1）：83－86.

[158] 周叶，王道平，赵耀．中国省域物流作业的 CO_2 排放量测评及低碳化对策研究[J]．中国人口·资源与环境，2011（9）：81－87.

[159] 杨靳，黄建设．物流国内生产总值的统计方法和结果[J]．大连海事大学学报（社会科学版），2009，5：23－25.

[160] 徐妍．我国物流增加值对 GDP 增长作用的实证分析[J]．商场现代化，2009，1：152－153.

[161] X ZHAO，Y HU. Carbon Market：Systematic Risk and Expectations of

Returns [J] . Journal of Beijing Institute of Technology, 2013 (1): 5 - 11.

[162] X DUAN, Y ZHANG. Research on Development Path to Domestic Low Carbonated Logistics Based on Principal Component Analysis [J] . Science Technology Progress and Policy, 2010, 22: 96 - 99.

[163] SELDEN T M, SONG D. Environmental Quality and Development: Is there a Kuznets Curve for Air Pollution Emissions? [J] . Journal of Environmental Economics and Management, 1994, 27: 147 - 162.

[164] GALEOTTI M, MANERA M, LANZA A. On the Robustness of Robustness Checks of the Environmental Kuznets Curve [J] . Fondazione Eni Enrico Mattei, 2006.

[165] HOLTZ - EAKIN D, SELDEN T M. Stoking and Fires? CO_2 Emissions and Economic Growth [J] . Journal of Public Economics, 1995, 57: 85 - 101.

[166] SHAFIK N, BANDYOPADHYAY S. Economic Growth and Environmental Quality: Time Series and Crosscountry Evidence [J] . Background Paper for the World Development Report, The World Bank, 1992.

[167] DE BRUYN S, VAN DEN BERGH J, OPSCHOOR J. Economic Growth and Emissions: Reconsidering the Empirical Basis of Environmental Kuznets Curves [J] . Ecological Economics, 1998, 25: 161 - 175.

[168] ROCA J, PADILLA E, FARRE M. Economic Growth and Atmospheric Pollution in Spain: Discussing the Environmental Kuznets Curve Hypothesis [J] . Ecological Economics, 2001, 39: 85 - 99.

[169] LANTZ V, Q FENG. Assessing income, population and technology impacts on CO_2 emissions in Canada: Where's the EKC? [J] . Ecological Economics, 2005, 57 (2): 229 - 238.

[170] SHAFIK N. Economic Development and Environmental Quality: An Econometric Analysis [J] . Oxford Economic Papers, 1994, 46 (5): 757 - 773.

[171] GROSSMAN G, KRUEGER A. Environmental Impacts of a North American Free Trade Agreement [J] . National Bureau of Economics Research Working Paper, 1991.

[172] FRIEDL B, GETZNER M. Determinants of CO_2 Emissions in a Small Open Economy [J] . Ecological Economics, 2003, 45: 133 - 148.

[173] ROBERTS J T, GRIMES P E. Carbon Intensity and Economic Development 1962 - 1991: A Brief Exploration of the Environmental Kuznets Curve [J]. World Development, 1997, 25: 191 - 198.

[174] COLE M A, RAYNER A J, BATES J M. The Environmental Kuznets Curve: An Empirical Analysis [C]. Environment and Development Economics, 1997, 2: 401 - 416.

[175] SCHMALENSEE R, STOKER T M, JUDSON R A. World Carbon Dioxide Emissions: 1950 - 2050 [J]. Review of Economics and Statistics, 1998, 80: 15 - 27.

[176] GALEOTTI M, LANZA A, PAULI F. Reassessing the Environmental Kuznets Curve for CO_2 Emissions: A Robustness Exercise [J]. Ecological Economics 2006, 57: 152 - 163.

[177] APERGIS N, PAYNE J E. CO_2 Emissions Energy Usage and Output in Central America [C]. Energy Policy, 2009, 37: 3282 - 3286.

[178] LEAN H H, SMYTH R. CO_2 Emissions, Electricity Consumption and Output in ASEAN [C]. Applied Energy, 2010, 87: 1858 - 1864.

[179] 陈诗一. 节能减排与中国工业的双赢发展: 2009—2049 [J]. 经济研究, 2010 (3).

[180] MASIH A M, MASIH R. A Multivariate Cointegrated Modeling Approach in Testing Temporal Causality Between Energy Consumption, Real Income and Prices with an Application to Two Asian LDCs [C]. Applied Economics, 1998 (30): 1287 - 1298.

[181] STERN D I. A Multivariate Cointegration Analysis of the Role of Energy in the US Macro - economy [J]. Energy Economics, 2000, 22 (2): 267 - 283.

[182] SHIU A, LAM P L. Electricity Consumption and Economic Growth in China [C]. Energy Policy, 2004, 32 (1): 47 - 54.

[183] MASIH A M, MASIH R. On Temporal Causal Relationship Between Energy Consumption, Real Income and Prices; Some New Evidence from Asian Energy Dependent NICs Based on a Multivariate Cointegration Vector Error Correction Approach [J]. Journal of Policy Modeling, 1997 (19): 417 - 440.

[184] ASAFU - ADJAYE J. Biodiversity Loss and Economic Growth: a Cross -

Country Analysis [J] . Contemporary Economic Policy, 2003, 21 (2): 173 - 185.

[185] SOYTAS U, SARI R, EWING T. Energy Consumption, Income and Carbon Emissions in the United States [J] . Ecological Economics, 2007, 62 (3/4): 482 - 489.

[186] OH W, K LEE. Causal Relationship Between Energy Consumption and GDP Revisited: The Case of Korea 1970 - 1999 [J] . Energy Economics, 2004, 26: 51 - 59.

[187] YOO S. Electricity Consumption and Economic Growth: Evidence from Korea [C] . Energy Policy, 2005, 33: 1627 - 1632.

[188] WOLDE - RUFAEL Y. Disaggregated Industrial Energy Consumption and GDP: The Case of Shanghai, 1952 - 1999 [J] . Energy Economics, 2004 (26): 69 - 75.

[189] AGRAS J, CHAPMAN D. A dynamic Approach to the Environmental Kuznets Curve Hypothesis [J] . Ecological Economics, 1999 (28): 267 - 277.

[190] MARTINEZ - ZARZOSO I, BENGOCHEA - MORANCHO A. Pooled Mean Group Estimation for an Environmental Kuztenzs Curve for CO_2 [J] . Economic Letters, 2004, 82 (1): 121 - 126.

[191] RICHMOND A K, KAUFMAN R K. Is There a Turning Point in the Relationship Between Income and Energy Use and/or Carbon Emissions [J] . Ecological Economics, 2006, 56: 176 - 189.

[192] DINDA S, COONDOO D. Income and Emission: A Panel Data - Based Cointegration Analysis [J] . Ecological Economics, 2006, 57 (2): 167 - 181.

[193] MANAGI S, JENA P R. Environmental Productivity and Kuznets Curve in India [J] . Ecological Economics, 2008, 65: 432 - 440.

[194] JALIL A, MAHMUD S. Environment Kuznets Curve for CO_2 Emissions: A Cointegration Analysis for China [C] . Energy Policy, 2009, 37: 5167 - 5172.

[195] 陆虹. 中国环境问题与经济发展的关系分析——以大气污染为例 [J] . 财经研究, 2000 (10) .

[196] 韩玉军, 陆旸. 经济增长与环境的关系——基于对 CO_2 环境库兹涅茨曲线的实证研究 [D] . 中国人民大学经济学院工作论文, 2007.

[197] 蔡昉, 都阳, 王美艳. 经济发展方式转变与节能减排内在动力

[J]．经济研究，2008（6）．

[198] 李虹，亚琨．我国产业碳排放与经济发展的关系研究——基于工业、建筑业、交通运输业面板数据的实证研究 [J]．宏观经济研究，2012（11)：46－66.

[199] KNAPP TOM，MOOKERJEE RAJEN. Population Growth and Global CO_2 Emissions [J]. Energy，1996，24（1)：31－37.

[200] AKBOSTANCI E，TÜRÜT－ASIK S，TUNC. GI ‘The relationship between income and environment in Turkey：Is there an environmental Kuznets curve?’，[J]. Energy Policy，2009，37（3)：861－867.

[201] JAUNKY V C. The CO_2 Emissions－Income Nexus：Evidence from Rich Countries. Faculty of Social Studies and Humanities. Department of Economics and Statistics. University of Mauritius. August 2010.

[202] AKBOSTANCI E，TÜRÜT－ASIK S，TUNC. The relationship between income and environment in Turkey：Is there an environmental Kuznets curve? [J]. Energy Policy，2009，37（3)：861－867.

[203] CORBAE D PHILLIPS，PETER C B. Econometric Theory and Practice：Frontiers of Analysis and Applied Research [M]. Cambridge：Cambridge University Press，2006：311－333.

[204] PAO H T，TSAI C M. CO_2 emissions，energy consumption and economic growth in BRIC countries [J]. Energy Policy，2010，38：7850－7860.

[205] SHARIF，HOSSAIN M. Panel estimation for CO_2 emissions，energy consumption，economic growth，trade openness and urbanization of newly industrialized countries [J]. Energy Policy，2011，39：6991－6999.

[206] NARAYAN P K，NARAYAN S，SMITH R. Energy Consumption at Business Cycle Horizons：The Case of the United States [J]. Energy Economics，2011，33：161－167.

[207] LISE W. Decomposition of CO_2 Emissions Over 1980－2003 in Turkey [C]. Energy Policy，2006，34：1841－1852.

[208] SAY N P，YUCEL M. Energy Consumption and CO_2 Emissions in Turkey：Empirical Analysis and Future Projection Based on An Economic Growth [C]. Energy Policy，2006，34：3870－3876.

[209] TODA H Y, YAMAMOTO T. Statistical Inference in Vector Autoregressions with Possibly Integrated Processes [J] . Journal of Econometrics, 1995, 66: 225 - 250.

[210] SOYTAS U, SARI R. Energy Consumption, Economic Growth, and Carbon Emissions: Challenges Faced by An EU Candidate Member [J] . Ecological Economics, 2009, 68: 1667 - 1675.

[211] KIM SEI - WAN L, KIHOON, N KISEOK. The Relationship Between CO_2 Emissions and Economic Growth: The Case of Korea with Nonlinear Evidence [C] . Energy Policy, 2010, 38: 5938 - 5946.

[212] BAEK J, KIM H S. Is Economic Growth Good or Bad for the Environment? Empirical Evidence from Korea [C] . Energy Economics, 2013, 36: 744 - 749.

[213] WANG S S, ZHOU D Q, ZHOU P, et al. CO_2 Emissions, Energy Consumption and Economic Growth in China: A Panel Data Analysis [C]. Energy Policy, 2011, 39: 4870 - 4875.

[214] SABOORI B, SULAIMAN J, MOHD S. Economic Growth and CO_2 Emissions in Malaysia: A Cointegration Analysis of the Environmental Kuznets Curve [C] . Energy Policy, 2012, 54: 181 - 194.

[215] AROURI M E, YOUSSEF A, MHENNI H, et al. Energy Consumption, Economic Growth and CO_2 Emissions in Middle East and North African Countries [C] . Energy Policy, 2012, 45: 342 - 349.

[216] WANG KUAN MIN. Modelling the Nonlinear Relationship Between CO_2 Emissions from Oil and Economic Growth [C]. Economic Modelling, 2012, 29: 1537 - 1547.

[217] 张友国. 经济发展方式变化对中国碳排放强度的影响[J] . 经济研究, 2010 (4) .

[218] 杨子晖. 经济增长、能源消费与二氧化碳排放之间的动态关系研究[J] . 世界经济, 2011 (6): 100 - 105.

[219] YUAN J, ZHAO C, YU S, HU Z. Electricity Consumption and Economic Growth in China: Cointegration and Cofeatures Analysis [J] . Energy Economics, 2007, 29: 1179 - 1191.

[220] PARTRIDGE M, RICKMAN D. Regional Cyclical Asymmetries in An

Optimal Currency Area: An Analysis Using US State Data [J]. Oxford Economic Papers, 2005 (57): 373-397.

[221] GONZALEZ A, TERÄVIRTA T, DIJK D. Panel Smooth Transition Regression Model [J]. Working Paper, 2005.

[222] KAPETANIOS G, SHIN Y, SNELL A. Testing for a Unit Root in the Nonlinear STAR Framework [J]. Journal of Econometrics, 2003, 112: 359-379.

[223] UCAR N, OMAY T. Testing for Unit Root in Nonlinear Heterogeneous Panels [J]. Economics Letters, 2009, 104 (1): 5-7.

[224] MAKI D. An Alternative Procedure to Test for Cointegration in STAR Models [J]. Mathema-tics and Computers in Simulation, 2010, 80: 999-1006.

[225] LUUKKONEN R, SAIKKONEN P, TERÄSVIRTA T. Testing Linearity Against Smooth Transition Autoregressive Models. Biometrika, 1988, 75: 491-499.

[226] PESARAN M H. General Diagnostic Tests for Cross-Section Dependence in Panels [J]. Cam-bridge Working Papers in Economics, 2004 (7): 1240.

[227] OMAY T, KAN E O. Re-examining the Threshold Effects in the Inflation-Growth Nexus: OECD Evidence [J]. Economic Modelling, 2010, 27 (5): 995-1004.

[228] HANSEN B. Threshold Effects in Non-Dynamic Panels: Estimation, Testing and Inference [J]. Journal of Econometrics, 1999, 93 (2): 345-368.

[229] TERÄSVIRTA T. Specification, Estimation, and Evaluation of Smooth Transition Autoregressive Models [J]. Journal of the American Statistical Association, 1994, 89: 208-218.

[230] LI J. Testing Grander Causality in the Presence of Threshold Effects [J]. International Journal of Forecasting, 2006, 22: 771-780.

[231] STOCKER T F, D QIN, G K PLATTNER. Climate Change 2013: The Physical Science Basis. Contribution of Working Group I to the Fifth Assessment Report of the Intergovernmental Panel on Climate Change [M]. Cambridge University Press, 2015.

[232] IM K S, PESARAN H, SHIN Y. Testing for Unit Roots in Heterogeneous Panels of Econometrics [J]. 2003, 115: 53-74.

[233] CERRATO M, DE PERETTI C, LARSSON R, et al. A Nonlinear

Panel Unit Root Test under Cross section Dependence. University of Glasgow Business School – Economics Working Papers, 2011, 8.

[234] PEDRONI P. Critical Values for Cointegration Tests in Heterogeneous Panels with Multiple Regressors [J]. Oxford Bulletin of Economics and Statistics, 1999, 61: 653 – 678.

[235] 沈雪苹. 广州城市对气候的影响[J]. 热带地理, 1987 (2): 108 – 116.

[236] 段再明. 解析山西雾霾天气的成因[J]. 太原理工大学学报, 2011 (5): 539 – 541.

[237] 郑峰, 颜琼丹, 吴贤笃, 等. 温州地区雾霾气候特征及其预报[J]. 气象科技, 2011 (6): 791 – 795.

[238] 周涛, 汝小龙. 北京市雾霾天气成因及治理措施研究[J]. 华北电力大学学报 (社会科学版), 2012 (2): 12 – 16.

[239] 宋娟, 程婷, 谢志清, 等. 江苏省快速城市化进程对雾霾日时空变化的影响[J]. 气象科学, 2012 (3): 275 – 281.

[240] 李兴基. 物流能流与城市环境保护[J]. 环境保护, 1979 (5): 11 – 13.

[241] 李琴. 低碳经济下物流业发展对策研究[J]. 铁道运输与经济, 2010 (12): 69 – 72.

[242] 苏涛永, 张建慧, 李金良, 等. 城市交通碳排放影响因素实证研究——来自京津沪渝面板数据的证据[J]. 工业工程与管理, 2011 (5): 134 – 138.

[243] 李正霞. 运输线路长度标准化统计的研究[J]. 交通标准化, 1996 (2): 12 – 14.

[244] 吴振信, 余頔, 王书平. 人口、资源、环境对经济发展的影响——基于我国省区面板数据的实证分析[J]. 数学的实践与认识, 2011 (12): 33 – 38.

[245] 郭军华, 李帮义. 中国经济增长与环境污染的协整关系研究——基于1991—2007年省际面板数据[J]. 数理统计与管理, 2010 (2): 281 – 292.

[246] 张海涛, 王如松, 胡聃, 等. 煤矿固废资源化利用的生态效率与碳减排——以淮北市为例[J]. 生态学报, 2011 (19): 5638 – 5645.

[247] 钟永德, 石晟屹, 罗芬, 等. 杭州低碳生态城市评价体系设计及实证研究[J]. 中南林业科技大学学报, 2014 (6): 117 – 123.

［248］郭婧．全球颗粒物控制进展如何？［N］．中国环境报，2013－01－22（4）．

［249］程褚平．上海市工业固体废弃物的管理对策研究［D］．上海：上海交通大学，2012.

［250］把多勋，杨光．甘肃省旅游业发展与经济增长关系的实证研究［J］．资源开发与市场，2013（10）：1098－1101.

［251］庄贵阳．中国经济低碳发展的途径与潜力分析［J］．太平洋学报，2005（11）：79－87.

［252］戴定一．物流与低碳经济［J］．中国物流与采购，2008（21）：24－25.

［253］HUANG HUA. A Study of Developing Chinese Low Carbon Logistics in the New Railway Period. E－Product E－Service and E－Entertainment（ICEEE）. International Conference［C］. Henan，2010.

［254］王维婷．论低碳物流的愿景与行动路径［J］．山西财经大学学报，2011（S1）：101－102.

［255］李亚杰，王莹，李玉民．基于低碳经济理念的低碳物流运输策略研究［J］．煤炭技术，2011（9）：279－280，285.

［256］陈喜波，兰轶群．刍议我国低碳物流系统建设［J］．物流技术，2011（15）：11－13.

［257］钟新周．发展低碳物流的影响因素及对策［J］．改革与战略，2012（1）：51－52，59.

［258］蒋国平，尤大鹏．发达国家发展绿色物流的成功经验及启示［J］．生态经济，2008（4）：102－110.

［259］董千里，董展，关高峰．低碳物流运作的理论与策略研究［J］．科技进步与对策，2010（22）：100－102.

［260］温蕾．基于低碳经济下的低碳物流发展研究［J］．经济问题，2012（10）：72－74.

［261］ABDELKADER SBIHI，RICHARD W EGLESE. Combinatorial optimization and Green Logistics［J］. A Quarterly Journal of Operations Research，2007，5（2）：99－116.

［262］BALAN SUNDARAKANI，ROBERT DE SOUZA，M GOH，et

al. Modeling Carbon Footprints across the Supply Chain [J] . International Journal of Production Economics, 2010, 128 (1): 43 - 50.

[263] 夏文汇. 基于低碳经济的钢铁生产物流配送模型研究[J]. 重庆理工大学学报, 2010 (10).

[264] 董千里, 董展. 物流高级化的低碳物流运作理论与策略研究[J]. 中国软科学, 2010, S2: 326 - 332.

[265] 姜燕宁, 郝书池. 基于低碳经济的物流服务创新研究[J]. 湖北社会科学, 2012, 1: 83 - 86.

[266] 周叶, 王道平, 赵耀. 中国省域物流作业的 CO_2 排放量测评及低碳化对策研究[J]. 中国人口·资源与环境, 2011, 9: 81 - 87.

[267] 郑照宁, 刘德顺. 考虑资本—能源—劳动投入的中国超越对数生产函数[J]. 系统工程理论与实践, 2004, 5: 51 - 54, 115.

[268] 马健, 周忠学. 西安城市化与产业生态化协调发展研究[J]. 江西农业学报, 2012.

[269] 宋建波, 武春友. 城市化与生态环境协调发展评价研究——以长江三角洲城市群为例[J]. 中国软科学, 2010.

[270] 陈晓红, 万鲁河, 周嘉. 城市化与生态环境协调发展的调控机制研究[J]. 经济地理, 2011.

[271] 刘耀彬. 区域城市化与生态环境耦合特征及机制——以江苏省为例[J]. 经济地理, 2006.

[272] 宋超山, 马俊杰, 杨风, 马营. 城市化与资源环境系统耦合研究——以西安市为例[J]. 干旱区资源与环境, 2010, 24 (5): 86 - 90.

[273] 张小曳, 孙俊英, 王亚强, 等. 我国雾霾成因及其治理的思考[J]. 科学通报, 2013, 58 (13): 1178 - 1187.

[274] 顾巧论, 季建华. 有固定需求底线的逆向供应链定价策略研究[J]. 计算机集成制造系统, 2005, 11 (12): 1751 - 1757.

[275] 王玉燕, 李帮义, 申亮. 供应链、逆向供应链系统的定价策略模型[J]. 中国管理科学, 2006, 14 (4): 40 - 45.

[276] 贺祎培, 姚俭. 第三方回购逆向供应链系统定价策略研究[J]. 上海理工大学学报, 2007 (3): 255 - 259.

[277] 陈秋双, 顾巧论, 孙国华. 有最低回收量约束的逆向供应链定价

策略分析[J]. 数学的实践与认识, 2009, 39 (3): 35 - 44.

[278] 孙多青, 马晓英. 基于博弈论的多零售商参与下逆向供应链定价策略及利润分配[J]. 计算机集成制造系统, 2012, 18 (4): 867 - 874.

[279] VPAVLOV, EKATOK. Fairness and coordination failures in supply chain contracts [J]. Social Science Electronic Publishing, 2011 (7): 1 - 29.

[280] 王磊, 成克河, 王世伟. 考虑公平关切的双渠道供应链定价策略研究[J]. 中国管理科学, 2012, 20 (11): 563 - 568.

[281] 张克勇, 吴燕, 侯世旺. 零售商公平关切下闭环供应链定价策略研究[J]. 山东大学学报 (理学版), 2013, 48 (5): 83 - 91.

[282] V BERKO - BOATENG, J AZAR, E DE JONG, et al. Asset recycle management - A total approach to product design for the environment [R]. International Symposium on Electronics and the Environment, Arlington, VA, IEEE, 1993: 19 - 31.

[283] LB TOKTAY, LM WEIN, SA ZENIOS. Inventory management of remanufacturable products [J]. Management Science, 2000, 46 (11): 1412 - 1426.

[284] GUIDE V, HARRISON T, WASSENHOVE LNV. The challenge of closed - loop supply chain [J]. Interfaces, 2003, 33 (6): 3 - 6.

[285] SAVASKAN RC, BHATTACHARYA S, WASSENHOVE LNV. Closed - Loop supply chain models with product remanufacturing [J]. Management Science, 2004, 50 (2): 239 - 252.

[286] 姚卫新. 再制造条件下逆向物流回收模式的研究[J]. 管理科学, 2004, 17 (1): 76 - 80.

[287] 魏洁, 李军. EPR 下的逆向物流回收模式选择研究[J]. 中国管理科学, 2005, 13 (6): 18 - 22.

[288] 王发鸿, 达庆利. 电子行业再制造逆向物流模式选择决策分析[J]. 中国管理科学, 2006, 14 (6): 44 - 49.

[289] SAVASKAN RC, WASSENHOVE LNV. Reverse channel design: the case of competing retailers [J]. Management Science, 2006, 52 (1): 1 - 14.

[290] 姚卫新, 陈梅梅. 闭环供应链渠道模式的比较研究[J]. 商业研究, 2007 (1): 51 - 54.

[291] 樊松, 张敏洪. 闭环供应链中回收价格变化的回收渠道选择问题

[J]．中国科学院研究生院学报，2008，25（2）：151－160.

[292] 计国君．不确定需求下有价差时再造回收模式研究[J]．中国流通经济，2009（5）：41－45.

[293] 邢光军，林欣怡，达庆利．零售价格竞争的生产商逆向物流系统决策研究[J]．系统工程学报，2009，24（3）：307－314.

[294] 周永圣，汪寿阳．政府监控下的退役产品回收模式[J]．系统工程理论与实践，2010，30（4）：615－621.

[295] 韩小花．基于制造商竞争的闭环供应链回收渠道的决策分析[J]．系统工程，2010，28（5）：36－41.

[296] SHULMAN JD，COUGHLAN AT，SAVASKAN RC. Optimal reverse channel structure for consumer product returns [J]．Marketing Science，2010，6：1－15.

[297] G FERRER，JM SWAMINATHAN. Managing new and differentiated remanufactured products [J]．European Journal of Operational Research，2010，203（2）：370－379.

附录一

访谈案例一：江西省气象局工程师

雾和霾是两个不同的概念，雾主要是指空气中的水汽，高度比较低；霾是指悬浮在空气中的气溶胶，细颗粒，通常说的 PM2.5 等，灰尘不属于霾；因此将 CO_2、SO_2 等气体归在空气污染物里，而不是归纳为霾。SO_2、氮氧化物以及可吸入颗粒物这三项是雾霾的主要组成部分，前两者为气态污染物，最后一项颗粒物是加重雾霾天气污染的罪魁祸首，因此 SO_2、氮氧化物也是评价雾霾的指标，但不是主要指标；且雾霾和碳排放完全是不同的东西，所以不能把碳排放的指标和雾霾指标混为一谈或通过建立某些模型来通过碳排放推导雾霾问题。颗粒物的英文缩写为 PM，2012 年 5 月 24 日环保部公布了《空气质量新标准第一阶段监测实施方案》，要求全国 74 个城市在 10 月底前完成 PM2.5“国控点”监测的试运行，在此之前，北京监测的是 PM10。雾体现的主要是气象方面，而霾与环保和气象都有关系；气象主要关注的是空气中的温度、水、风等，而空气中的成分是环保所考虑的。

从气象角度来判断雾霾问题：霾最直接的表现是能见度和相对湿度。在人工观测中，能见度的指标是 10 千米以内；自动观测的指标是小于 7.5 千米，相对湿度由于可能会与雾形成转化而没有一个明确的指标。空气中的 CO_2、SO_2 是否是霾的主要成分还不清楚，但 PM2.5、PM10 等于霾的范畴，且是霾的重要参考指标，这一点不容置疑。雾主要影响的是能见度，霾主要影响的是空气质量。20 世纪五六十年代的美国加州，雾霾天气特别严重，当时主要涉及排放问题，通过国会的影响，在十几年的改造过程中，环境问题得到解决，我国可以借鉴加州的做法改善环境问题。

CO_2 排放量可以从统计年鉴的数据中换算得到，空气质量的历史数据要从相关部门购买；2013年，有报道称，汽车尾气排放占总污染的4%。霾主要与气象中的风、温度和降水有关，即与大气的稳定度有关，大气运动会转移外来的空气污染，霾则通过大气运动转移。

从新中国成立以来我国就有记录大气数据的传统，环保局做数据的检测，气象局做数据的预报；环保局预报的对象提供给气象局，气象局根据预报因子建立与预报对象的关系，运用数据模拟、仿真等得出结果，上海市有专门的环境预报中心。

访谈案例二：九江物流协会会长陈幸福

目前，九江市物流业的发展非常艰难，港口效益不好，公路物流举步维艰，造成这种状况的主要原因是：①中央的政策落实不到位。中央的政策是为企业松绑，但这些政策并没有落实到位。比如国家实施营改增的目的是为企业减税，但实际上九江物流企业税负都在增加。②九江市电商企业经营困难。首先，电子商务在九江都是地下经营，不像义乌、昆山都明确了电子商务公司，正常报税，九江的电商没有办法阳光化，执法部门没有帮企业谋事，所以九江电子商务始终推动不起来。其次，发货困难，电子商务为何要到义乌去做，就是九江物流没有形成集聚效应，不能达到像义乌到各个地方的班线快递的优惠与便捷，因此九江的企业只有把货发到义乌去，才能实现及时配送。③物流用地艰难。物流用地政府不给，工业企业立项却可以得到土地。九江市一些工业园，很多处于荒废状态。一些荒废的工业用地，即使政府有虚假的投资在那里，也不会给物流企业使用。国务院对物流业的土地支持标准很强势，鼓励工业用地来做物流设施，但是九江却没有。

九江市的物流企业正在努力做得更好，因为九江优厚的地理条件理应建成现代化的物流集散中心。我们要改变经营思路，要改变经济模式，特别是要实现由我们协会推动的多式联运模式。现在铁路改革非常迅猛，公路、水路在九江市的高度融合很快就要实现。

访谈案例三：上港物流（江西）有限公司陈伟民

九江港没有发挥其作为对外的一流口岸的作用，昌九一体化的前提是九江港、南昌港一体化。如何发挥九江港在江西经济发展中的作用？第一，打造九江港的核心，把资源进行整合，发挥核心港区的作用。核心港区应该有核心企业，围绕核心企业来做物流，把公、水、铁整合在一起。第二，解决物流多头管理。真正管理物流业的没有一个政府部门，出现问题找哪个部门都解决不了，所以应加强统一领导，建立政府部门之间的协调。第三，九江物流的小而全、大而全的现象突出，没有一个龙头。物流企业之间应加强交流、信息沟通，形成联横的战略，而不是互相之间无序竞争。第四，政府加大培育社会化的物流市场，加大第三方物流的扶持，政府重生产轻物流，2014 年江西物流总费用占江西省 GDP 的比重超过 20%，全国的物流总费用只有 GDP 的 18% ~19%。2014 年江西整个水运的物流成本占的比例很低，占到总费用的 5% 左右，这样对于江西经济的发展是不利的。第五，物流人才缺乏，物流信息化和网络化方面的物流人才比较缺乏。九江信息化平台的建设很少，省商务厅也只建了几个平台，电子商务平台九江也在搞，但迟迟都没有发挥出应有的作用。第六，政府对物流企业并不重视，口头上说很重视，但并没有落到实处，物流企业利润很低，港口业税收营改增后在原来基础上增加了 30% 左右，增值税在营改增的过程中政府会返还，但返还到现在都没到位，并且我们拿地都很难，希望政府加大支持。

访谈案例四：宜春经济技术开发区物流中心刘总

目前，物流园区审批的土地政策有 300 亩，已经规划的总的建筑面积是 18 万平方米，主要的有电商基地、物流中心、信息化平台、第三方物流。物流园区信息平台正在搭建，主要是电商和信息化。目前，宜春市经开区有 400 多家投产企业，总共 600 多家入园企业，有 80% 投产企业有网站，其中有 5% 网站有交易平台；电商物流主要考虑到，以服务与生产企业为核心，尤其是电商企业。围绕生产企业建立物流园区，以生产企业服务为主打产品，带动宜春中心城区包括附县以及周边社区的服务。入园的第一产业是锂电产业，新能源，因为宜春锂业在亚洲都是首屈一指的，锂电产业主要的还是出口，国际需求应该占到 60%。宜春市西边规划一个物流园区，城区东边火车站附近有一个高铁物流园已经规划好了（1000 亩左右），明月山机场附近有空港物流，靠近明月山有一个旅游产品物流中心，经开区物流中心。宜春实际上是东南西北都有规划，但实际上落地的只有经开区物流园区，其他的设计、投资主体等都还没有确定，这些规划还是写在纸上，这个园区 2012 年就开始建设，是发改委的重点项目。

访谈案例五：新余交通局潘局长

江西物流有一个先天不足就是残缺不全。公路的好坏不是在于那条路，而是在于网络化程度。江西的物流在国家的层面被排在第二个档次，而新余的物流又排在江西的第二个档次，这种理念就是纯粹的地理概念，物流是什么，就是工业与服务业发展的基础性作用。物流业各自为政，国家层面就牵扯到商务部、发改委、交通部；省级层面牵头的是商务厅，发改委不牵头，交通部只搞交通运输，到各个地市十一个单位，分管的部门有三类：商务局、交通局、发改委。现代物流就是现代服务业的一个分支，包括商务、道路、电子商务，现在电子商务又被商务局负责，所以多头管理。新余市物流领导小组办公室挂在交通局，这个准确的是挂发改委的，因为发改委是综合部门。在物流园区建设方面，由于新余市地少，很难拿到物流用地。在目前的一些在建的物流园区中，仙女湖物流园区已经完成，正投入使用，但最重要的是要引导企业入驻，配套设施要到位。其实从整体来讲，新余市物流在这几年发展比较快，但也希望国家能出台一些有利于物流发展的政策，并能够落实到位。

访谈案例六：蓝海科技物流有限公司物流总监白晓松

蓝海物流在信息化建设与应用方面起步比较好，2005 年获得江西省科技进步奖，到这边来后又做一些改进，但是没有动根本，我们一直这样用，也在培养自己人在做一些修补。信息化建设的话，如果这里断了网络或是电脑起不来，我们就根本没有办法工作，应该说我们现在基本上没有了纸质的记录，从发货到结算都没有纸质的记录，我们目前来讲还是依赖于信息系统。

图书行业标准化混乱，这两年这个行业刚刚开始重视，这个行业缺少重视标准化的人，现在就是这样一个状态，有个全国出版物发行标准化技术委员会（以下简称发标委）每年有一大堆要制定的标准定出来，前两年合作都是认行业标准为准，都没有到 GB 的标准级别，去年和前年有些进入国标，因为发标委上升为国家标准委的一个专业委员会，标准很重要，物流没有标准就很难做，如果所有产业链上的标准都形成，对于提高效率、降低成本的效果会非常显著。

图书行业逆向物流大概是 20%，一般图书 10 本最少有 2 本退回来，大概不会超过 25%，逆向物流在我们这个行业是比较难做的，我们的分拣机花 800 多万元从日本买回来，全国有 500 多家出版社，我们就靠分拣机来分。图书这个行业有个特点，为什么我们没有一个很强的行业标准，就是在整个图书业的生态链中出版社是劣势。

附录二

本书是江西省社会科学规划重点项目《雾霾治理背景下物流产业政府规制研究》（项目编号：16GL01）研究成果的一部分。从政府规制的视角出发，通过分析物流活动对雾霾形成的影响并进行评价，研究物流产业雾霾的空间分布、影响因素，提出雾霾治理的政府规制行为，实现集约化经营、减少运输等服务过程中的雾霾排放，最终实现物流产业可持续发展和建设环境双赢的目标。

通过本项目的研究，在雾霾治理背景下提出物流产业政府规制研究框架和理论，对美国、英国、日本等典型国家物流产业政府规制进行梳理及分析，结合我国物流产业政府规制现状及存在问题，从我国政府如何在物流产业建立进入（退出）机制降低环境污染、雾霾约束目标下的价格（收费）规制、控制雾霾污染的物流产业数量（质量）规制、物流产业资源利用和环境保护的规制四个方面完善物流产业政府规制，并提出相应的实施对策。详细研究内容包括如下五个部分。

一是在雾霾治理背景下构建物流产业政府规制理论框架。首先，借鉴政府规制理论，特别是政府社会性规制理论，提出了雾霾治理下物流产业政府规制的目标、内容、原则、反馈机制。其次，分析了雾霾治理与物流产业政府规制之间的内在联系。最后，解析雾霾的形成原因，分析并确定与雾霾形成密切相关的物流产业研究对象：物流园区规划、废弃物流、运输工具选择及运输配送模式等因素。

二是物流产业政府规制在雾霾治理上的现状分析。首先，分析了物流园区规划政府规制的现状。分析物流园区建设规划不当对雾霾的影响，通过问卷调查和现场调研，找出物流园区规划及运行过程中存在的问题，探讨针对物流园区规划的诸如项目审批、土地使用、税收政策等政府规制。其次，分析了废弃物流政府规制的现状。综合应用绿色物流、逆向物流、环保物流等理论，着重分析工业废弃物以及城市垃圾废弃物在物流过程中因处理不当对雾霾形成所造成的影响，梳理废弃物流诸如政府补贴、政府奖惩等政府规制及需完善之处。再次，分析了运输配送及运输工具选择政府规制的现状。分析不同的运输配送模式及运输工具对雾霾的影响，着重分析互联网、大数据及新能源等创新技术给运输配送模式及运输工具带来的革命性变化，梳理及分析运输配送模式及新能源运输工具发展的政府规制及不足之处。最后，以典型地区为例，通过物流产业政府规制案例分析，综合分析物流产业政府规制在雾霾治理上的不足之处。

三是雾霾治理背景下典型国家物流产业政府规制经验借鉴。首先，梳理并分析美国、英国、日本等典型国家政府环境规制，重点分析政府规制对降低企业废气排放、控制污染企业数量和激励技术创新等方面的作用及对雾霾造成影响。其次，通过引入雾霾治理目标，以典型国家为例，研究降低物流成本、提升物流效率与雾霾治理的双赢、互动机制。最后，综合分析美国、英国、日本等典型国家在诸如物流园区规划、废弃物物流、运输工具选择及运输配送模式等方面的政府规制，分析对我国物流产业政府规制的经验借鉴。

四是雾霾治理背景下我国物流产业政府规制的完善。首先，引入雾霾环境污染治理目标，建立物流产业市场进入（退出）机制。通过政府规制，建立物流产业市场进入（退出）标准，构建评价指标，剔除高能耗物流企业，鼓励环境友好型物流产业发展。其次，雾霾约束目标下的价格（收费）规制。在已有雾霾污染下，建立奖惩制度，引导部分粗放式物流企业向可持续发展进行转型，研究废气排放收费标准对物流企业微观行为的影响。再次，控制雾霾污染的物流产业数量（质量）规制。统筹全局，从物流园区规划、物流企业分布、产业政策制度等方面在雾霾治理目标下测算合理数量、分析如何提高物流企业的质量。最后，物流产业资源利用和环境保护的政府规制。研究物流产业资源要素投入和产出效率，分析物流产业投入和环境污染的经济效率，提出政府规制措施。

五是雾霾治理背景下物流产业政府规制实施对策研究。根据典型国家物流产业政府规制梳理及分析，结合中国物流产业政府规制现状及存在问题，在雾霾治理背景下，从我国政府在物流产业建立进入（退出）机制降低环境污染、雾霾约束目标下的价格（收费）规制、控制雾霾污染的物流产业数量（质量）规制、物流产业资源利用和环境保护的规制四个方面，提出物流产业政府规制实施的对策措施。

附录三

本书是江西省软科学项目《低碳经济下物流产业生态效率测算及节能减排对策研究——以江西省为例》（项目编号：20161BBA10070）研究成果的一部分。

首先，项目结合低碳经济的相关理论，提出物流产业生态效率的测算指标体系和测算方法，在已有测算方法上进行改进；其次，针对江西省物流产业的碳排放进行动态监测，分析碳排放的动态波动情况，并预测后期排放情况；最后，根据前述分析对江西省物流产业的节能减排工作提出相应的政策建议，保障物流产业的健康可持续发展。详细研究内容包括如下四个部分。

一是低碳经济下的江西省物流产业生态效率测算。建立物流产业生态效率测算的评价指标体系，利用近 10 年江西省、市两个层面的数据，运用 Se-DEA 方法和满奎斯特指数方法对江西省、市物流效率进行分析，得出相应的物流的综合效率、纯技术效率、规模效率值、全要素产生率；同时运用 Tobit 回归模型对江西省物流产业生态效率的影响因素进行分析。

二是江西省物流产业碳排放波动分析。首先针对江西省物流业近 10 年的能源消耗数据进行了碳排放的公式估算并与地区生产总值进行了曲线的拟合和最优选择；其次在脱钩模型构建思路的基础上引入 LYQ 分析框架，在环境压力和经济驱动力之间引入中间变量，能源消耗量和物流产业产值；最后基于脱钩分解出的节能系统、减排系统和价值创造系统构建江西省物流产业碳排放评价体系，运用结构方程模型分析江西省物流业碳排放对低碳经济的总影响系数，以及节能减排系统务维度下细化指标对低碳经济的间接影响系数。

三是江西省物流产业能源使用情况分析。首先对物流业能源消耗现状研究。通过整理收集物流业能源消耗数据，建立超越对数模型并为了解决模型中出现的多重共线性问题，采用岭回归方法得到估计结果；其次主要对物流业能源消耗碳足迹进行测算；最后构建物流产业“双强度”（能源强度、碳强度）节能减排的评价指标，估算物流业未来能否完成节能减排目标规划。

四是江西省物流产业节能减排对策分析。根据目前江西省物流业节能减排的现状，提出物流产业碳足迹动态节能减排目标，结合物流产业能源强度和能耗强度两项“双强度”目标值，从物流产业能源储备创新机制、提高物流产业清洁能源替代率、优化物流产业资源配置、制定物流节能减排的考核体系等方面提出可行性措施。

后　记

《物流产业生态系统视角下缓解城市雾霾理论与实证研究》是我从多年来对物流学科进行教学和科研，归纳整理出的第四本专著。此书从选题、构思、实证研究到最后定稿出版，前后花费我和团队近3年时间。

城市雾霾日益加剧，越来越引起政府部门和各界人士强烈关注，各方面专家学者也纷纷著书立说，各抒己见。我只是试图从绿色物流、低碳经济、循环经济的角度提出解决方案，拟从物流业—产业生态系统—城市雾霾复合角度进行系统化分析，对于物流业与城市环境问题，尤其是城市雾霾问题存在的种种关联进行深入探讨。

本书的出版首先得益于本人教学和研究过程的各位老师，特别是博士生导师单圣涤先生在研究思路上的引领和指导，更要感谢国家社会科学基金对"物流产业生态系统视角下缓解城市雾霾压力的对策研究"课题（项目编号：13BGL157）的大力资助；还要感谢本书所引用文献的相关作者，他们的研究成果对我们具有相当大的启发。

中国财富出版社的编辑对本书的出版付出了大量心血，借此也一并表示致谢。

当然，本书难免会存在一些不当之处，希望广大读者批评指正，提出宝贵意见，让我们为共同推动物流学科的发展而共同奋斗。

张　诚

2016年10月于华东交通大学